utb 4431

Eine Arbeitsgemeinschaft der Verlage

Böhlau Verlag · Wien · Köln · Weimar
Verlag Barbara Budrich · Opladen · Toronto
facultas · Wien
Wilhelm Fink · Paderborn
Narr Francke Attempto Verlag / expert Verlag · Tübingen
Haupt Verlag · Bern
Verlag Julius Klinkhardt · Bad Heilbrunn
Mohr Siebeck · Tübingen
Ernst Reinhardt Verlag · München
Ferdinand Schöningh · Paderborn
transcript Verlag · Bielefeld
Eugen Ulmer Verlag · Stuttgart
UVK Verlag · München
Vandenhoeck & Ruprecht · Göttingen
Waxmann · Münster · New York
wbv Publikation · Bielefeld

Reinhard Heyd
Daniel Zorn

Internationale Rechnungslegung

UVK Verlag · München

Autoren

Prof. Dr. Reinhard Heyd ist Professor für Betriebswirtschaftslehre, insbesondere Rechnungswesen und Bilanzierung, an der Hochschule für Technik und Wirtschaft Aalen sowie Honorarprofessor an der Universität Ulm.

Prof. Dr. Daniel Zorn, LL.M. ist Professor für Betriebswirtschaftslehre, insbesondere Rechnungswesen und Controlling, an der Hochschule für Wirtschaft und Umwelt Nürtingen-Geislingen und Gastprofessor an der Babeș-Bolyai Universität Cluj.

Online-Angebote oder elektronische Ausgaben sind erhältlich unter www.utb-shop.de.

Bibliografische Information der Deutschen Bibliothek
Die Deutsche Bibliothek verzeichnet diese Publikation in der Deutschen Nationalbibliografie; detaillierte bibliografische Daten sind im Internet über <http://dnb.ddb.de> abrufbar.

Einbandgestaltung. Atelier Reichert, Stuttgart
Cover-Illustration: © Fotolia
Druck und Bindung: CPI books GmbH, Leck

Narr Francke Attempto Verlag GmbH + Co. KG
Dischingerweg 5
72070 Tübingen
info@narr.de
www.narr.de

UTB-Nr. 4431
ISBN 978-3-8252-4431-6

Vorwort

Die Internationale Rechnungslegung unterliegt nach wie vor einer hohen Änderungsdynamik. Zwar wurden – u.a. mit den Standardsetzungen zu IFRS 9, IFRS 15, IFRS 16 in den Jahren 2015 bis 2019 – maßgebliche Änderungen nun final in das komplexe Regelwerk implementiert. Die Folgewirkungen allerdings, die sich insbesondere in einem durch die tägliche Anwendung herausbildenden Verbesserungs- und Änderungsbedarf sowie dem Bedürfnis nach praxiszentriertem Grundlagenverständnis manifestieren, sind unübersehbar und stellen neben Standardsettern und Anwendern auch Prüfer, Berater und Analysten vor erhebliche Herausforderungen. Auch die jährlichen Anpassungen an den IFRS-Regelungen, die in Verbesserungsprojekten (sog. Annual Improvements Projects) zusammengefasst, veröffentlicht und implementiert werden, flankieren diese Dynamik stetig.

Daneben ist zu beobachten, dass sich der nationale Gesetzgeber in der Bilanzrechtssetzung der letzten Jahre verstärkt von den internationalen Rechnungslegungsnormen leiten lässt (u.a. BilMoG und BilRUG). Ein konzeptionelles Grundlagenverständnis der IFRS ist daher – auch für nationale Bilanzierungsfragen – in den Finanzfunktionen der Unternehmen unabdingbar.

Vorliegendes Buch bietet einen umfassenden Überblick über die IFRS-Rechnungslegung. Es konzentriert sich hierbei auf die für die Praxis relevanten Themen. Aufgrund der strukturierten, anwendungsbezogenen und verständlichen Darstellung, die von einer Vielzahl an erläuternden Beispielen begleitet wird, ermöglicht das Buch einen schnellen Zugang zu dieser komplexen Materie. So werden neben den konzeptionellen Grundlagen auch praktische Probleme und Besonderheiten ebenso dargestellt wie die Auswirkungen der jeweiligen IFRS Regelungen auf Bilanzpolitik und Bilanzanalyse.

Das Buch wendet sich sowohl an Studierende der Betriebswirtschaftslehre mit dem Studienschwerpunkt International Accounting wie auch an Fach- und Führungskräfte aus den Rechnungswesenabteilungen von Unternehmen und Konzernen. Darüber hinaus eignet es sich als Nachschlagewerk für Prüfer und Berater, die einen zielgerichteten Einblick in die Fachthemen mit dem entsprechenden Praxisbezug suchen.

Das Buch ist auf dem Rechtsstand der IFRS zum 31.12.2019 erstellt. Trotz einer sorgfältigen Ausarbeitung sind Fehler kaum vermeidbar. Über konstruktive Hinweise sind wir den Lesern stets dankbar.

Unser besonderer Dank gilt dem UVK-Verlag und hier insbesondere Herrn Dr. Jürgen Schechler. Er hat durch seine angenehme und konstruktive Zusammenarbeit sowie sein hervorragendes persönliches Engagement und nicht zuletzt durch seine Geduld einen maßgeblichen Anteil an der Entstehung dieses Werkes.

Ulm und Salach, im Mai 2020

Prof. Dr. Reinhard Heyd | Prof. Dr. Daniel Zorn, LL.M.

Inhaltsübersicht

Inhalt

1 Einleitung: Anwendbarkeit der Internationalen Rechnungslegung

Die zunehmende Globalisierung der Märkte für Güter und Dienstleistungen, aber insbesondere auch der Finanzmärkte, führt zu einem steigenden Bedarf nach weltweit anerkannten und verständlichen Regeln für die Finanzberichterstattung[1].

Definition

International Financial Reporting Standards (IFRS) sind internationale Regeln für die Gestaltung der externen Rechnungslegung. Sie werden von einem international besetzten, privatrechtlichen Gremium, dem International Accounting Standards Board (IASB) entwickelt und veröffentlicht. Die Zulässigkeit bzw. die Verpflichtung zur Anwendung der internationalen Rechnungslegung wird durch nationale bzw. supranationale Rechtssetzer (z.B. die EU) bestimmt.

Merke

Ziel der internationalen Rechnungslegung ist es, „ein einheitliches Regelwerk hochwertiger, verständlicher und durchsetzbarer weltweiter Rechnungslegungsstandards“[2] zu entwickeln, die für Abschlussadressaten im Allgemeinen und anonyme Kapitalmarktinvestoren im Speziellen entscheidungsnützliche Informationen zur Verfügung stellen.[3]

Die Anwendbarkeit und Akzeptanz der IFRS hat sich in den vergangenen Jahren in allen Regionen der Welt erheblich ausgeweitet. Auch die US-amerikanische Börsenaufsichtsbehörde Securities and Exchange

---

[1] Vgl. hierzu auch z.B. Bieg, Hossfeld, Kußmaul, Waschbusch: Handbuch der Rechnungslegung nach IFRS, Wiesbaden 2006, S. 1-13.

[2] Satzung der International Accounting Standards Committee Foundation (IASCF) Vorwort zu den IFRS, Tz 6.

[3] Vgl. Reuther: Harmonisierung der Rechnungslegung, in: Reuther/Fink/Heyd, Full IFRS in Familienunternehmen und Mittelstand, 2. Aufl. Berlin 2014, S. 3.

Commission (SEC) hat in ihrer Verlautbarung vom 21.12.2007[4] erklärt, Abschlüsse ausländischer Emittenten, die in Übereinstimmung mit den vom IASB veröffentlichen Standards erstellt werden, für ein Börsenlisting in den USA anzuerkennen ohne Überleitung von Eigenkapital und Ergebnis von IFRS nach US-GAAP.

Die Verbreitung der internationalen Rechnungslegung in Europa erfuhr einen Quantensprung mit der „Verordnung (EG) Nr. 1606/2002 des Europäischen Parlaments und des Rats vom 19.07.2002 betreffend die Anwendung internationaler Rechnungslegungsstandards" (sog. **IAS-Verordnung**). Die IAS-Verordnung regelt bzw. ermöglicht die Anwendung der IFRS-Rechnungslegung wie folgt:

	Kapitalmarktorientierte Unternehmen	**Nicht-kapitalmarktorientierte Unternehmen**
Konzern-abschluss	IFRS Anwendung verpflichtend	IFRS Anwendung wahlweise möglich
Jahres-abschluss	IFRS Anwendung wahlweise möglich	

Obwohl EU-Verordnungen grundsätzlich unmittelbar geltendes Recht innerhalb des EU-Raums darstellen, war bei der IAS-Verordnung der EU eine Überleitung in nationales deutsches Recht aus zwei Gründen notwendig:

- Die IAS-Verordnung enthält an die Mitgliedstaaten gerichtete, nationale Wahlrechte, die der nationale Gesetzgeber nach eigenständiger nationaler politischer Willensbildung ausüben muss.[5]
- Die IAS-Verordnung sagt nichts über die Frage aus, ob die internationalen Rechnungslegungsstandards anstelle oder zusätzlich zur Anwendung von nationalen Rechnungslegungsvorschriften (in Deutschland HGB-Bilanzrecht) Anwendung finden sollen.

---

4 Vgl. SEC-Release 88-8879. Vgl. auch Reuther: Harmonisierung der Rechnungslegung, in: Reuther/Fink/Heyd, Full IFRS in Familienunternehmen und Mittelstand, 2. Aufl. Berlin 2014, S. 3.

5 Vgl. Art. 5 der Verordnung (EG) Nr. 1606/2002 des Europäischen Parlaments und des Rats vom 19.07.2002 betreffend die Anwendung internationaler Rechnungslegungsstandards" (sog. IAS-Verordnung).

Daher sehen die durch das Bilanzreformgesetz (BilReG)[6] eingeführten §§ 315a[7] und 325 Abs. 2a HGB folgende Regelungen vor[8].

Befreiende Wirkung von IFRS-Abschlüssen

	Jahresabschluss	Konzernabschluss
Kapitalmarkt-orientierte Unternehmen	Aufstellungspflicht von Jahresabschlüssen nach HGB (Zahlungsbemessung, Überleitung zur Steuerbilanz) → Jedoch zusätzlich: Offenlegungswahlrecht eines IFRS-Jahresabschlusses für Kapitalgesellschaften und bestimmte nicht kapitalmarktorientierte Unternehmen, § 325 Abs. 2a HGB	IFRS Anwendungspflicht (Art. 4 IAS-Verordnung), § 315e Abs. 1 HGB
Unternehmen, die die Zulassung eines Wertpapiers an einem organisierten Markt beantragt haben	Aufstellungspflicht von Jahresabschlüssen nach HGB (Zahlungsbemessung, Überleitung zur Steuerbilanz) → Jedoch zusätzlich: Offenlegungswahlrecht eines IFRS-Jahresabschlusses für Kapitalgesellschaften und bestimmte nicht kapitalmarktorientierte Unternehmen, § 325 Abs. 2a HGB	IFRS Anwendungspflicht (Erweiterung des Anwendungsbereichs der IAS-Verordnung durch den deutschen Gesetzgeber), § 315e Abs. 2 HGB

6 Vgl. BGBl I 2004, S. 3166-3182.

7 Bei Erlass des BilReG war die Regelung über die Anwendung der internationalen Rechnungslegungsstandards in Deutschland in § 315a HGB kodifiziert. Durch das CSR-Umsetzungsgesetz wurden diese Regelungen nach § 315e HGB „verschoben". Diese aktuell geltende Rechtsnorm wird im Folgenden zitiert, auch wenn bei Inkrafttreten des BilReG eine andere Rechtsvorschrift maßgebend war.

8 Vgl. Reuther: Harmonisierung der Rechnungslegung, in: Reuther/Fink/Heyd, Full IFRS in Familienunternehmen und Mittelstand, 2. Aufl. 2014, S. 6. Auf die Übergangsvorschriften für den Zeitraum von 2005 bis 2007 wird hierbei nicht mehr eingegangen.

Nicht kapitalmarktorientierte Unternehmen	Aufstellungspflicht von Jahresabschlüssen nach HGB (Zahlungsbemessung, Überleitung zur Steuerbilanz) → Jedoch zusätzlich: Offenlegungswahlrecht eines IFRS-Jahresabschlusses für Kapitalgesellschaften und bestimmte nicht kapitalmarktorientierte Unternehmen, § 325 Abs. 2a HGB	IFRS Anwendungswahlrecht, § 315e Abs. 3 HGB

Von der befreienden Anwendung der IFRS-Rechnungslegungsvorschriften unberührt bleibt die Pflicht, einen (Konzern-)Lagebericht nach §§ 289 bis 289f, 315 bis 315d HGB zu erstellen und zu veröffentlichen[9].

Merke

„Herausgeber" der internationalen Rechnungslegungsstandards ist das in London ansässige seit 2001 bestehende International Accounting Standards Board (IASB). Es handelt sich um die Nachfolgeorganisation des bereits im Jahr 1973 gegründeten International Accounting Standards Committee (IASC). Die Neuausrichtung des IASB orientiert sich an der Struktur und Funktionsweise des US-amerikanischen Standardsetters (Financial Accounting Standards Board, FASB) mit dem Ziel, die Akzeptanz, Unabhängigkeit und Fachkompetenz des Standardsetting Gremiums zu stärken.

Die Struktur des IASB zeigt folgende Organisationseinheiten und Einzelgremien[10]:

- Die International Accounting Standard Committee Foundation (IASCF) ist als Stiftung unabhängigen Rechts, welche durch Treuhänder überwacht wird, und oberste Trägerorganisation die unabhängige Dachorganisation aller Rechnungslegungsgremien und wurde in Delaware, USA gegründet und ist mittlerweile umbenannt in IFRS-Foundation.

---

[9] Vgl. §§ 315e Abs. 1, 315 Abs. 2a HGB.

[10] Vgl. Winkeljohann/Ull: Institutionen der internationalen Rechnungslegung, in: Reuther/Fink/Heyd, Full IFRS in Familienunternehmen und Mittelstand, 2. Aufl. Berlin 2014, S. 15-21.

- Überwacht wird die Stiftung bzw. werden die Treuhänder (trustees) durch das Monitoring Board.
- Das fachliche Gremium der IFRS-Foundation ist das International Accounting Standards Board (IASB). Es generiert und veröffentlicht im Rahmen eines standardisierten Prozesses (due process) die Einzelstandards zu den relevanten Rechnungslegungsthemen. Sie heißen IAS (International Accounting Standards) bzw. IFRS (International Financial Reporting Standards)[11].
- Das IASB wird fachlich durch das IFRS Advisory Council sowie durch den fachlichen Austausch und Konsultationen mit den nationalen Standardsettern, z.B. das Deutsche Rechnungslegungs Standard Committee (DRSC) unterstützt.
- Standards zu Detailfragen werden in Form von Interpretationen veröffentlicht. Diese werden vom IFRS Interpretation Committee erarbeitet und anschließend zur finalen Verabschiedung an das IASB weitergereicht. Die Interpretationen sind mit entsprechender fortlaufender Nummerierung nach den Vorgängergremien des IFRS Interpretations Committee benannt, nämlich Standing Interpretation Committee (SIC)[12] und International Financial Reporting Interpretation Committee (IFRIC)[13].

---

[11] Vgl. hierzu im Folgenden S. 21 ff.

[12] Derzeit in Kraft SIC-7 Einführung des Euro, SIC-10 Beihilfen der öffentlichen Hand – kein spezifischer Zusammenhang mit betrieblichen Tätigkeiten, SIC-25 Ertragsteuern – Änderungen im Steuerstatus eines Unternehmen oder seiner Eigentümer, SIC-29 Angaben – Vereinbarungen über Dienstleistungskonzessionen, SIC-32 Immaterielle Vermögenswerte – Kosten von Internetseiten.

[13] Derzeit in Kraft: IFRIC 1 Änderungen bestehender Rückstellungen für Entsorgungs-, Wiederherstellungs- und ähnlichen Verpflichtungen, IFRIC 2 Geschäftsanteile an Genossenschaften und ähnliche Instrumente, IFRIC 5: Rechts auf Anteile an Fonds für Entsorgung, Rekultivierung und Umweltsanierung, IFRIC 6 Verbindlichkeiten, die sich aus einer Teilnahme an einem spezifischen Markt ergeben – Elektro- und Elektronik-Altgeräte, IFRIC 7: Anwendung des Anpassungsansatzes unter IAS 29 Rechnungslegung in Hochinflationsländern, IFRIC 10 Zwischenberichterstattung und Wertminderung, IFRIC 12: Dienstleistungskonzessionsvereinbarungen, IFRIC 14: IAS 19 – Die Begrenzung eines leistungsorientieren Vermögenswertes, Mindestdotierungsverpflichtungen und ihre Wechselwirkung, IFRIC 16 Absicherung einer Nettoinvestition in einen ausländischen Geschäftsbetrieb, IFRIC 17: Sachdividenden an Eigentümer, IFRIC 19. Tilgung finanzieller Verbindlich-

Sowohl die vom IASB veröffentlichten Einzelstandards zur Rechnungslegung IAS (International Accounting Standards), sofern sie vor 2002 veröffentlicht wurden bzw. IFRS (International Financial Reporting Standards), sofern sie nach 2002 veröffentlicht wurden), wie auch die IFRS Interpretationen (SIC bzw. IFRIC) sind gleichermaßen verpflichtend anzuwenden.

Merke

Das IASB mit Sitz in London setzt sich aus 16 unabhängigen Mitgliedern zusammen, die durch die Treuhänder der IFRS Foundation ernannt werden. Hauptaufgabe des IASB ist die Entwicklung und Verabschiedung von International Financial Reporting Standards sowie die Verabschiedung von Interpretationen der IFRS, die vom IFRS Interpretations Committee vorgelegt werden.

Die Hauptaufgabe des IFRS Interpretations Committee ist die Erarbeitung von Interpretationen zu den Standards, um eine einheitliche Anwendung zu gewährleisten. Das IFRS Interpretations Committee besteht aus 14 ehrenamtlichen Mitgliedern, die von den Treuhändern der IFRS Foundation bestimmt werden.

Um die weltweite Akzeptanz der IFRS-Rechnungslegung zu gewährleisten, wurde ein formelles Standardsetzungsverfahren (due process) entwickelt. Dieser Ablauf ermöglicht einerseits den verschiedenen an der Rechnungslegung Interessierten und Beteiligten an diesem Prozess teilzunehmen, andererseits wird eine Objektivität des Verfahrens und der Ergebnisse vermittelt, frei von nicht durchschaubaren Einflussnahmen im Hintergrund.

Die einzelnen Schritte im Standardsetzungsverfahren sind[14]:

[1] Entscheidung über die Aufnahme eines Projektes in das Programm des IASB,

---

keiten durch Eigenkapitalinstrumente, IFRIC 20 Abraumkosten in der Produktionsphase eines Tagebaubergwerks, IFRIC 21 Abgaben, IFRIC 22, Fremdwährungstransaktionen und im Voraus erbrachte oder erhaltene Gegenleistungen, IFRIC 23 Unsicherheit bezüglich der ertragsteuerlichen Behandlung.

[14] Vgl. Winkeljohann/Ull: Institutionen der internationalen Rechnungslegung, in: Reuther/Fink/Heyd, Full IFRS in Familienunternehmen und Mittelstand, 2. Aufl. Berlin 2014, S. 19.

[2] Projektplanung, Arbeitsschritte bis zur Veröffentlichung des Standards,

[3] Entwicklung und Veröffentlichung eines Diskussionspapiers, Sammlung der behandelten Themenkomplexe und der möglichen Lösungsansätze, Aufruf aller interessierten Parteien zur Kommentierung des Diskussionspapiers, regelmäßige Kommentierungsfrist 120 Tage,

[4] Entwicklung und Veröffentlichung eines Standardentwurfs, Auswertung der Stellungnahmen zum Diskussionspapier, Kommentierung des Standardentwurfs,

[5] Entwicklung und Veröffentlichung eines finalen Standards, Auswertung der Stellungnahmen zum Standardentwurf, Zustimmung von mindestens 10 der 16 Stimmen im Board erforderlich. Bei wesentlichen Änderungen des Standardentwurfs aufgrund einer Stellungnahme ggf. Konzipierung und Veröffentlichung eines neuen Entwurfs (re-exposure) Veröffentlichung einer Basis for Conclusions,

[6] Maßnahmen nach der Veröffentlichung des Standards, fortlaufende Beobachtung der Anwendung und Reaktionen der Praxis, ggf. Überarbeitung und Vornahme von Korrekturen.

Innerhalb der EU ist ein neuer, vom IASB veröffentlichter oder überarbeiteter Standard erst verpflichtend anwendbar, wenn ein Anerkennungsverfahren (endorsement process) erfolgreich abgeschlossen ist. Das bedeutet, dass erst wenn die European Financial Reporting Advisory Group (EFRAG) die Annahme des neuen oder überarbeiteten Standards empfohlen und das Accounting Regulatory Committee (ARC) geprüft hat, ob die neuen oder überarbeiteten Regelungen im Einklang mit EU-Recht stehen, die Europäische Kommission die Annahme des neuen Rechnungslegungsstandards beschließen kann.

Dies bedeutet insbesondere, dass die Rechnungslegungsvorschriften nach IFRS nicht im Widerspruch zu dem Grundsatz des „true and fair view“ stehen dürfen, dass sie von den allgemeinen Europäischen Grundsätzen geleitet sein müssen und dass die Kriterien Verständlichkeit, Relevanz, Zuverlässigkeit und Vergleichbarkeit erfüllt sein müssen, die für Finanzinformationen erforderlich sind, um wirtschaftliche Entscheidungen zu treffen und die Führung des Unternehmens durch die Investoren zu überwachen.

Erst wenn die neu geschaffenen bzw. modifizierten Standards bzw. Interpretationen durch die Europäische Kommission beschlossen und als Verordnung der EU in sämtlichen Amtssprachen der EU im Amtsblatt der EU veröffentlicht sind, sind sie ab dem dort genannten Zeitpunkt unmittelbar anwendbares EU-Recht. Mit der erfolgten Anerkennung und Veröffentlichung durch die EU-Gremien gelten die IFRS nicht mehr als (unverbindliche) Verlautbarungen eines privaten Standardsetters, sondern werden als „endorsed IFRS" unmittelbar geltendes Gemeinschaftsrecht im Rechtsraum der EU.[15]

Merke

Der faktische Anwendungsbereich der internationalen Rechnungslegung in Deutschland zeigt, dass diese Vorschriften weit über den Kreis kapitalmarktorientierter Großunternehmen für deren Konzernabschluss Geltung besitzen. Einerseits eröffnen die Anwendungswahlrechte in §§ 315e Abs. 3, 325 Abs. 2a HGB einen erweiterten Geltungsbereich, andererseits zeigen die seit 2005 in Deutschland eingeführten HGB-Reformprojekte zur Rechnungslegung[16] eine faktische Annäherung des nationalen deutschen Bilanzrechts an die Grundsätze, Leitlinien und auch Einzelvorschriften der IFRS-Rechnungslegung.

---

[15] Vgl. Winkeljohann/Ull: Institutionen der internationalen Rechnungslegung, in: Reuther/Fink/Heyd, Full IFRS in Familienunternehmen und Mittelstand, 2. Aufl. 2014, S. 20 f.

[16] Vgl. z.B. Bilanzrechtsmodernisierungsgesetz (BilMoG), Bilanzrichtlinie-Umsetzungsgesetz (BilRuG) u.v.a.

2 Konzeptionelle Grundlagen der Rechnungslegung nach IFRS

2.1 Normkategorien der IFRS-Rechnungslegung

Merke

Die IFRS-Rechnungslegung besteht aus Regelungen, die auf einem differenzierten hierarchischen System beruhen. Das Konzept ist prinzipienbasiert und lässt sich aus abstrakt generellen Anforderungen ableiten. Die konzeptionellen Grundlagen des IFRS-Regelwerkes sind im sog. Rahmenkonzept (Framework) zusammengefasst; teilweise finden sie sich auch in IAS 1.

Das Framework, eine Art „Grundgesetz des IASB“[17], enthält nicht unmittelbar anwendbare Vorschriften für die Bilanzierenden. Es richtet sich vielmehr an den Standardsetter für seine Tätigkeit, neue Standards zu schaffen bzw. bestehende Standards zu überarbeiten. Die Regelungen des Frameworks, die für die Bilanzierenden unmittelbare Bedeutung haben, werden in IAS 1 wiederholt. Aus dem IFRS-Framework und den darin enthaltenen Grundsätzen sollen sich die konkreteren Vorschriften zu einzelnen Bilanzierungsbereichen, die in den einzelnen Standards (IAS bzw. IFRS) kodifiziert sind, einheitlich interpretieren lassen mit dem Ziel, die IFRS-Abschlüsse vereinheitlicht und vergleichbar zu gestalten[18].

Daneben enthält IAS 1 aus dem Framework abgeleitete allgemeine Anweisungen, wie im Falle von Regelungslücken bzw. Ermessensspielräumen in einzelnen Standards bzw. bei durch die Einzelstandards ungeregelten Bilanzierungsthemen vorzugehen ist[19]. Dadurch wird eine Hilfestellung bei der Anwendung bzw. der Interpretation von IFRS durch die rechnungslegenden Unternehmen bzw. die Prüfer geboten. Schließlich soll sowohl den nationalen Standardsettern eine Hilfestellung für die Entwicklung von Rechnungslegungsnormen als auch dem interessierten Fachpublikum Einblicke in die Methode der Normgene-

---

[17] Vgl. Heyd: Internationale Rechnungslegung Stuttgart 2003 S. 115.

[18] Vgl. IASB-Framework Tz. 1.

[19] Vgl. IAS 8.11 (b).

rierung durch das IASB gegeben werden[20]. Inhaltlich befasst sich das Framework mit Grundsatzfragen, wie z.B. den

- Jahresabschlusszielen sowie den dem Abschluss zu Grunde liegenden Annahmen[21],
- qualitativen Anforderungen an die Jahresabschlussinformationen zur Nutzenstiftung bei den Adressaten[22],
- Inhalten, Ansatz- und Bewertungsgrundsätzen für die Abschlussposten[23] sowie
- Kapital- und Kapitalerhaltungskonzepten im IFRS-Abschluss[24].

Die Vorschriften des IASB-Frameworks sind subsidiär anzuwenden, wenn sich aus den Einzelnormen der IFRS-Standards und -Interpretationen keine Handlungsanweisungen für den Bilanzierenden ableiten lassen. Die einzelnen IAS bzw. IFRS sind gegenüber den Vorschriften des Rahmenkonzeptes in jedem Fall vorrangig anzuwenden[25].

Am 29.03.2018 hat das IASB das überarbeitete Rahmenkonzept für die Finanzberichterstattung veröffentlicht. Es enthält ein umfassendes System von Konzepten für die Finanzberichterstattung und soll das Board bei der Entwicklung von Standards, die Abschlussersteller bei der Entwicklung einheitlicher Rechnungslegungsmethoden und andere Parteien beim Verständnis und bei der Interpretation der Standards unterstützen.

Im Falle von Regelungslücken in den IFRS können sich für die Abschlussersteller Auswirkungen aus den Änderungen des Rahmenkonzepts ergeben.

Merke

Das überarbeitete Rahmenkonzept trat für das IASB und das IFRS Interpretations Committee im März 2018 in Kraft. Abschlussersteller, die Rechnungslegungsmethoden auf der Grundlage des

[20] Vgl. IASB-Framework Tz. 1.

[21] Vgl. IASB-Framework Tz. 12-23.

[22] Vgl. IASB-Framework Tz. 24-46.

[23] Vgl. IASB-Framework Tz.47-101.

[24] Vgl. IASB-Framework Tz. 102-110.

[25] Vgl. IASB-Framework Tz. 2.

Rahmenkonzepts entwickeln, mussten dieses für Berichtsjahre anwenden, die am oder nach dem 01.01.2019 beginnen.

Die Motivation zur Überarbeitung des Rahmenkonzepts resultierte aus der Kritik am Rahmenkonzept 2010, dass wichtige Konzepte nicht berücksichtigt würden und aktuelle Sichtweisen des IASB nicht zum Ausdruck kämen. Ziel des überarbeiteten Rahmenkonzepts war es, dem Board umfassendere und detailliert ausgearbeitete Konzepte, aktualisierte Definitionen und Ansatzkriterien für Vermögenswerte und Schulden sowie Klarstellungen zu einigen wichtigen bestehenden Konzepten vorzulegen, die das IASB bei der Entwicklung von Standards und die Anwender beim Verständnis und bei der Interpretation der Standards unterstützen. Zu beachten ist, dass es sich beim Rahmenkonzept nicht um einen Standard handelt, der für die bilanzierenden Unternehmen unmittelbar anwendbar ist.

Die von den bilanzierenden Unternehmen anzuwendenden Standards werden nach der zeitlichen Reihenfolge ihrer Veröffentlichung nummeriert. Sie hießen ursprünglich IAS (International Accounting Standards) inzwischen IFRS (International Financial Reporting Standards). Mit der sukzessiven grundlegenden Überarbeitung werden nach und nach die einzelnen IAS außer Kraft gesetzt und die neuen IFRS geschaffen. Das bedeutet, die Sortierung der IAS (von 1 bis 41) dünnt sukzessive aus und die Sortierung der IFRS (derzeit von 1 bis 17) baut sich nach und nach auf. So ersetzte beispielsweise IFRS 16 den IAS 17, IFRS 9 ersetzte IAS 39, IFRS 8 ersetzte IAS 14 und IFRS 15 ersetzte IAS 11 und IAS 18. Die Standards regeln einen abgegrenzten Bereich der Rechnungslegung. Die Reihenfolge und Nummerierung folgt keiner besonderen Systematik, sie erfolgt ausschließlich in der zeitlichen Reihenfolge ihrer Veröffentlichung. Die Standards haben jedoch einen weitgehend einheitlichen Aufbau, der die folgenden Bausteine enthält[26]:

- Zielsetzung (objective),
- Anwendungsbereich (scope),
- Definitionen (definitions),
- anzuwendende Vorschriften und Erläuterungen (content),
- erläuternde Angaben (disclosures),

---

[26] Vgl. Theile: Grundlagen der IFRS-Rechnungslegung, in: Reuther/Fink/Heyd, Full IFRS in Familienunternehmen und Mittelstand, 2. Aufl. 2014, S. 43-49.

- u.U. Übergangsvorschriften (transitional provisions),
- Zeitpunkt des Inkrafttretens (effective date),
- u.U. praxisbezogene Anwendungsbeispiele (illustrative examples),
- Begründungserwägungen (Basis for conclusions),
- Anwendungsleitlinien (application guidelines).

Neben Framework und Standards existieren noch Ausführungsbestimmungen (Interpretationen). Sie dienen einer weltweit einheitlichen Auslegung der Standards und somit einer vergleichbaren Bilanzierungspraxis. Neben der Aufgabe, einer unbefriedigenden oder heterogenen Anwendungspraxis bestehender Standards abzuhelfen, haben die Interpretationen die Funktion, neue Themen, die durch bestehende Standards noch nicht hinreichend präzise behandelt wurden, durch zeitnahe, anwendungsbezogene und verbindliche Vorgaben zu regeln[27]. Sie dienen der Erläuterung und Auslegung bestehender Standards, ohne neue durch Standards nicht geregelte Themen zu normieren.

Interpretationen wurden bzw. werden von einem eigenen Gremium innerhalb der IASB-Organisation geschaffen. Ursprünglich hießen dieses Gremium und damit auch die Interpretationen SIC (Standing Interpretation Committee), anschließend IFRIC (International Financial Reporting Interpretation Committee) und inzwischen IFRS-IC (International Financial Reporting Standards Interpretation Committee). Auch die Interpretationen werden nach der zeitlichen Reihenfolge ihrer Veröffentlichung nummeriert und sind vollumfänglich bei der Erstellung eines IFRS-Abschlusses verpflichtend anzuwenden.

Rahmenkonzept/Framework der IFRS-Rechnungslegung - Ziele und Grundsätze - Prämissen und Bestandteile
Einzelstandards IAS/IFRS Thematisch abgegrenzte Regelungsfelder zur verpflichtenden Anwendung im IFRS-Abschluss
SIC-/IFRIC-Interpretationen, IFRS-Interpretations Ausführungsbestimmungen zur verpflichtenden Anwendung im IFRS-Abschluss. Ziele: - Weltweit einheitliche Auslegung der Standards - Vergleichbare Bilanzierungspraxis

[27] Diese Funktion entspricht den aus der traditionellen US-GAAP-Rechnungslegung bekannten EITF-Vorschriften (Emergency Issue Task Force).

- Abhilfe gegen unbefriedigende oder heterogene Anwendungspraxis bestehender Standards
- Regelung neuer Themen, die durch bestehende Standards noch nicht hinreichend präzise behandelt worden sind, durch zeitnahe, anwendungsbezogene und verbindliche Vorgaben

2.2 Zweck der IFRS-Rechnungslegung

Die Zwecksetzung der IFRS-Rechnungslegung ist einerseits im IASB-Framework, Tz 1 bis Tz 21 beschrieben und andererseits in IAS 1.9 „Zweck des Abschlusses" erläutert.

Hinweis

„Zielsetzung von Abschlüssen ist es, Informationen über die Vermögens-, Finanz- und Ertragslage sowie Veränderungen in der Vermögens- und Finanzlage eines Unternehmens zu geben, die für einen weiten Adressatenkreis bei dessen wirtschaftlichen Entscheidungen nützlich sind"[28].

Unter diesem „weiten Adressatenkreis" fasst das IASB-Framework in Tz. 9 verschiedene Zielgruppen als „users of financial statements" zusammen:

- Investoren,
- Arbeitnehmer,
- Gläubiger,
- Lieferanten und andere Gläubiger aus Handelsgeschäften,
- Kunden,
- Regierungen und ihre Verwaltungen und
- die (allgemeine) Öffentlichkeit.

Nach IAS 1.10 wird den Investoren, die dem Unternehmen Risikokapital zur Verfügung stellen, eine vorrangige Bedeutung unter den Jahresabschlussadressaten zugesprochen.

Darüber hinaus zeigen IFRS-Abschlüsse die Ergebnisse der Führung des Unternehmens durch das Management und dessen Verantwort-

[28] Vgl. IASB-Framework Tz. 12.

lichkeit für das ihm anvertraute Vermögen.[29] (Performance des Managements im Sinne des Shareholder Values). Somit beschränkt sich der Zweck der IFRS-Rechnungslegung im Gegensatz zum HGB-Abschluss nicht auf den Interessenschutz einzelner Adressatengruppen wie der Eigen- und Fremdkapitalgeber oder des Fiskus durch Schaffung von adressatenschutzorientierten Regelungen zur Gewinnermittlung in der Erwartung, dass damit die quantitative Höhe der erfolgsabhängigen Zahlungen determiniert (Ertragsteuerzahlungen an Fiskus) oder begrenzt wird (Ausschüttungssperrvorschriften im Gläubigerschutzinteresse).

Anders als der HGB-Abschluss, der als „Multifunktionsinstrument“ die Ziele

- entscheidungsorientierte Informationen vermitteln,
- erfolgsabhängige Zahlungen quantifizieren und
- Ertragsteuerzahlungen zu bestimmen

zu einem Kompromiss zusammenfassen muss,[30] ist der IFRS-Abschluss ein „Monofunktionsinstrument“ mit dem überragend wichtigen Grundsatz der Entscheidungsnützlichkeit von Informationen.[31] Der IFRS-Abschluss beschrünkt sich auf den Anspruch, entscheidungsnützliche Informationen zu vermitteln, um die Adressatengruppen in die Lage zu versetzen, Entscheidungen zu treffen über die Fortsetzung oder Beendigung ihres finanziellen Engagements am Unternehmen, d.h. die Anteile an dem Unternehmen zu halten oder zu veräußern (Gesellschafter, Aktionäre) bzw. den Kredit zu verlängern oder fällig zu

---

[29] Vgl. IASB-Framework Tz. 14.

[30] In § 264 Abs. 2 Satz 1 HGB heißt es, dass „im Rahmen der Grundsätze ordnungsmäßiger Buchführung ein den tatsächlichen Verhältnissen entsprechendes Bild von der Vermögens-, Finanz- und Ertragslage zu vermitteln“ ist. Das bedeutet, dass die aus dem Gläubigerschutzgedanken abgeleiteten Grundsätze Anschaffungskosten-, Niederstwert-, Imparitäts- und Vorsichtsprinzip die Anforderungen an die Entscheidungsnützlichkeit der kommunizierten Finanzinformationen relativieren.

[31] Zu bedenken ist allerdings, dass die klassischen erfolgsabhängigen Zahlungen wie Dividenden oder Ertragsteuern auf den Ergebnissen anderer Rechenwerke als dem IFRS-Abschluss (HGB-Jahresabschluss, Steuerbilanz) basieren, aber Bonus- und Incentive-Zahlungen an erfolgsbeteiligte Manager und Mitarbeiter dennoch aus dem IFRS-Abschluss abgeleitet werden können.

stellen (Gläubiger, Kreditgeber), sowie über die Entscheidung, die Unternehmensleitung zu bestätigen oder zu ersetzen[32].

Der Vermittlung entscheidungsnützlicher Informationen liegen die Grundannahmen einer periodengerechten Gewinnermittlung (accural principle)[33] und einer unterstellten Fortführung der Unternehmenstätigkeit (going concern)[34] zu Grunde. Die Informationsfunktion der Finanzberichterstattung erfordert Verständlichkeit (understandability)[35] und Vergleichbarkeit (comparability)[36], Relevanz (relevance)[37] und Verlässlichkeit (reliability)[38] der Informationen. Die daraus folgenden, der IFRS-Rechnungslegung zugrunde liegenden Prinzipien sind:

- die wirtschaftliche Betrachtungsweise (substance over form)[39],
- die Neutralität (neutrality)[40],
- die glaubwürdige Darstellung und Richtigkeit (faithful presentation)[41],
- die Vollständigkeit (completemess)[42],
- der Wesentlichkeitsgrundsatz (materiality)[43] und
- das Vorsichtsprinzip (prudence, conservatism)[44].

Nebenbedingungen (Beschränkungen, constraints) für relevante und verlässliche Informationen sind

- der Grundsatz der Zeitnähe (timeliness)[45],

---

[32] Vgl. IASB-Framework Tz 14.

[33] Vgl. IASB-Framework Tz. 22.

[34] Vgl. IASB-Framework Tz. 23.

[35] Vgl. IASB-Framework Tz. 25.

[36] Vgl. IASB-Framework Tz. 39-42.

[37] Vgl. IASB-Framework Tz. 26-28.

[38] Vgl. IASB-Framework Tz. 31-32.

[39] Vgl. IASB-Framework Tz. 35.

[40] Vgl. IASB-Framework Tz. 36.

[41] Vgl. IASB-Framework Tz. 33-34.

[42] Vgl. IASB-Framework Tz. 38.

[43] Vgl. IASB-Framework Tz. 29-30.

[44] Vgl. IASB-Framework Tz. 37.

[45] Vgl. IASB-Framework Tz. 43.

- die Abwägung von Kosten und Nutzen (costs versus benefits)[46] sowie
- die Erfüllung der qualitativen Anforderungen an den Abschluss (entsprechend einer einzelfallbezogenen, fachkundigen Beurteilung)[47].

Im Gegensatz zur Regelung im HGB besitzt das Vorsichtsprinzip in der IFRS-Rechnungslegung keine überragende Bedeutung. Es ist vielmehr darauf gerichtet, bei unsicheren Erwartungen im Zusammenhang mit prospektiven Informationen ein gewisses Maß an Sorgfalt bei der Ermessensausübung im Rahmen von Schätzungen unter Unsicherheit walten zu lassen, welche eine zu optimistische Darstellung der wirtschaftlichen Verhältnisse verbietet. Allerdings kann das Vorsichtsprinzip weder zur Begründung einer bewussten stillen Rücklagenbildung herangezogen werden noch zur Begründung eines imparitätischen Vorgehens bei der Bewertung dienen.

<table>
<tr><th colspan="4">Grundprinzipien der IFRS-Rechnungslegung[48]</th></tr>
<tr><td colspan="4">Zu Grunde liegende Basisannahmen (Underlying Assumptions)</td></tr>
<tr><td colspan="4">periodengerechte Gewinnermittlung (Accrual Principle)
Unternehmensfortführung (Going Concern Principle)
qualitative Merkmale/Primärgrundsätze (Qualitative Characteristics)</td></tr>
<tr><td>Verständlichkeit</td><td>Vergleichbarkeit</td><td>Relevanz
Materiality</td><td>Zuverlässigkeit
Richtigkeit
- wirtschaftliche Betrachtung
- Willkürfreiheit
- Vorsicht
- Vollständigkeit</td></tr>
<tr><td colspan="4">Nebenbedingungen (Constraints)</td></tr>
<tr><td>zeitnahe Berichterstattung</td><td colspan="2">Kosten-Nutzen-Relation</td><td>Ausgewogenheit der Grundsätze</td></tr>
</table>

[46] Vgl. IASB-Framework Tz. 44.

[47] Vgl. IASB-Framework Tz. 45.

[48] Vgl. Heyd: Internationale Rechnungslegung, Stuttgart 2003 S. 118.

Um den grundlegenden Normen des Frameworks eine unmittelbare Geltungswirkung für die Rechtsanwender zu vermitteln, sollen mit IAS 1 das Framework und die Einzelnormen verbunden werden. Durch die Bezugnahme des IAS 1 auf

- Regelungen zur formellen Abschlussgestaltung,
- Darstellungs- und Bewertungsgrundsätze sowie
- grundlegende Sachverhalte zum Aufbau und zum Inhalt des Jahresabschlusses

sind faktisch die Inhalte des Frameworks in das Regelwerk der IFRS mit ihrer Bindungswirkung für die Rechtsanwender einbezogen.

2.3 Bestandteile des IFRS-Abschlusses

Hinweis

Um die für wirtschaftliche Entscheidungen erforderlichen Informationen zur Verfügung zu stellen, sollen in einem IFRS-Abschluss Vermögenswerte (assets)[49], Schulden (liabilities)[50], Eigenkapital (equity)[51], Erträge (income)[52] und Aufwendungen (expenses)[53] sowie Zahlungen (Cashflows) dargestellt und in hinreichender Detaillierung aufgegliedert werden.

Dazu enthält ein IFRS-Abschluss folgende **Bestandteile**[54]:

- Bilanz[55] (statement of financial position, balance sheet)[56],
- Darstellung von Gewinn oder Verlust und sonstigem Ergebnis[57] (statement of profit or loss and other comprehensive income)[58],

---

[49] Vgl. IASB-Framework Tz. 53-59.

[50] Vgl. IASB-Framework Tz. 60-64.

[51] Vgl. IASB-Framework Tz. 65-68.

[52] Vgl. IASB-Framework Tz. 69-77.

[53] Vgl. IASB-Framework Tz. 78-80.

[54] Vgl. IAS 1.10.

[55] Vgl. nachstehend Kapitel 3.1.

[56] Vgl. IAS 1.54-80A.

[57] Vgl. nachstehend Kapitel 3.2

[58] Vgl. IAS 1.81A-105.

- Eigenkapitalveränderungsrechnung[59] (statement of changes in equity)[60],
- Kapitalflussrechnung[61] (statement of Cashflows)[62],
- erläuternde Anhangangaben[63] (notes)[64].

Daneben existieren Anwendungsvorschriften für

- die Segmentberichterstattung[65] (operating segments)[66] und
- die Zwischenberichterstattung[67] (interim reporting)[68] sowie
- die Darstellung des Ergebnisses je Aktie[69] (earnings per share).[70]

Merke

Die Darstellung der Vermögenslage soll hierbei vorrangig durch die Bilanz erfolgen, während die Ertragslage in der Gesamtergebnisrechnung abzubilden ist[71]. Die Finanzlage soll in erster Linie aus der Kapitalflussrechnung nach IAS 7 ersichtlich sein[72]. In der Eigenkapitalveränderungsrechnung ist jeder Eigenkapitalposten von seinem Anfangsbestand über die Veränderungen während des Berichtszeitraums auf den Endbestand überzuleiten.

Jeder IFRS-Abschluss hat zu den Angaben in jedem Bestandteil des Abschlusses vergleichbare Vorjahreszahlen anzugeben. Zusätzlich zu den genannten Bestandteilen eines Abschlusses muss ein Unternehmen

---

[59] Vgl. nachstehend Kapitel 3.3.

[60] Vgl. IAS 1.106-110.

[61] Vgl. nachstehend Kapitel 3.4.

[62] Vgl. IAS 1.111, IAS 7.

[63] Vgl. nachstehend Kapitel 3.5.

[64] Vgl. IAS 1.112-133.

[65] Vgl. nachstehend Kapitel 2.3.

[66] Vgl. IFRS 8.

[67] Vgl. nachstehend Kapitel 2.3.

[68] Vgl. IAS 34.

[69] Vgl. nachstehend Kapitel 2.3.

[70] Vgl. IAS 33.

[71] Vgl. IASB-Framework Tz. 19 und 47.

[72] Vgl. IASB-Framework Tz. 18.

eine Bilanz zu Beginn der frühesten im Abschluss dargestellten Periode darstellen, regelmäßig also zu Beginn der Vorjahresperiode (Vergleichsperiode)[73].

Die **Segmentberichterstattung** nach IFRS 8 ist kein Pflichtbestandteil[74] jedes IFRS-Abschlusses, wird jedoch üblicherweise von börsenrechtlichen Zulassungsnormen für den Zugang zu einem geregelten Markt gefordert[75]. Ziel einer Segmentberichterstattung ist es, den Abschlussadressaten zu ermöglichen, die Art und die finanziellen Auswirkungen der vom Unternehmen ausgeübten Geschäftstätigkeiten sowie das wirtschaftliche Umfeld, in dem es tätig ist, zu beurteilen.[76]

Definition

Ein **Zwischenbericht** ist ein Finanzbericht über eine Finanzberichtsperiode, die kürzer als ein gesamtes Geschäftsjahr ist[77].

Die Zwischenberichterstattung hat das Ziel, in kürzeren Zeitabständen (kürzer als ein Jahr) regelmäßige, zeitnahe und verlässliche Informationen über die Vermögens-, Finanz- und Ertragslage eines Unternehmens und die künftige Entwicklung des Geschäftsjahres zu vermitteln.

Merke

Das **Ergebnis je Aktie** ist eine international gebräuchliche Kennzahl, die nach IAS 33 im Jahres- bzw. Konzernabschluss von kapitalmarktorientierten Aktiengesellschaften anzugeben ist.

---

[73] Damit enthält ein IFRS-Abschluss regelmäßig drei Bilanzen: eine Bilanz zu Beginn der Vorperiode, eine Bilanz zum Ende der Vorperiode und eine Bilanz zum Bilanzstichtag (Ende der Berichtsperiode).

[74] Vgl. § 297 Abs. 1 Satz 2 HGB.

[75] Vgl. IFRS 8.2-4.

[76] Vgl. im Einzelnen nachfolgend Kapitel 2.4.

[77] Vgl. IAS 34.4.

2.4 Inhalt der Bilanz und der Gesamtergebnisrechnung nach IFRS

Die Rechnungslegung nach IFRS basiert auf dem Konzept eines periodischen (Netto-)Vermögensvergleiches zwischen zwei (Abschluss-) Stichtagen. Nach dem Asset-Liability-Ansatz findet eine stichtagsbezogene Anwendung von Ansatz- und Bewertungsvorschriften der **Bilanzinhalte** statt. Die (Netto-)Vermögensänderungen während der Abrechnungsperiode werden in der Gesamtergebnisrechnung als zeitraumbezogene Veränderungsrechnung dargestellt. Damit kommt der Bilanz und der Gesamtergebnisrechnung eine zentrale Rolle in der Aussagefähigkeit des IFRS-Abschlusses zu; die beiden Instrumente ergänzen sich in ihren Aussagen.

Merke

Als Bilanzinhalte sehen das Framework Tz. 49-68 bzw. IAS 1.54-80A vor:

- Vermögenswerte,
- Schulden und
- Eigenkapital.

Definition

"Ein Vermögenswert ist eine Ressource, die aufgrund von Ereignissen der Vergangenheit in der Verfügungsmacht des Unternehmens steht und von der ein künftiger Zufluss wirtschaftlichen Nutzens (in der Regel in Form von Cashflows) erwartet wird."[78]

Ansatzkriterium für Vermögenswerte ist, dass sie in der Verfügungsmacht des Unternehmens stehen, also von dem Unternehmen kontrolliert werden können (wirtschaftliches Eigentum), Das bedeutet, dass das Unternehmen den Vermögenswert in jeder rechtlich zulässigen Form nutzen kann, die Nutzenstiftung für sich vereinnahmen und andere von der Nutzung ausschließen kann. Der Ansatz eines Vermögenswertes in der Bilanz ist verpflichtend vorgeschrieben, wenn

---

[78] Vgl. IASB-Framework Tz. 49 (a).

- die Nutzenstiftung wahrscheinlich im Sinne von „more likely than not“ ist, und
- wenn sein Wert, insbesondere seine Anschaffungs- oder Herstellungskosten, zuverlässig bestimmt werden kann.

Definition

Schulden sind demzufolge aktuelle Verpflichtungen des Unternehmens, welche ihre Ursache in vergangenen Ereignissen haben, und die voraussichtlich zu einem Ressourcenabfluss mit wirtschaftlichem Nutzen führen werden[79].

Bei dem künftigen Abfluss wirtschaftlicher Ressourcen handelt es sich regelmäßig um erwartete Zahlungsmittelabflüsse. Ansatzkriterium für Schulden ist, dass es sich um eine gegenwärtige Verpflichtung handelt. Eine Antizipation von Verpflichtungen/Verluste, die aufgrund künftiger Ereignisse erwartet werden, ist damit für die Bilanzierung ausgeschlossen. Ferner ist die Passivierung einer reinen Innenverpflichtung ohne rechtliche oder wirtschaftliche Ansprüche dritter Parteien ebenfalls ausgeschlossen. Eine Passivierungsverpflichtung für Schulden ist gegeben, wenn

- der erwartete Ressourcenabfluss zu ihrer Erfüllung wahrscheinlich im Sinne von „more likely than not“ ist und
- der Erfüllungsbetrag zuverlässig ermittelt werden kann.

Daraus folgt, dass weder Verpflichtungen angesetzt werden können, deren Eintrittswahrscheinlichkeit nicht „more likely than not“ ist (Eventualverpflichtungen),[80] noch Verpflichtungen, deren Eintritt zwar wahrscheinlich ist, aber deren Erfüllungsbetrag nicht zuverlässig geschätzt werden kann[81].

Definition

Das Eigenkapital eines Unternehmens ergibt sich als Residualgröße aus dem Saldo von Vermögenswerten und Schulden[82].

---

[79] Vgl. IASB-Framework Tz. 49 (b).

[80] Vgl. IAS 37.23, IAS 37.27.

[81] Vgl. IAS 37.25-26.

[82] Vgl. IASB-Framework Tz. 49 (c).

Das IASB-Framework (Tz. 65-68) sowie IAS 32.9, 16-16D, AG13-14J, AG25-29A geben weitere Hinweise über den Ausweis von Eigenkapitalinstrumenten im Gegensatz zu Fremdkapitalinstrumenten.

Die beschriebenen Voraussetzungen für einen Bilanzansatz von Vermögenswerten und Schulden werden durch konkretere Regelungen in den einzelnen Standards des IASB ergänzt und operationalisiert. Für konkrete Fragestellungen sind daher die in den jeweiligen Standards (z.B. IAS 16, IAS 38, IFRS 9 usw.) enthaltenen Ansatzkriterien heranzuziehen.

Als Inhalte der **Gesamtergebnisrechnung** kennt das Rahmenkonzept des IASB die Begriffe Erträge und Aufwendungen und definiert diese wie folgt[83]:

Definition

- Erträge stellen eine Zunahme des wirtschaftlichen Nutzens in der Berichtsperiode in Form von Zuflüssen oder Erhöhungen von Vermögenswerten oder einer Abnahme von Schulden dar, die zu einer Erhöhung des Eigenkapitals führen, welche nicht auf eine Einlage der Anteilseigner zurückzuführen sind.
- Aufwendungen stellen eine Abnahme des wirtschaftlichen Nutzens in der Berichtsperiode in Form von Abflüssen oder Verminderungen von Vermögenswerten oder einer Erhöhung von Schulden dar, die zu einer Abnahme des Eigenkapitals führen, welche nicht auf Ausschüttungen an die Anteilseigner zurückzuführen sind.

Bei den Erträgen unterscheidet man Revenues, die als Erträge der gewöhnlichen Geschäftstätigkeit aus der operativen und finanzwirtschaftlichen Betätigung des Unternehmens (z.B. Umsatzerlöse, Zins- und Dividendeneinnahmen, Miet- und Pachteinnahmen) von Gains, die aus Wertsteigerungen von Vermögenswerten, welche im Rahmen der Fair Value-Bewertung einen bilanziellen Niederschlag finden, resultieren.

Aufwendungen lassen sich einteilen in solche aus der gewöhnlichen Geschäftstätigkeit (expenses), gegliedert nach Aufwandsarten (Gesamtkostenverfahren, z.B. Material-, Personal-, Abschreibungsauf-

---

83 Vgl. IASB-Framework Tz. 70.

wand) oder Kostenstellen (Umsatzkostenverfahren, z.B. Herstellungs-, Verwaltungs-, Vertriebsaufwendungen), sofern sie das operative Ergebnis betreffen oder Aufwendungen aus finanzwirtschaftlichen Tätigkeiten (z.B. Zinsaufwendungen) darstellen, von „anderen Aufwendungen" (losses), welche aus Wertminderungen von Vermögenswerten im Rahmen von Impairments oder Fair Value-Minderungen resultieren.

	Erträge	**Aufwendungen**
Im Rahmen der gewöhnlichen Geschäftstätigkeit	Revenues	Expenses
Sonstige	Gains	Losses

Erträge und Aufwendungen sind nur dann in der GuV-Rechnung zu erfassen, wenn sie verlässlich bestimmt werden können. Nach dem Matching Principle sind direkt aufeinander bezogene Aufwendungen und Erträge in derselben Periode auszuweisen. Aufwendungen und Erträge können nach dem accrual principle[84] nach sachlichen Kriterien zeitlich versetzt von ihnen den zu Grunde liegenden Zahlungen ausgewiesen werden. Aufgrund ihres pagatorischen Charakters gehen sie aber stets auf Zahlungsvorgänge zurück und stimmen mit ihnen über die Gesamtlebensdauer des Unternehmens überein.

Allerdings gibt es neben erfolgswirksamen Eigenkapitalveränderungen, die nicht auf Einlagen oder Entnahmen der Anteilseigner zurückzuführen sind, auch erfolgsneutrale Ergebniskomponenten. Sie werden im Sonstigen Ergebnis (other comprehensive income) zusammengefasst und sind nicht Teil der GuV-Rechnung, wohl aber der Gesamtergebnisrechnung. Als Beispiele kommen in Betracht:

- Fair Value-Änderungen bestimmter Kategorien von Finanzinstrumente (z.B. Fremdkapitalinstrumente at Fair Value through OCI)[85],
- Neubewertung von Sachanlagen und immateriellen Vermögensgegenständen[86],
- Neubewertungen von Pensionsverpflichtungen aufgrund geänderter Berechnungsparameter[87],

---

84 Vgl. IASB-Framework Tz. 22.

85 Vgl. IFRS 9.4.1.2.A

86 Vgl. IAS 16.39, IAS 38.85.

87 Vgl. IAS 19.57(d).

- Effekte aus der Währungsumrechnung der Abschlüsse ausländischer Tochtergesellschaften in die Darstellungswährung des Konzerns[88],
- Wertänderungen von Derivaten im Rahmen von Cashflow Hedge Zusammenhängen[89],
- etc.

Diese Bewertungsvorgänge finden keinen Niederschlag in der GuV-Rechnung, sondern werden direkt ins Eigenkapital gebucht. Dieser Eigenkapitalposten wird als Neubewertungsrücklage (kumuliertes übriges Eigenkapital) bezeichnet. Beim Ausscheiden des erfolgsneutral neubewerteten Bilanzpostens (Vermögenswert oder Schuldposten) ist auch die mit ihm zusammenhängende Neubewertungsrücklage aufzulösen. Dies hat je nach zu Grunde liegender Rechtsvorschrift entweder erfolgswirksam zu geschehen, indem der auf ihn bezogene Betrag der Neubewertungsrücklage in die GuV-Rechnung überführt wird, man spricht dann von „recycling", oder erfolgsneutral zu erfolgen, indem der auf ihn bezogene Betrag der Neubewertungsrücklage in die „Anderen Gewinnrücklagen" umgebucht wird ohne in der GuV-Rechnung seinen Niederschlag zu finden; man spricht dann von „non-recycling items".

<table>
<tr><th colspan="4">Eigenkapitalveränderungen</th></tr>
<tr><td colspan="3">Innenfinanzierte Eigenkapitalveränderungen

Konzerngesamtergebnis (comprehensive income)</td><td>Außenfinanzierte Eigenkapitalveränderungen (Einlagen, Entnahmen, Kapitalerhöhungen, Kapitalherabsetzungen, Nachschüsse, Dividenden)</td></tr>
<tr><td>Jahresüberschuss
Jahresfehlbetrag</td><td colspan="2">Sonstiges Ergebnis (other comprehensive income)</td><td></td></tr>
<tr><td></td><td>Recycling items</td><td>Non-recycling items</td><td></td></tr>
</table>

[88] Vgl. IAS 21.41.

[89] Vgl. IFRS 9.6.5.11(a).

Merke

Die Darstellung des Konzerngesamtergebnisses (Comprehensive Income) kann in einer einzigen Darstellung oder in zwei getrennten Darstellungen erfolgen.

In der einzigen Gesamtdarstellung werden zunächst die erfolgswirksamen Nettovermögensänderungen entweder in der Form des Gesamt- oder des Umsatzkostenverfahrens dargestellt. Der Jahresüberschuss/-fehlbetrag stellt eine Zwischensumme (sub line) dar, an den sich die Liste der erfolgsneutralen Nettovermögensänderungen anschließt, welche ihrerseits dahingehend gegliedert sind, ob sie nach ihrer Auflösung erfolgswirksam in die GuV-Rechnung überführt (recycling) oder erfolgsneutral in die „Anderen Gewinnrücklagen" umgebucht werden (non-recycling).

Wird die Gesamtergebnisrechnung in zwei getrennten Darstellungen präsentiert, so entspricht die erste Darstellung der GuV-Rechnung in Form des Gesamt- oder Umsatzkostenverfahrens mit der Schlusszeile (bottom line) Jahresüberschuss/-fehlbetrag. Die zweite Darstellung beginnt mit dem Jahresüberschuss/-fehlbetrag und leitet ihn über die erfolgsneutralen Nettovermögensänderungen auf das (Konzern-)Gesamtergebnis über, das die Schlusszeile der zweiten Darstellung repräsentiert[90].

2.5 Inhalt weiterer Bestandteile des IFRS-Abschlusses im Überblick

Merke

Die **Eigenkapitalveränderungsrechnung** hat die Aufgabe, jeden Eigenkapitalposten von seinem Anfangsbestand über die jeweiligen Veränderungen zum Endbestand überzuleiten. Es existieren verschiedene Eigenkapitalposten und unterschiedliche Kategorien von Eigenkapitalveränderungen.

---

90 Zur Gliederung der Gesamtergebnisrechnung nach der Ein- oder Zwei-Formate-Darstellung vgl. unten Gliederungspunkt 3.2.

Man unterscheidet außen- und innenfinanziertes Eigenkapital. Beispiele für außenfinanziertes Eigenkapital sind das Gezeichnete Kapital und die Kapitalrücklagen; innenfinanziertes Eigenkapital sind die Gewinnrücklagen und der Gewinnvortrag.

Eigenkapitalveränderungen können unterschieden werden in

- Gewinne und Verluste, also der erfolgswirksame Saldo der GuV-Rechnung,
- Veränderungen im sonstigen Ergebnis und
- Einlagen und Entnahmen[91].

Aus den verschiedenen Eigenkapitalposten können bilanzanalytische Schlüsse gezogen werden, z.B. ob es sich um innen- oder außenfinanziertes, ausschüttungsoffenes bzw. ausschüttungsgesperrtes Eigenkapital handelt. Bei der Darstellung der Eigenkapitalveränderungen wird auf die unsaldierten Vorgänge Bezug genommen, welche zu einer Eigenkapitalmehrung oder -minderung geführt haben.

Merke

IAS 1.111 postuliert die Aufgabe der **Kapitalflussrechnung**, den Adressaten eine Grundlage für die Beurteilung der Fähigkeit des Unternehmens zu bieten, Cashflows zu generieren und zu verwenden (Mittelherkunft und Mittelverwendung).

Die Anforderungen an die Darstellung der Kapitalflussrechnung nebst den entsprechenden Anhangangaben ergeben sich aus IAS 7. Kennzeichnend für die Kapitalflussrechnung nach IAS 7 ist, ebenso wie nach DRS 21, die Aufteilung in die Cashflows aus operativer Tätigkeit (Innenfinanzierung), aus Investitionstätigkeit und aus (Außen-)Finanzierungstätigkeit[92]. Der Cashflow aus operativer Tätigkeit kann direkt durch Gegenüberstellung der während der Periode stattgefundenen Ein- und Auszahlungen aus operativer Tätigkeit ermittelt werden oder indirekt durch Überleitung vom Jahresüberschuss auf den Cashflow aus operativer Tätigkeit. Schließlich sind nicht-zahlungswirksame Veränderungen des Zahlungsmittelbestandes wie z.B. bewertungs- und konsolidierungskreisbedingte Veränderungen des Zahlungsmittel-

---

[91] Vgl. IAS 1.106.

[92] Vgl. IAS 7.10.

bestands auszuweisen. Die Nettoveränderung des Zahlungsmittelbestands kann auch durch komparativ-statischen Bestandsvergleich des Zahlungsmittelbestands der Bilanz entnommen werden, indem Anfangs- und Endbestand an Zahlungsmitteln saldiert werden.

Die **Gliederungsfragen** im Zusammenhang mit Bilanz, Gesamtergebnisrechnung, Eigenkapitalveränderungsrechnung und Kapitalflussrechnung werden unter Gliederungspunkt 3.2 dargestellt.

Merke

Im **Anhang** als weiteren Pflichtbestandteil jedes IFRS-Abschlusses sind neben allgemeinen Angaben zum Abschluss und zum Unternehmen[93] sowie den Methoden- und Postenerläuterungen auch die wirtschaftlichen Rahmenbedingungen der Betriebstätigkeit zu beschreiben.

IAS 1.112 fordert

- die Grundlagen der Abschlusserstellung sowie die angewendeten Bilanzierungsmethoden (einschließlich der verwendeten Bewertungsmaßstäbe) zu erläutern[94],
- Informationen, die nach den IFRS gefordert sind, jedoch nicht in den anderen Abschlussbestandteilen enthalten sind, darzustellen und
- zusätzliche Informationen zu vermitteln, die für das Gesamtverständnis des Abschlusses relevant sind.

Zu beachten ist, dass deutsche Unternehmen bzw. Konzerne, die nach IFRS berichten, nach § 315e HGB zwar davon befreit sind, die Rechnungslegungsvorschriften nach HGB zu erfüllen, einen (Konzern-) Lagebericht nach §§ 289 bis 289e bzw. 315 bis 315d HGB aber dennoch erstellen und veröffentlichen müssen[95].

Die **Segmentberichterstattung** nach IFRS 8 ist kein Pflichtbestandteil[96] jedes IFRS-Abschlusses, wird jedoch üblicherweise von börsenrechtlichen Zulassungsnormen für den Zugang zu einem geregelten

---

[93] Vgl. IAS 1.51 und 1.138.

[94] Vgl. IAS 1.117 ff.

[95] Vgl. § 315e Abs. 1, 325 Abs. 2a HGB.

[96] Vgl. § 297 Abs. 1 Satz 2 HGB.

Markt gefordert[97]. Ein IFRS-bilanzierendes Unternehmen ist nicht verpflichtet, IFRS 8 anzuwenden. Wenn es allerdings IFRS 8 nicht anwendet, dürfen die Informationen über Segmente nicht als Segmentinformationen bezeichnet werden.[98] Ziel einer Segmentberichterstattung ist es, den Abschlussadressaten zu ermöglichen, die Art und die finanziellen Auswirkungen der vom Unternehmen ausgeübten Geschäftstätigkeiten sowie das wirtschaftliche Umfeld, in dem es tätig ist, zu beurteilen.

Dabei ist der Management Approach als oberster Berichterstattungsgrundsatz zu beachten. Er besagt, dass sowohl die Segmentgliederung als auch die Berichtsinhalte über die Segmente und die für die Segmentberichterstattung anzuwendenden Ermittlungsvorschriften der internen Steuerungs- und Reportingstruktur entsprechen müssen[99].

Um zu einer Segmentberichterstattung zu kommen, sind folgende Arbeitsschritte zu vollziehen:

- Bestimmung eines *strategischen Geschäftsfeldes.* Hierbei handelt es sich um einen Ausschnitt aus dem heterogenen Gesamtumfeld des Unternehmens, das einheitlichen Rahmenbedingungen ausgesetzt ist und mit einem homogenen Mix an Gestaltungsparametern bearbeitet wird.
- Bestimmung eines *operativen Segments.* Hierbei handelt es sich um ein strategisches Geschäftsfeld, das
  - Geschäftsaktivitäten verfolgt, aus denen Umsätze generiert werden können,
  - dessen operative Erfolge durch einen Segmentverantwortlichen (chief operating decision maker) überwacht werden und
  - das über abgrenzbare Finanzinformationen verfügt[100].

Operative Segmente können für Berichtszwecke zusammengefasst werden, wenn ähnliche ökonomische Eigenschaften in Bezug auf

- die Art der Produkte und Dienstleistungen,
- die Art der Produktionsprozesse,
- die Art oder Kundengruppe für die Produkte und Dienstleistungen,

---

[97] Vgl. IFRS 8.2-4.

[98] Vgl. IFRS 8.3.

[99] Vgl. IFRS 8.22-23, 8.25-26.

[100] Vgl. IFRS 8.5.

- die Vertriebsmethoden und
- die Art des regulatorischen Umfeldes[101].

vorliegen.

Ein *berichtspflichtiges Segment* liegt vor, wenn ein Segment entweder

- mindestens 10% der zusammengefassten internen und externen Umsatzerlöse aller Geschäftssegmente beinhaltet, oder
- der absolute Betrag seines ausgewiesenen Gewinns oder Verlustes mindestens 10% des höheren Wertes aus der Summe der Segmentgewinne aller Segmente, die keinen Verlust aufweisen, umfasst oder der Summe der Segmentverluste aller Segmente, die einen Verlust aufweisen, oder
- dessen Vermögenswerte mindestens 10% der Summe aller Segmentvermögenswerte umfassen.

Mit der Segmentierung muss erreicht werden, dass die Summe der externen Umsatzerlöse aller berichtspflichten Segmente mehr als 75% der Unternehmens- und Konzernumsatzerlöse abdeckt[102].

Die Segmentabgrenzung erfolgt zusammenfassend anhand nachfolgendem Schema:

Schritt 1 **Bestimmung des "Chief operating decision maker" (CODM)**

Schritt 2 **Bestimmung der operativen Segmente**

Schritt 3 **Ggf. Aggregation von operativen Segmenten**

Schritt 4 **Bestimmung der berichtspflichtigen operativen Segmente**

Schritt 5 **Informationen für die operativen Segmente**

101 Vgl. IFRS 8.12.

102 Vgl. IFRS 8.13-15.

Beispiel 1

Sachverhalt:

Das Rechnungswesen der Firma XY weist folgende Daten auf:

Segment	externe Erlöse	interne Erlöse	Σ	Betriebs-ergebnis	zurechenbare Vermögenswerte
A	250	50	300	25	150
B	125	75	200	5	75
C	1.750	180	1.930	100	975
D	750	60	810	50	400
E	2.250	10	2.260	45	700
F	350	270	620	-12	125
Total	5.475	645	6.120	213	2.425

Aufgabe:

Ermitteln Sie die berichtspflichtigen Segmente.

Lösungshinweise:

1. Revenue Test[103]:

Welche Segmente haben Einkünfte, die größer als 10 % des gesamten Umsatzes sind?

$$10\% \times 6.120 = 612 \longrightarrow C, D, E, F$$

2. Operating Profit or Loss Test[104]:

Welche Segmente machen einen größeren betragsmäßigen Gewinn oder Verlust, als 10% des max. {Summe Gewinn; Summe Verlust}?

$$10\% \times \{225; 12\} = 22{,}5 \longrightarrow A, C, D, E$$

3. Identifiable Assets Test[105]:

Welche Segmente vereinen mehr als 10% der zurechenbaren Vermögenswerte auf sich?

$$10\% \times 2.425 = 242{,}5 \longrightarrow C, D, E$$

---

[103] Vgl. IFRS 8.13 (a).

[104] Vgl. IFRS 8.13 (b).

[105] Vgl. IFRS 8.13 (c).

Berichtspflichtige Segmente (mindestens ein 10% Test wurde erfüllt): A, C, D, F

4. 75%-Test[106]:

Vereinigen die bisher ausgewählten Segmente mehr als 75% des nicht konsolidierten Gesamtumsatzes auf sich?

75% × 5.475 = 4.106,3

250 + 1.750 + 750 + 2.250 + 350 = 5.350

Somit bedarf es keiner weiteren Identifikation von berichtspflichtigen Segmenten.

Beispiel 2

Die X-AG steuert folgende Segmente anhand der ihr vorliegenden internen Daten:

Segment	Umsatz in €	Segmenteigenschaft
A	300.000.000,00	ja
B	250.000.000,00	ja
C	110.000.000,00	ja
D	85.000.000,00	
E	80.000.000,00	
F	75.000.000,00	

Lösung

A, B und C überschreiten aufgrund ihres Umsatzes in Relation zum Gesamtumsatz des Unternehmens (€ 900.000.000,00) die für die Segmentberichterstattung notwendige 10%-Hürde. Kumuliert überschreiten A, B und C mit € 660.000.000,00 jedoch nicht die geforderte 75%-Grenze am Gesamtumsatz (€ 675.000.000,00). Demnach müssen die Hauptentscheidungsträger weitere berichtspflichtige Segmente abgrenzen. Sofern eines der weiteren Segmente die geforderten Voraussetzungen erfüllt, ist die 75%-Grenze am Gesamtumsatz überschritten.

---

106 Vgl. IFRS 8.15.

Eine Segmentberichterstattung ist kein vollständiger IFRS-Abschluss auf Basis der berichtspflichtigen Segmente, sondern es handelt sich um singuläre Informationen über die berichtspflichtigen Segmente, welche die Art und finanziellen Auswirkungen der Geschäftstätigkeiten sowie das wirtschaftliche Umfeld des Unternehmens beurteilen lassen.

In jedem Fall sind anzugeben[107]:

- eine Erfolgsgröße für das Segment,
- eine Größe für die Vermögenswerte des Segments,
- Überleitungsrechnungen gemäß IFRS 8.28 von den quantitativen Segmentangaben zu den Werten im IFRS-Abschluss.

Falls die nachstehenden Angaben an den Segmentverantwortlichen (chief operating decision maker) berichtet werden, sind auch diese in der Segmentberichterstattung anzugeben[108]:

- Segmentschulden,
- Erlöse mit externen Kunden,
- Erlöse mit anderen operativen Segmenten,
- Zinserträge und Zinsaufwendungen,
- planmäßige Abschreibungen,
- sonstige wesentliche Ertrags- und Aufwandsposten,
- Gewinn- oder Verlustanteile des Segments aus Anteilen an assoziierten Unternehmen oder Joint Ventures,
- Steueraufwand oder -ertrag,
- weitere wesentliche zahlungsunwirksame Erträge und Aufwendungen.

Definition

Ein **Zwischenbericht** ist ein Finanzbericht über eine Finanzberichtsperiode, die kürzer als ein gesamtes Geschäftsjahr ist[109].

Die maßgebliche Normquelle für die Zwischenberichterstattung ist IAS 34 Interim Financial Reporting (Zwischenberichterstattung). IAS 34 ist generell freiwillig anzuwenden, im Fall der Anwendung ist jedoch eine

[107] Vgl. IFRS 8.23.

[108] Vgl. IFRS 8.23.

[109] Vgl. IAS 34.4.

Übereinstimmenserklärung verpflichtend[110], d.h. eine Bestätigung, dass der IFRS-Zwischenbericht vollumfänglich den Vorschriften von IAS 34 entspricht.

Die Zwischenberichterstattung hat das Ziel, regelmäßige, zeitnahe und verlässliche Informationen über die Vermögens-, Finanz- und Ertragslage eines Unternehmens und die künftige Entwicklung des Geschäftsjahres zu vermitteln. Grundsätzlich wird der Zwischenbericht als ein eigenständiges Rechnungslegungsinstrument angesehen, das die Entwicklung seit dem letzten Jahresabschluss darstellt und gleichzeitig eine Prognose des Jahresergebnisses ermöglichen soll. Derzeit gibt es nach IAS 34 keine Prüfungs- bzw. Reviewpflicht für Zwischenberichte, die Einzelheiten regeln nationale bzw. börsenrechtliche Vorschriften zur Prüfung und Qualitätssicherung der Zwischenberichterstattung.

Es besteht keine generelle Pflicht für Unternehmen, die ihren Jahres-/Konzernabschluss nach IFRS erstellen, auch einen Zwischenbericht nach IAS 34 aufzustellen, d.h. eine Nichtanwendung von IAS 34 in Halbjahresfinanzberichten[111] hätte keine Auswirkungen auf das Jahresabschlusstestat. Die Anwendung von IAS 34 wird empfohlen, wenn Unternehmen öffentlich gehandelte Wertpapiere emittiert haben und einen Halbjahresfinanzbericht spätestens drei Monate nach Ablauf der Berichtsperiode veröffentlichen müssen[112]. Im Übrigen richtet sich die Bemessung der Zwischenberichtsintervalle nach den nationalen Vorschriften der Börsenaufsichtsorgane.

Merke

IAS 34[113] unterscheidet vollständige Zwischenberichte[114] in Anlehnung an IAS 1 und verkürzte Zwischenberichte[115]. Es ist aber in jedem Fall ein konsolidierter Zwischenabschluss aufzustellen, sofern der letzte Abschluss ein Konzernabschluss war[116].

---

110 Vgl. IAS 34.19.

111 Vgl. § 115 WpHG.

112 Vgl. § 115 WpHG. Vgl. Auch IAS 34.20-22.

113 Vgl. IAS 34.5-14.

114 Vgl. IAS 34.5.

115 Vgl. IAS 34.8f.

116 Vgl. IAS 34.14.

Die Mindest-Bestandteile des Zwischenberichtes umfassen nach IAS 34.8:

- die Übereinstimmenserklärung nach IAS 34.19,
- eine Bilanz (verkürzt),
- eine GuV bzw. Gesamtergebnisrechnung (verkürzt),
- eine Eigenkapitalveränderungsrechnung (verkürzt),
- eine Kapitalflussrechnung (verkürzt) und
- ausgewählte erläuternde Anhangangaben.

Als ausgewählte erläuternde Anhangangaben sind u.A. zu veröffentlichen (selektive Notes)[117]:

Angaben

- zur Methodenkongruenz zwischen Jahresabschluss und Zwischenbericht bzw. Methodenänderungen nach Art und Auswirkung beschrieben,
- zu saisonalen und konjunkturellen Einflüssen auf die Geschäftstätigkeit in der Zwischenberichtsperiode,
- zu Sachverhalten, die nach Art, Ausmaß oder Häufigkeit ungewöhnlich, jedoch für die Entwicklung von Bilanz-, Ergebnis- und Cashflow-Posten materiell bedeutsam sind,
- zu Schätzungsänderungen gegenüber früheren Ausweisen,
- zu Ausgabe, Rückkauf und Rückzahlung von Schuldverschreibungen oder Eigenkapitaltiteln,
- zu Dividendenzahlungen auf Stamm- und sonstige Aktien,
- zu Segmenterlösen mit externen Kunden bzw. anderen Segmenten und Segmentergebnissen, sofern das Unternehmen im Konzernabschluss zur Aufstellung einer Segmentberichterstattung verpflichtet ist,
- zu wesentlichen Ereignissen nach dem Ende der Zwischenberichtsperiode,
- zu Änderungen im Konsolidierungskreis, Restrukturierungsmaßnahmen, Einstellungen von Geschäftsbereichen (Discontinued Operations), den Status von Investmentgesellschaften nach IFRS 10 nebst den dazu gehörenden Angaben nach IFRS 12 betreffen,
- zur Ermittlung des beizulegenden Zeitwerts bei Finanzinstrumenten nach IFRS 13 und zu Umsatzerlösen nach IFRS 15.

Generell sind die im vorangehenden Jahresabschluss angewandten Bilanzierungs- und Bewertungsmethoden unverändert auch im Zwi-

---

[117] Vgl. IAS 34.16A.

schenabschluss anzuwenden[118], jedoch

- bedeutet die Einhaltung des Wesentlichkeitsgrundsatzes, dass zwar Schätzungen in größeren Umfang zulässig sind, aber
  - keine Gewinnglättungen bei saisonalen, konjunkturellen und gelegentlich erzielten Erträgen erlaubt sind und
  - aperiodisch anfallende Aufwendungen nur in dem Umfang vorgezogen oder geglättet werden dürfen, wie dies auch im Jahresabschluss angemessen wäre;
- Bewertungen in Zwischenberichten sind unterjährig auf einer vom Geschäftsjahresbeginn bis zum Zwischenberichtstermin fortgeführten Grundlage vorzunehmen;
- bei Änderungen der Bilanzierungs- und Bewertungsmethoden sind Abschlüsse früherer Zwischenberichtsperioden des aktuellen Geschäftsjahres anzupassen[119].

Merke

Das **Ergebnis je Aktie** ist eine international gebräuchliche Kennzahl, die nach IAS 33 im Jahres- bzw. Konzernabschluss von kapitalmarktorientierten Aktiengesellschaften anzugeben ist. Dabei ist zwischen unverwässertem Ergebnis je Aktie (basic earnings per share) und verwässertem Ergebnis je Aktie (diluted earnings per share) zu unterscheiden.

Das Ergebnis je Aktie ist auf Basis von konsolidierten Daten für Unternehmen vorgeschrieben, deren Stammaktien oder potentielle Stammaktien (Vorzugsaktien, Optionen, Wandelschuldverschreibungen) öffentlich gehandelt werden. Auszuweisen sind ein unverwässertes (basic, undiluted) Ergebnis je Aktie (auf Basis der aktuellen Anzahl der Stammaktien) sowie ein verwässertes (diluted) Ergebnis je Aktie.

Ermittlung des **basic earnings per share**

$$\text{EPS basic} = \frac{\text{Earnings basic}}{\text{Shares basic}}$$

[118] Vgl. IAS 34.28-42.

[119] Vgl. IAS 34.43-45.

Die earnings basic ermitteln sich als

> Jahresergebnis (income from continuing operations bzw. net income)
> \- festgesetzte Dividenden für Vorzugsaktien
> \- erforderliche (ausstehende) Dividenden für Vorzugsaktien
> = Earnings basic (Jahresergebnis, das sich auf die Stammaktionäre bezieht)

Shares basic sind die durchschnittlich im Geschäftsjahr ausgegebenen Stammaktien, also

> Anfangsbestand der umlaufenden Stammaktien × Zeitgewichtungsfaktor
> \- Anzahl der Aufkäufe von Stammaktien × Zeitgewichtungsfaktor
> \+ Anzahl der Ausgabe von Stammaktien × Zeitgewichtungsfaktor
> = Shares basic (gewichtete durchschnittliche Anzahl von umlaufenden Stammaktien)

Beispiel

Jahresüberschuss	Net Income	3.000.000
Dividenden auf Vorzugsaktien	Dividends on preferred stocks	30.000
Ergebnis für die Stammaktionäre	Income available to common stockholders	2.970.000
Durchschnittliche Zahl an Stammaktien	Weighted average number of common shares	3.300.000
Gewinn pro Aktie	Basic earnings per share	0,90

Die Kennzahl „verwässertes Ergebnis je Aktie“ (diluted earnings per share) ist bei Gesellschaften von Bedeutung, die eine komplexe Kapitalstruktur haben, mithin außer Stamm- und Vorzugsaktien auch potential stock, d.h. Aktienoptionsprogramme, ausgegeben haben.

$$\text{EPS diluted} = \frac{\text{Earnings diluted}}{\text{Shares diluted}}$$

Das verwässerte Ergebnis der Periode (Earnings diluted) ermittelt sich wie folgt:

Earnings basic
+ Dividenden auf verwässernde potentielle Stammaktien, die bei der Ermittlung des Jahresergebnisses, das sich auf die Stammaktionäre bezieht, abgezogen wurden
+ Zinszahlungen auf verwässernde potentielle Stammaktien (z.B. Wandelschuldverschreibungen)
+/- andere Aufwendungen und Erträge, die durch die Umwandlung von verwässernden potentiellen Stammaktien betroffen sind

= Earnings diluted

Shares diluted geht von den Shares basic aus, die um die potential common Shares (potenzielle Stammaktien) aus der möglichen Konvertierung der Vorzugsaktien, Optionen oder Wandelschuldverschreibungen erweitert werden.

Shares basic
+ gewichtete durchschnittliche Anzahl von aufgrund einer Umwandlung aller verwässernden potenziellen Stammaktien, die in Stammaktien ausgegeben würden

= Shares diluted

Beispiel

Ergebnis für die Stammaktionäre (Income available to common stockholders)		€ 2.970.000,00
Ergebniseffekte von möglichen Umwandlungen in Stammaktien		€ 30.000,00
Dividenden auf Vorzugsaktien, Zinsaufwendungen für Wandelschuldverschreibungen	€ 60.000,00	€ 90.000,00
		€ 3.060.000,00

durchschnittliche Anzahl an Stammaktien (Weighted average number of common shares)		3.300.000
Zusätzliche Anteile aus möglichen Umwandlungen		
Wandelbare Vorzugsaktien	600.000	
Wandelschuldverschreibungen	200.000	800.000
		4.100.000
Verwässertes Ergebnis je Aktie (diluted earnings per share, EPS)		€ 0,75

2.6 Bewertungsmaßstäbe im IFRS-Abschluss

Das Framework und einzelne Standards benennen eine Reihe von Wertmaßstäben, welche im IFRS-Abschluss zur Anwendung kommen können, ohne ihren Anwendungsbereich abschließend festzulegen. Hierzu gehören

- die historischen Anschaffungs- oder Herstellungskosten (historical cost),
- die fortgeführten Anschaffungs- oder Herstellungskosten (amortised cost),
- der Tageswert (current cost),
- der Veräußerungswert (realisable value) bei Aktiva bzw. Erfüllungsbetrag (settlement value) bei Passiva,
- der Barwert (net present value),
- der beizulegende Zeitwert (fair value),
- der erzielbare Betrag (recoverable amount) als der höhere Wert aus
  - Nettoveräußerungspreis (fair value less cost to sell) und
  - Nutzungswert (value in use).

Die Ermittlung der einzelnen Bewertungsmaßstäbe und deren Anwendung im IFRS-Abschluss sind in heterogenen Normquellen des IFRS-Regelwerkes zu finden.

Definition

Die historischen **Anschaffungskosten** bezeichnen den Betrag der hingegebenen Zahlungsmittel oder Zahlungsmitteläquivalente bzw. den beizulegenden Zeitwert der Gegenleistung für den Erwerb eines Vermögenswertes zum Erwerbszeitpunkt, einschließlich der Kosten, die angefallen sind, um die Vermögensgegenstand an seinen derzeitigen Ort zu bringen und in seinen derzeitigen Zustand zu versetzen[120].

Es handelt sich dabei um den Erwerbspreis, den Einfuhrzoll und andere Steuern, Transport- und Abwicklungskosten sowie sonstige Kosten, die dem Erwerb von Fertigerzeugnissen, Materialien und Leistungen unmittelbar zugerechnet werden können. Skonti, Rabatte und andere vergleichbare Beträge werden bei der Ermittlung der Kosten des Erwerbs abgezogen.[121]

Die **Herstellungskosten** umfassen die Kosten, die den hergestellten Vermögenswerten direkt zuzurechnen sind, wie beispielsweise Fertigungslöhne. Weiterhin umfassen sie systematisch zugerechnete fixe und variable Produktionsgemeinkosten, die bei der Verarbeitung der Ausgangsstoffe zu Fertigerzeugnissen anfallen.

Sonstige Kosten werden nur insoweit in die Herstellungskosten einbezogen, als sie angefallen sind, um die Vermögenswerte an ihren derzeitigen Ort und in ihren derzeitigen Zustand zu versetzen. Fremdkapitalkosten gehören im Rahmen der Vorschriften von IAS 23 zu den Herstellungskosten, sofern sie auf den Zeitraum der Herstellung entfallen. Auch die Finanzierungselemente von Zahlungszielen gehören zu den Herstellungskosten.[122]

Nachfolgendes Schaubild verdeutlicht die Zusammenhänge.

Kostenbestandteile	**HGB**	**IFRS**
Materialeinzelkosten	P	P
Materialgemeinkosten	P	P
Fertigungseinzelkosten	P	P
Fertigungsgemeinkosten	P	P
Abschreibungen	P	P

120 Vgl. Z.B. IAS 2.10.

121 Vgl. IAS 2.11. Die Definition von „Kosten des Erwerbs“ entspricht weitgehend der Anschaffungskostendefinition nach § 255 Abs. 1 HGB.

122 Vgl. Z.B. IAS 2.12-18

Sondereinzelkosten der Fertigung	P	P
Verwaltungsgemeinkosten, Kosten für soziale Einrichtungen, freiwillige soziale Leistungen und betriebliche Altersversorgung Fertigungsbezogene Kosten Allgemeine Kosten	 W W	 P V
Zinsen für Fremdkapital herstellungsbezogen während der Herstellungsphase	W	P
Vertriebskosten	V	V
Forschungskosten	V	V

P Pflicht zur Einbeziehung
W Wahlrecht zur Einbeziehung
V Verbot zur Einbeziehung

Definition

Die **fortgeführten Anschaffungs- oder Herstellungskosten (amortised cost)** sind die um planmäßige Abschreibungen verminderten Anschaffungs- oder Herstellungskosten.

Als primärer Wertansatz bilden sie am jeweiligen Abschlussstichtag die Ausgangsgröße für weitere, sekundäre Bewertungsmaßnahmen, wie z.B. außerplanmäßige Abschreibungen (Impairments), Wertaufholungen, wenn die Gründe für außerplanmäßige Abschreibungen früherer Jahre weggefallen sind, Fair Value-Bewertungen o.Ä. Im IFRS-Abschluss wird üblicherweise die lineare Abschreibungsmethode zur Anwendung gebracht. Wenn sich der Entwertungsverlauf durch eine andere Methode besser abbilden lässt, ist diese zu wählen. Steuerlich begründete und/oder durch Ausschüttungsmotive bestimmte Abschreibungsmethoden sind im IFRS-Abschluss nicht zulässig.

Definition

Der **Tageswert (current cost)** ist der Betrag an Zahlungsmitteln oder Zahlungsmitteläquivalenten, der im Falle eines Erwerbs eines entsprechenden Vermögenswertes zum gegenwärtigen Zeitpunkt gezahlt werden müsste.

Er entspricht den Wiederbeschaffungskosten im Falle einer unterstellten Ersatzbeschaffung (Opportunitätskosten) und spiegelt die Wertverhältnisse am Beschaffungsmarkt wider. Bei Schulden entspricht der Tageswert dem Betrag, der nach den Erkenntnissen am Bilanzstichtag aufgewandt werden müsste, um die Verpflichtung zum Erlöschen zu bringen.

Definition

Der **Veräußerungswert (realisable value)** ist der Betrag an Zahlungsmitteln oder Zahlungsmitteläquivalenten, der im Falle einer Veräußerung zum gegenwärtigen Zeitpunkt für einen Vermögenswert im normalen Geschäftsverlauf erzielt werden könnte.

Er repräsentiert insofern den Marktpreis am Absatzmarkt und stellt somit das realisierbare Haftungspotenzial dar, welches ein Vermögenswert zur Befriedigung von Gläubigeransprüchen erbringen kann. Bei Anwendung des Erfüllungsbetrags (settlement value) auf der Passivseite stellt er die nicht abgezinste Summe an Zahlungsmittel und Zahlungsmitteläquivalente dar, die insgesamt aufgewandt werden müsste, um die Schuld im normalen Geschäftsverlauf zum Erlöschen zu bringen.

Definition

Der **Barwert (net present value)** eines Vermögenswertes ist der abgezinste Betrag aller zukünftigen Nettoeinzahlungen, die bei normalem Geschäftsverlauf für einen Vermögenswert erzielt werden können. Bei Schulden entspricht er dem abgezinsten Betrag aller Nettozahlungsabflüsse, die im Zeitablauf aufgewandt werden müssen, um die Schuld im normalen Geschäftsverlauf zum Erlöschen zu bringen.

Der **beizulegende Zeitwert (fair value)** hat eine herausgehobene Stellung im Bewertungskonzept der IFRS-Rechnungslegung. Ihm ist ein eigener Standard gewidmet.

Merke

IFRS 13 beschreibt, wie der beizulegende Zeitwert unter verschiedenen Bedingungen zu ermitteln ist. Die Frage, bei welchen Bilanzsachverhalten und unter welchen Voraussetzungen der beizulegende Zeitwert zur Anwendung kommt, ist in den jeweiligen Standards geregelt[123].

Definition

Der **beizulegende Zeitwert** bezeichnet den Preis, der in einem geordneten Geschäftsvorfall zwischen Marktteilnehmern am Bemessungsstichtag für den Verkauf eines Vermögenswerts eingenommen bzw. für die Übertragung einer Schuld gezahlt würde[124].

Die Zielsetzung einen beizulegenden Zeitwert zu bestimmen, besteht darin, den Preis zu schätzen, zu dem unter aktuellen Marktbedingungen am Bemessungsstichtag der Vermögenswert verkauft oder die Schuld im Rahmen eines geordneten Geschäftsvorfalls zwischen unabhängigen und vertragswilligen Marktteilnehmern übertragen werden könnte. Beim beizulegenden Zeitwert handelt es sich um einen „exit price" unter der Prämisse der höchsten und besten Verwendung am Hauptmarkt oder am vorteilhaftesten Markt unter Anwendung sachgerechter Bewertungstechniken und unter Berücksichtigung verfügbarer Daten und Annahmen auf der jeweils zuverlässigsten Bemessungshierarchie für diese Inputfaktoren, die die Marktteilnehmer bei der Preisbildung für den Vermögenswert oder die Schuld zugrunde legen würden[125]. Damit sind folgende Bewertungsparameter maßgebend:

Bewertungstechniken[126]; man unterscheidet

- marktbasierter Ansatz,
- kostenbasierter Ansatz und
- einkommensbasierter Ansatz.

---

123 Z.B. IAS 16.31 ff, 38.75 ff., 40.33 ff,. 41.12 ff., IFRS 2.10, 3.2, 9.5.1.1 bzw. 9.5.2.1.

124 Vgl. IFRS 13.9.

125 Vgl. IFRS 13.B2

126 Vgl. IFRS 13.38.

Inputfaktoren gemäß der verwendeten Bewertungshierarchie[127]; man unterscheidet

- *Inputfaktoren auf Stufe 1:* in aktiven, für das Unternehmen am Bemessungsstichtag zugänglichen Märkten für identische Vermögenswerte oder Schulden notierte (nicht berichtigte) Preise[128],
- *Inputfaktoren auf Stufe 2:* andere als die auf Stufe 1 genannten Marktpreisnotierungen, die für den Vermögenswert oder die Schuld entweder unmittelbar oder mittelbar zu beobachten sind[129],
- *Inputfaktoren auf Stufe 3:* Inputfaktoren, die für den Vermögenswert oder die Schuld nicht beobachtbar sind[130].

Dabei wird den eingesetzten Inputfaktoren in absteigender Rangfolge die Priorität eingeräumt, d.h. es sind immer die am objektivsten zu ermittelnden Inputfaktoren bei der Bewertung mit oberster Priorität zu verwenden[131].

Der Zweck von IFRS 13 besteht darin, eine allgemein gültige Anweisung zu geben, wie ein Fair Value zu ermitteln ist. Die Frage, bei welchen Bilanzsachverhalten eine Fair Value-Bewertung erforderlich ist, wird in den jeweiligen Standards geregelt.

Definition

Der **erzielbare Betrag (recoverable amount)** beschreibt den höheren Wert aus

- Nettoveräußerungspreis (fair value less cost to sell) und
- Nutzungswert (value in use)[132].

Der erzielbare Betrag hat Bedeutung im Rahmen des Impairmenttests. Er ist der Vergleichsmaßstab, auf den im Falle von im Rahmen eines Impairmenttests festgestellten Wertminderungen abzuwerten ist.

---

[127] Vgl. IFRS 13.67-90.

[128] Vgl. IFRS 13.76-80.

[129] Vgl. IFRS 13.81-85.

[130] Vgl. IFRS 13.86-90

[131] Vgl. IFRS 13.72.

[132] Vgl. IAS 36.18.

Der Nettoveräußerungspreis (fair value less cost to sell) ist zu ermitteln:

- aus dem Preis im Rahmen eines bindenden Verkaufsvertrags zwischen unabhängigen Geschäftspartnern nach Abzug der noch anfallenden Verkaufskosten,
- ersatzweise aus dem Marktpreis des Vermögenswertes an einem aktiven Markt,
- ersatzweise aus einem potenziellen Betrag, den das Unternehmen am Bilanzstichtag aus dem Verkauf des Vermögenswertes zu Marktbedingungen zwischen sachverständigen, vertragswilligen und voneinander unabhängigen Geschäftspartnern nach Abzug der noch anfallenden Verkaufskosten erzielen würde.

Es sind die Ermittlungsgrundsätze für den Fair Value nach IFRS 13 anzuwenden.

Der Nutzungswert eines Vermögenswertes ist durch Diskontierung der aus seiner fortlaufenden Nutzung noch zu generierenden Zahlungsströme, welche weitestgehend unabhängig von den Zahlungsströmen anderer Vermögenswerte sind, zu ermitteln. Dies setzt voraus[133]:

- die Schätzung der zukünftigen Cashflows aus der fortgesetzten Nutzung des Vermögenswertes und aus seinem letztendlichen Abgang sowie
- die Anwendung eines angemessenen Diskontierungszinssatzes für die künftigen Cashflows.

Dabei muss die Berechnung folgende Elemente widerspiegeln:[134]

- eine Schätzung der künftigen Cashflows, die das Unternehmen durch den Vermögenswert zu erzielen hofft,
- Erwartungen im Hinblick auf eventuelle wertmäßige oder zeitliche Veränderungen dieser künftigen Cashflows,
- den Zinseffekt, der durch den risikolosen Zinssatz des aktuellen Markts dargestellt wird,
- den Preis für die mit dem Vermögenswert verbundene Unsicherheit und
- andere Faktoren wie Illiquidität, die Marktteilnehmer bei der Preisgestaltung der künftigen Cashflows, die das Unternehmen durch den Vermögenswert zu erzielen erhofft, widerspiegeln würden.

---

[133] Vgl. IAS 36.31.

[134] Vgl. IAS 36.30.

Sollte der Vermögenswert keine von den Zahlungsströmen anderer Vermögenswerte weitestgehend unabhängigen Cashflows generieren können, so ist der Nutzungswert für Zahlungsmittel generierende Einheit (cash generating unit) zu bestimmen, zu der der betrachtete Vermögenswert gehört, und diesem anteilig zuzurechnen.

Als Zahlungsmittel generierende Einheit bezeichnet man die kleinste identifizierbare Gruppe von Vermögenswerten, die Mittelzuflüsse erzeugen, die weitestgehend unabhängig von den Mittelzuflüssen anderer Vermögenswerte oder anderer Gruppen von Vermögenswerten sind[135]. Dabei kann es sich um eine Fertigungseinheit, eine Abteilung, ein Zweigwerk, ein Ladengeschäft und ggf. auch um das gesamte Unternehmen handeln. Abgrenzungsmerkmal ist ein direkter Bezug zum Absatzmarkt von Produkten bzw. marktfähigen Leistungen. Dem steht eine Bewertung mit unternehmens- oder konzerninternen Verrechnungspreisen gleich.

	Vermögenswerte einer zahlungsmittelgenerierenden Einheit
+	anteilige Buchwerte von zuzuordnenden Firmenwerten
+	anteilige Buchwerte von zuzuordnenden gemeinschaftlichen Vermögenswerten
./.	Buchwerte von zur zahlungsmittelgenerierenden Einheit gehörigen Verbindlichkeiten und Rückstellungen
=	**vollständiger Buchwert der zahlungsmittelgenerierenden Einheit (CGU)**

135 Vgl. IAS 36.6.

3 Darstellung des IFRS-Abschlusses

In IAS 1 sind die Bestandteile eines IFRS-Abschlusses aufgelistet sowie Anforderungen an die Darstellung der entsprechenden Elemente formuliert. Dabei werden lediglich Mindestgliederungen vorgeschrieben mit der ausdrücklichen Option für die bilanzierenden Unternehmen, diese Gliederungen zu erweitern bzw. an unternehmensspezifische Erfordernisse anzupassen. Ferner werden in IAS 1 bestimmte Darstellungsgrundsätze formuliert, die bei allen Abschlussbestandteilen gleichermaßen zu beachten sind.

3.1 Bilanz

Die Mindestgliederung der IFRS-Bilanz stellt sich nach IAS 1.54 wie folgt dar:

- Sachanlagen;
- als Finanzinvestitionen gehaltene Immobilien;
- immaterielle Vermögenswerte;
- finanzielle Vermögenswerte (ohne nach der Equity-Methode bilanzierte Finanzanlagen, Forderungen aus Lieferungen und Leistungen und sonstige Forderungen und Zahlungsmittel und Zahlungsmitteläquivalente);
- nach der Equity-Methode bilanzierte Finanzanlagen;
- biologische Vermögenswerte;
- Vorräte;
- Forderungen aus Lieferungen und Leistungen und sonstige Forderungen;
- Zahlungsmittel und Zahlungsmitteläquivalente;
- Vermögenswerte in ihrer Gesamtheit, die als zur Veräußerung gehalten klassifiziert wurden und Vermögenswerte, die Bestandteil einer Abgangsgruppe gemäß IFRS 5 sind;
- Verbindlichkeiten aus Lieferungen und Leistungen und sonstige Verbindlichkeiten;
- Rückstellungen;
- finanzielle Schulden (ohne Verbindlichkeiten aus Lieferungen und Leistungen und sonstige Verbindlichkeiten und Rückstellungen);

- Steuerschulden und -erstattungsansprüche gem. IAS 12;
- aktive und passive latente Steuern gem. IAS 12;
- Schulden, die Bestandteil einer Abgangsgruppe gemäß IFRS 5 sind;
- nicht beherrschende Anteile am Eigenkapital;
- gezeichnetes Kapital und Rücklagen, die den Anteilseignern der Muttergesellschaft zuzuordnen sind.

Merke

Zusätzliche Posten, Überschriften und Zwischensummen sind aufzunehmen, wenn dies für das Verständnis der Vermögens- und Finanzlage des Unternehmens von Bedeutung ist[136].

Die Anordnung der in der Bilanz aufgeführten Vermögenswerte und Schulden erfolgt in kurz- und langfristige Posten (sofern nicht eine Anordnung nach der Liquiditätsnähe für den Abschlussadressaten informativer ist. In diesem Fall wäre die liquiditätsorientierte Gliederung vorrangig anzuwenden)[137].

Kurzfristige Vermögenswerte sind dabei solche Vermögenswerte, die mindestens eines der nachfolgenden Kriterien aufweisen:

- Die Realisation des Vermögenswerts wird innerhalb des gewöhnlichen Verlaufs des Geschäftszyklus des Unternehmens erwartet oder er wird zum Verkauf oder Verbrauch innerhalb dieses Zeitraums gehalten,
- der Vermögenswert wird primär zu Handelszwecken gehalten,
- die Realisation des Vermögenswerts wird innerhalb von zwölf Monaten nach dem Abschlussstichtag erwartet,
- es handelt sich um Zahlungsmittel oder Zahlungsmitteläquivalente (mit Ausnahme der Vermögenswerte, die in ihrer Verwendung für einen Zeitraum von mindestens zwölf Monaten nach dem Abschlussstichtag beschränkt sind, oder die genutzt werden, um eine Verpflichtung mit mindestens zwölf monatiger Laufzeit zu erfüllen).

---

136 Vgl. IAS 1.55.

137 Vgl. IAS 1.60.

Vermögenswerte, die nicht als kurzfristig zu klassifizieren sind, gelten als langfristige Vermögenswerte[138].

Eine Schuld ist demzufolge als kurzfristige Schuld einzuordnen, wenn sie eine der folgenden Eigenschaften aufweist:

- Ihre Tilgung wird innerhalb des gewöhnlichen Verlaufs des Geschäftszyklus des Unternehmens erwartet,
- die Schuld wird primär zu Handelszwecken gehalten,
- ihre Tilgung wird innerhalb von zwölf Monaten nach dem Abschlussstichtag erwartet und
- das Unternehmen hat kein uneingeschränktes Recht, die Erfüllung der Verpflichtung auf einen Zeitpunkt von mindestens zwölf Monaten nach dem Abschlussstichtag hinaus zu zögern.

Schulden, die nicht als kurzfristig zu klassifizieren sind, gelten als langfristige Schulden[139].

Aktive und passive latente Steuern dürfen nicht als kurzfristige Vermögenswerte bzw. kurzfristige Schulden klassifiziert werden[140].

Unabhängig von der Einteilung in kurz- bzw. langfristige Vermögenswerte/Schulden bzw. einer Anordnung nach der Liquiditätsnähe der Bilanzposten muss für jeden Vermögens-/Schuldposten der Betrag angegeben werden, dessen Realisation oder Erfüllung nach mehr als zwölf Monaten vom Abschlussstichtag an erwartet wird[141].

Beispielhaft könnte eine Bilanz im Einklang mit IAS 1.54 wie folgt aussehen.

Bilanz

Bilanzposten	31.12. des Abschlussjahres	31.12. des Vorjahres
Aktiva		
Immaterielle Vermögenswerte		
Sachanlagen		

[138] Vgl. IAS 1.66.

[139] Vgl. IAS 1.69.

[140] Vgl. IAS 1.56.

[141] Vgl. IAS 1.61.

Als Finanzinvestition gehaltene Immobilien		
Finanzanlagen		
Langfristige sonstige Vermögenswerte		
Latente Steuern		
Langfristige Vermögenswerte		
Vorräte		
Kurzfristige Forderungen Forderungen aus Lieferungen und Leistungen Sonstige kurzfristige Forderungen		
Laufende Ertragsteueransprüche		
Wertpapiere und flüssige Mittel		
Kurzfristige Vermögenswerte		
Zur Veräußerung gehaltene Vermögenswerte und Abgangsgruppen		
Summe Aktiva		

Bilanzposten	31.12. des Abschlussjahres	31.12. des Vorjahres
Passiva		
Kapitaleinlagen		
Rücklagen davon Bilanzgewinn		
Nicht beherrschende Anteile		
Eigenkapital		
Rückstellungen für Pensionen		
Sonstige langfristige Rückstellungen		

Rückstellungen		
Langfristige Verbindlichkeiten		
Latente Steuern		
Langfristige Schulden		
Kurzfristige sonstige Rückstellungen		
Laufende Ertragsteuerschulden		
Finanzschulden		
Verbindlichkeiten aus Lieferungen und Leistungen		
Sonstige kurzfristige Verbindlichkeiten		
Kurzfristige Schulden		
Schulden im Zusammenhang mit zur Veräußerung gehaltenen Vermögenswerten und Abgangsgruppen		
Summe Passiva		

3.2 Gesamtergebnisrechnung

Merke

Die Gesamtergebnisrechnung besteht aus zwei Komponenten, unabhängig davon, ob diese in einer einheitlichen oder in zwei getrennten Darstellungen präsentiert werden.

Der erste Teil besteht aus der GuV-Rechnung, die entweder nach dem Gesamtkostenverfahren (nature of expenses) oder dem Umsatzkostenverfahren (function of expenses) dargestellt werden kann; insofern besteht ein diesbezügliches Unternehmenswahlrecht für den Ausweis[142]. IAS 1.82 verlangt eine Mindestgliederung mit folgenden verpflichtend vorgeschriebenen Aufwands- und Ertragspositionen:

- Umsatzerlöse;

[142] Vgl. IAS 1.99 f.

- Finanzierungsaufwendungen;
- Gewinn- und Verlustanteile an assoziierten Unternehmen und Gemeinschaftsunternehmen, die nach der Equity-Methode bilanziert werden;
- Steueraufwendungen;
- In Bezug auf aufgegebene Geschäftsbereiche: die Summe ihres Ergebnisses nach Steuern und des Ergebnisses nach Steuern (in einem Betrag), das sich aus der Bewertung nach IFRS 5 oder aus der Veräußerung ergibt.

Zusätzliche Posten, Überschriften und Zwischensummen sind einzufügen, wenn dies für die Darstellung der Ertragslage des Unternehmens von Bedeutung ist[143].

Aufwands- und Ertragspositionen dürfen weder bei den erfolgswirksamen GuV-Posten noch im Sonstigen Ergebnis oder im Anhang als außerordentlich dargestellt werden[144]. Einzelne Aufwands- und Ertragsposten sind dabei grundsätzlich als Bestandteil des Gewinns bzw. Verlusts der Periode darzustellen, es sei denn, bestimmte IFRS-Vorschriften verlangen oder erlauben eine Darstellung im Sonstigen Ergebnis[145].

Der zweite Teil der Gesamtergebnisrechnung wird unabhängig davon, ob er als gesonderte Darstellung (two-statement-approach) oder als integraler Bestandteil und damit in Fortführung der GuV-Rechnung dargestellt wird (one-statement-approach), als sonstiges Ergebnis (other comprehensive income) bezeichnet. Es umfasst die erfolgsneutralen Eigenkapitalveränderungen, die nicht durch Transaktionen mit den Gesellschaftern erfolgt sind, also die Bildung bzw. Erhöhung sowie die Auflösung oder Verminderung der Neubewertungsrücklage. Dabei werden zwei Kategorien von Komponenten des sonstigen Ergebnisses unterschieden, die auch in gesonderten Gruppen darzustellen sind:

- Komponenten des sonstigen Ergebnisses, die nie mehr erfolgswirksam in die GuV-Rechnung umgegliedert werden (non-recycling items),

143 Vgl. IAS 1.85.

144 Vgl. IAS 1.87.

145 Vgl. IAS 1.88.

- Komponenten des sonstigen Ergebnisses, die zu einem späteren Zeitpunkt erfolgswirksam in die GuV-Rechnung umgegliedert werden (recycling items). In diesem Fall spricht man von Reklassifizierungen bzw. „Recycling".

Die auf die jeweiligen Posten des sonstigen Ergebnisses entfallenden latenten Steuern können entweder postenweise (net of tax) oder für die gesamte Kategorie zusammengefasst entweder innerhalb des sonstigen Ergebnisses oder im Anhang dargestellt werden[146].

Beispiele für Komponenten der Gesamtergebnisrechnung, die zu einem späteren Zeitpunkt in die GuV-Rechnung erfolgswirksam umgegliedert werden, sind Eigenkapitalveränderungen aus

- der Währungsumrechnung[147],
- aus Cashflow Hedges[148],
- aus Fremdkapitalinstrumenten, die der Kategorie „at Fair Value through other comprehensive income" zugewiesen sind[149],
- Steuereffekte.

Beispiele für Komponenten der Gesamtergebnisrechnung, die nie mehr in die GuV-Rechnung erfolgswirksam umgegliedert werden, sind

- die Neubewertung der Nettoverpflichtungen aus leistungsorientierten Pensionsplänen[150],
- Eigenkapitalinstrumente, die der Kategorie „at Fair Value through other comprehensive income" zugewiesen sind[151],
- die Neubewertung von Sach- und immateriellen Vermögenswerten[152],
- Steuereffekte.

Für die Präsentation der Gesamtergebnisrechnung sieht IAS 1.10A folgendes Darstellungswahlrecht vor:

- eine Gesamtergebnisrechnung in einer Darstellung (single statement approach) mit allen Eigenkapitalveränderungen außer denjenigen,

---

146 Vgl. IAS 1.90ff.

147 Vgl. IAS 21.41.

148 Vgl. IFRS 9.6.5.11(a).

149 Vgl. IFRS 9. 4.1.2.A.

150 Vgl. IAS 19.57(d).

151 Vgl. IFRS 9.4.1.4.

152 Vgl. IAS 16.39, IAS 38.85.

die auf Transaktionen mit den Anteilseignern des Unternehmens in ihrer Funktion als Anteilseigner beruhen. In dieser Darstellung ist der Jahresüberschuss bzw. –fehlbetrag genauso eine Zwischensumme wie das sonstige Ergebnis, wobei sich beide Zwischensummen zur bottom line des Gesamtergebnisses addieren, oder

- zwei Aufstellungen, von denen eine alle erfolgswirksamen Eigenkapitalveränderungen enthält (also eine Gewinn- und Verlustrechnung mit dem Jahresüberschuss bzw. -fehlbetrag als Schlusszeile, bottom line) und einer zweiten Darstellung, die mit dem Gewinn oder Verlust der Periode gemäß der bottom line der ersten Aufstellung beginnt und daran anschließend alle anderen (nicht-erfolgswirksamen) Erträge und Aufwendungen, deren Saldo die weitere Zwischensumme das sonstige Ergebnis bildet und sich zusammen mit dem Jahresüberschuss bzw. -fehlbetrag zum Gesamtergebnis der Periode addiert.

Gesamtergebnisrechnung

Gesamtergebnisdarstellung in einem Format (single statement approach)		
Postenbezeichnung	Betrag Abschlussjahr	Betrag Vorjahr
Umsatzerlöse		
Umsatzkosten		
Bruttoergebnis vom Umsatz		
Vertriebs- und allgemeine Verwaltungskosten		
Sonstige betriebliche Erträge		
Sonstige betriebliche Aufwendungen		
Ergebnis vor Finanzergebnis		
Ergebnis aus at Equity bewerteten Beteiligungen		
Zinsen und ähnliche Erträge		
Zinsen und ähnliche Aufwendungen		

Übriges Finanzergebnis		
Finanzergebnis		
Ergebnis vor Steuern		
Ertragsteuern		
Jahresüberschuss/-fehlbetrag		
Ergebnisanteil anderer Gesellschafter		
Ergebnisanteil der Aktionäre der Muttergesellschaft		
Unverwässertes Ergebnis je Aktie		
Verwässerungseffekte		
Verwässertes Ergebnis je Aktie		
Jahresüberschuss/-fehlbetrag		
Neubewertungen der Nettoschuld aus leistungsorientierten Versorungsplänen		
Neubewertung von Eigenkapitalanteilen at Fair Value through OCI		
Bestandteile des Sonstigen Ergebnisses, die zukünftig nicht in die GuV-Rechnung umgegliedert werden		
Fremdkapitalanteile at Fair Value through OCI		
Zu Sicherungszwecken eingesetzte Finanzinstrumente (Cashflow Hedges)		
Sonstiges Ergebnis aus at Equity bewerteten Beteiligungen		
Währungsumrechnung ausländischer Tochterunternehmen		

Bestandteile des Sonstigen Ergebnisses, die zukünftig in die GuV-Rechnung umgegliedert werden		
Sonstiges Ergebnis nach Steuern		
Gesamtergebnis		
Gesamtergebnisanteil anderer Gesellschafter		
Gesamtergebnisanteil der Aktionäre der Muttergesellschaft		

Gesamtergebnisdarstellung in zwei Formaten (two statements approach)

GuV-Rechnung	Betrag Abschlussjahr	Betrag Vorjahr
Umsatzerlöse		
Umsatzkosten		
Bruttoergebnis vom Umsatz		
Vertriebs- und allgemeine Verwaltungskosten		
......		
Jahresüberschuss/fehlbetrag		

Gesamtergebnisrechnung	Betrag Abschlussjahr	Betrag Vorjahr
Jahresüberschuss/-fehlbetrag		
Neubewertung der Nettoschuld aus leistungsorientierten Versorgungsplänen		
Neubewertung von Eigenkapitalanteilen at Fair Value through OCI		
....		

Bestandteile des Sonstigen Ergebnisses, die zukünftig nicht in die GuV-Rechnung umgegliedert werden		
Fremdkapitalanteile at Fair Value through OCI		
…….		
Bestandteile des Sonstigen Ergebnisses, die zukünftig in die GuV-Rechnung umgegliedert werden		
Sonstiges Ergebnis nach Steuern		
Gesamtergebnis		
Gesamtergebnisanteil anderer Gesellschafter		
Gesamtergebnisanteil der Aktionäre der Muttergesellschaft		

3.3 Eigenkapitalveränderungsrechnung

Hinweis

Im Eigenkapitalspiegel wird jeder Eigenkapitalposten von seinem Anfangsbestand über die jeweiligen Veränderungen zum Endbestand übergeleitet.

Die Eigenkapitalveränderungsrechnung muss mindestens die folgenden Posten enthalten[153] (IAS 1.106):

- Gesamtergebnis für die Periode, wobei die Beträge, die den Eigentümern des Mutterunternehmens bzw. den Minderheitsanteilen zuzurechnen sind, getrennt auszuweisen sind;
- für jeden Eigenkapitalbestandteil den Einfluss einer retrospektiven Anwendung oder sonstigen rückwirkenden Anpassung (z.B. Änderung der Bilanzierungsmethoden gemäß IAS 8);

---

[153] Vgl. IAS 1.106.

- für jeden Eigenkapitalbestandteil eine Überleitung der Buchwerte zu Beginn der Periode und am Abschlussstichtag, wobei für die Änderungen anzugeben ist, ob sie aus:
  - dem Gewinn oder Verlust der Periode;
  - jedem Bestandteil des sonstigen Ergebnisses; und
  - Transaktionen mit Eigentümern in ihrer Eigenschaft als Eigentümern resultieren, wobei in Beiträge der Einzahlungen von sowie Ausschüttungen an die Eigentümer und in Beträge, die im Zusammenhang mit der Änderung von Anteilsverhältnissen an Tochterunternehmen, die nicht in einem Verlust der Kontrolle resultieren, zu differenzieren ist.

Eigenkapitalveränderungsrechnung

	Gezeichnetes Kapital	Kapitalrücklage	Gewinnrücklage	Währungsausgleichsposten	OCI Finanzinstrumente	Cashflow Hedge Rücklage	Neubewertung	Eigenkapital gesamt
Stand 01.01. des Berichtsjahres								
Methodenänderung/Fehler berichtigung								
Angepasster Betrag 01.01.								
Ergebnis								
Kapitalerhöhungen								
Gewinnverwendung								
Sonstige Veränderungen								
Stand 31.12. des Berichtsjahres								

	Gezeichnetes Kapital	Kapitalrücklage	Gewinnrücklage	Währungsausgleichsposten	OCI Finanzinstrumente	Cashflow Hedge Rücklage	Neubewertung	Eigenkapital gesamt
Stand 01.01. des Vorjahres								
Methodenänderung/Fehler berichtigung								
Angepasster Betrag 01.01.								
Ergebnis								
Kapitalerhöhungen								
Gewinnverwendung								
Sonstige Veränderungen								
Stand 31.12. des Vorjahres								

3.4 Kapitalflussrechnung

Hinweis

IAS 1.111 postuliert die Aufgabe der Kapitalflussrechnung, den Adressaten eine Grundlage für die Beurteilung der Fähigkeit des Unternehmens zu bieten, Cashflows zu generieren und zu verwenden (Mittelherkunft und Mittelverwendung).

Die Anforderungen an die Darstellung der Kapitalflussrechnung nebst den entsprechenden Anhangangaben ergeben sich aus IAS 7. Kennzeichnend für die Kapitalflussrechnung nach IAS 7 ist, ebenso wie nach DRS 21, die Aufteilung[154] in die Cashflows aus betrieblicher (ope-

[154] Vgl. IAS 7.10.

rativer) Tätigkeit[155], aus Investitionstätigkeit[156] und aus (Außen-)Finanzierungstätigkeit[157].

Beispielhaft werden klassische Zahlungsvorgänge beschrieben und den jeweiligen Cashflow-Bereichen zugeordnet[158].

Zum *Cashflow aus der betrieblichen Tätigkeit* gehören beispielsweise[159]:

- Zahlungseingänge aus dem Verkauf von Gütern und der Erbringung von Dienstleistungen,
- Zahlungseingänge aus Nutzungsentgelten, Honoraren, Provisionen und anderen Erlösen,
- Auszahlungen an Lieferanten von Gütern und Dienstleistungen,
- Auszahlungen an und für Beschäftigte,
- Einzahlungen und Auszahlungen von Versicherungsunternehmen für Prämien, Schadensregulierungen, Leibrenten und andere Versicherungsleistungen,
- Zahlungen oder Rückerstattungen von Ertragsteuern, es sei denn, die Zahlungen können der Finanzierungs- und Investitionstätigkeit zugeordnet werden,
- Einzahlungen und Auszahlungen für Handelsverträge.

Dem *Cashflow aus Investitionstätigkeit* sind beispielsweise folgende Zahlungsvorgänge zuzuordnen[160]

- Auszahlungen für die Beschaffung bzw. Einzahlungen aus dem Verkauf von Sachanlagen, immateriellen und anderen langfristigen Vermögenswerten einschließlich Auszahlungen für aktivierte Entwicklungskosten und für selbst erstellte Sachanlagen,
- Auszahlungen für den Erwerb bzw. Einzahlungen aus der Veräußerung von Eigenkapital- oder Schuldinstrumenten anderer Unternehmen und von Anteilen an Gemeinschaftsunternehmen,
- Auszahlungen für Dritten gewährte Kredite und Darlehen bzw. Einzahlungen aus der Tilgung von Dritten gewährten Kredite und Darlehen,

---

155 Vgl. IAS 7.13-15.

156 Vgl. IAS 7.16

157 Vgl. IAS 7.17.

158 Vgl. IAS 7.14, 16 und 17.

159 Vgl. IAS 7.14.

160 Vgl. IAS 7.16.

- Auszahlungen für bzw. Einzahlungen aus standardisierten und anderen Termingeschäften, Options- und Swap-Geschäfte, es sei denn, diese Geschäfte werden zu Handelszwecken gehalten oder die entsprechenden Zahlungen werden als Finanzierungstätigkeit eingestuft.

Dem *Cashflow aus Finanzierungstätigkeit* werden folgende Zahlungsvorgänge zugeordnet[161]:

- Einzahlungen aus der Ausgabe von Anteilen oder anderen Eigenkapitalinstrumenten,
- Auszahlungen an Eigentümer zum Erwerb oder Rückkauf von (eigenen) Anteilen an dem Unternehmen,
- Einzahlungen aus der Ausgabe von Schuldverschreibungen, Schuldscheinen, Anleihen und hypothekarisch unterlegten Schuldtiteln sowie aus der Aufnahme von Darlehen und Hypotheken oder aus der Aufnahme anderer kurz- oder langfristiger Ausleihungen,
- Auszahlungen für die Rückzahlung von Ausleihungen,
- Auszahlungen von Leasingnehmern zur Tilgung von Verbindlichkeiten aus Leasingverträgen.

Für den operativen Cashflow besteht ein Wahlrecht, diesen direkt aus den geflossenen Zahlungsströmen oder indirekt über eine Überleitung vom Jahresüberschuss ausgehend darzustellen[162].

Kapitalflussrechnung

	Berichtsjahr	Vorjahr
Ergebnis		
+ Abschreibungen auf Anlagevermögen (- Zuschreibungen)		
+ Zunahme Pensionsrückstellungen		
- Abnahme sonstiger langfristiger Rückstellungen		
Brutto-Cashflow		
+ Abnahme Vorräte		

161 Vgl. IAS 7.17.

162 Vgl. IAS 7.18-20.

- Zunahme Forderungen aus Lieferungen/Leistungen		
- Abnahme Verbindlichkeiten aus Lieferungen/ Leistungen		
+ Zunahme sonstiger Verbindlichkeiten		
+ Zunahme sonstiger Rückstellungen		
- Zunahme sonstiger Aktiva		
+ Zunahme sonstiger Passiva		
Netto-Cashflow aus laufender Geschäftstätigkeit		
- Netto-Auszahlungen aus Investitionen in Sachanlagen		
- Netto-Auszahlungen aus Investitionen in immaterielles Vermögen		
- Netto-Auszahlungen aus Investitionen in Finanzanlagen		
- Netto-Auszahlungen aus Investitionen in sonstige Vermögenswerte		
Investitions-Cashflow		
Free Cashflow		
- Auszahlungen an Gesellschafter		
- Auszahlungen aus der Tilgung von Finanzschulden		
Finanzierungs-Cashflow		
Zahlungswirksame Veränderung des Finanzmittelfonds		
+/- Wechselkurs-/konsolidierungskreis sowie bewertungsbedingte Änderungen des Finanzmittelfonds		
+ Bestand Finanzmittelfonds zum 31.12. des Vorjahrs		
= Bestand Finanzmittelfonds zum 31.12. des Berichtsjahrs		

Um eine trennscharfe Abgrenzung der Zahlungsvorgänge auf die drei Cashflow-Bereiche zu gewährleisten, hält IAS 7 eine Reihe von Einzelregelungen bereit für die „Grenzfälle der Zuordnung“.

3.5 Anhang

Hinweis

Im Anhang (notes) als Pflichtbestandteil jedes IFRS-Abschlusses sind neben allgemeinen Angaben zum Abschluss und zum Unternehmen (IAS 1.51 und .138) sowie den Methoden- und Postenerläuterungen auch die wirtschaftlichen Rahmenbedingungen der Betriebstätigkeit zu beschreiben.

IAS 1.112 fordert

- die Grundlagen der Abschlusserstellung sowie die angewendeten Bilanzierungsmethoden (einschließlich der verwendeten Bewertungsmaßstäbe) zu erläutern[163],
- Informationen, die nach den IFRS gefordert sind, jedoch nicht in den anderen Abschlussbestandteilen gemacht werden, darzustellen und
- zusätzliche Informationen zu vermitteln, die für das Gesamtverständnis des Abschlusses relevant sind.

Im Rahmen der Methodenerläuterung ist auch die Ausübung von Ermessen durch das Management bei der Anwendung der Bilanzierungsmethoden zu erläutern[164]; dies gilt gleichermaßen für die Ausübung von Wahlrechten wie auch von Beurteilungsspielräumen. Schließlich sind Informationen über wichtige, die Zukunft betreffende und andere Annahmen offenzulegen, die einen wesentlichen Einfluss auf die Buchwerte von Vermögenswerten und Schulden im nächsten Geschäftsjahr haben können[165]. Solche berichtspflichtigen Annahmen, Angaben über die Zukunft betreffende Annahmen sind vor allem dann relevant, wenn aktuelle Buchwerte durch Prognose(-rechnungen) ermittelt werden, z.B. bei Rückstellungen, Impairmenttests oder Fair Value-Bewertungen, und zu erwarten ist, dass sich die Ergebnisse dieser Prognosen im nächsten Geschäftsjahr signifikant ändern werden.

Schließlich sind im Anhang Angaben zum Kapital des Unternehmens (z.B. zur Steuerung des Kapitals, den diesbezüglichen Zielen und Maß-

---

[163] Vgl. IAS 1.117 ff.

[164] Vgl. IAS 1.122.

[165] Vgl. IAS. 1.125.

nahmen, regulatorischen Anforderungen etc.[166]) sowie zu vorgeschlagenen oder beschlossenen aber noch nicht ausgezahlten Dividendenzahlungen zu machen[167].

Unabhängig von den allgemeinen, nicht auf einen einzelnen Bilanzsachverhalt bezogenen Anforderungen an den Anhang nach IAS 1.112-133 enthalten die einzelnen Standards postenbezogene Erläuterungspflichten für den Anhang. Daneben enthalten IFRS 7 Anhangangabepflichten für die Darstellung von Finanzinstrumenten und IFRS 12 Angabepflichten zu Anteilen an anderen Unternehmen.

3.6 Ergänzende Darstellungsgrundsätze

Hinweis

Ergänzend zu den spezifischen Angabepflichten zu den einzelnen Bilanzsachverhalten und für die einzelnen Abschlussbestandteile werden in IAS 1 einige Darstellungsgrundsätze mit universeller Gültigkeit formuliert.

So gebietet der Grundsatz der Darstellungsstetigkeit[168], die Darstellung, Anordnung und Klassifizierung von Posten in den Abschlussbestandteilen im Zeitablauf beizubehalten, um einen intertemporalen Zahlenvergleich zu ermöglichen. Abweichungen hiervon sind nur zulässig, wenn entweder eine wesentliche Änderung der Unternehmenstätigkeit oder eine Überprüfung der Darstellung des Abschlusses zu der Schlussfolgerung führt, dass eine geänderte Darstellung zu besseren Informationen für die Abschlussadressaten führt, oder wenn eine IFRS-Regelung eine veränderte Darstellung verlangt[169].

Nach dem Saldierungsverbot dürfen Vermögenswerte und Schulden sowie Erträge und Aufwendungen nicht aufgerechnet werden, es sei denn, die Saldierung ist von einem IFRS vorgeschrieben oder zugelassen.[170] Ebenso dürfen Vermögenswerte nicht mit Schulden und Erträge

---

[166] Vgl. IAS 1.134 ff.

[167] Vgl. IAS 1.137.

[168] Vgl. IAS 1.45.

[169] Vgl. IAS 1.45, IAS 8.14.

[170] Vgl. IAS 1.32.

nicht mit Aufwendungen verrechnet werden; ausgenommen hiervon sind Verrechnungen, die durch eine IFRS-Regelung ausdrücklich gefordert oder erlaubt sind[171].

Schließlich gebietet der Vergleichbarkeitsgrundsatz, dass für jeden Betrag innerhalb des Abschlusses Vergleichszahlen für die Vorperiode anzugeben sind. Dies gilt analog auch für qualitative Informationen, wenn diese für ein Verständnis des Abschlusses der aktuellen Periode notwendig sind. Ausnahmen sind nur zulässig oder geboten, wenn eine IFRS-Vorschrift dies ausdrücklich vorsieht oder zulässt[172].

Unternehmen dürfen bezogen auf einzelne Abschlussbestandteile (z.B. die Gesamtergebnisrechnung) auch zusätzliche, über die Vorperiode hinausgehende Vergleichsperioden in den Abschluss mit aufnehmen, ohne dass hierdurch eine Verpflichtung erwächst, die entsprechenden zusätzlichen Perioden auch bei anderen Abschlussbestandteilen (z.B. die Kapitalflussrechnung) zu berücksichtigen[173].

3.7 Kontrollfragen

A. „Standards-Check"

In welchen Standards sind die folgenden Sachverhalte geregelt?

Grundprinzipien und Rahmenbedingungen der internationalen Rechnungslegung
- Framework und IAS 1

Struktur von Bilanz und GuV
- IAS 1

Korrektur von Fehlern und Schätzungen / Methodenänderungen
- IAS 8

Vorgehensweise bei der erstmaligen Umstellung auf IAS
- IFRS 1

Angaben über nahestehende Personen
- IAS 24

Ereignisse nach dem Stichtag (Subsequent events)
- IAS 10

171 Vgl. IAS 1.34.

172 Vgl. IAS 1.38.

173 Vgl. IAS 1.38C-38D.

Bewertung des Sachanlagevermögens
- IAS 16

Komponentenansatz im Sachanlagevermögen
- IAS 16

Vornahme außerplanmäßiger Abschreibungen im Sachanlagevermögen (sog. Impairment)
- IAS 36

Behandlung von Investitionszulagen / Investitionszuschüsse
- IAS 20

Ausweis von zum Verkauf stehenden Vermögenswerten
- IFRS 5

Behandlung von Fremdkapitalkosten im Bereich der Herstellung von Sachanlagevermögen
- IAS 23

Vorschriften zum Eigenkapitalspiegel
- IAS 1

B. Grundlagen / IAS 1

Wer „macht" die IAS/IFRS?
- Das IASB als privatrechtliche Organisation mit mehreren Einzelgremien

Unterschied zwischen IFRS und IAS bzw. SIC und IFRIC?
- IAS war die ursprüngliche Bezeichnung für International Accounting Standards. Seit der „Umfirmierung" des IASB 2002 heißen die Standards IFRS.
  SIC war die ursprüngliche Bezeichung für Standing Interpretation Committee. Seit der „Umfirmierung" heißt das Gremium, welches die Interpretationen schafft IFRIC International Financial Reporting Interpretation Committee. Die Interpretationen (Ausführungsbestimmungen) selbst heißen IFRS-IC.

Worin besteht der zentrale Unterschied zwischen der Rechnungslegung nach HGB und der Rechnungslegung nach IFRS?
- Die HGB-Rechnungslegungsvorschriften sind aus Gläubigerschutz-Gesichtspunkten dem Vorsichtsprinzip verpflichtet. Die IFRS dienen der Vermittlung entscheidungsnützlicher Informatio-

nen für die Abschlussadressaten und Analysten, insbesondere die Kapitalgeber.

Was versteht man unter dem sog. „due process"
- Es handelt sich dabei um ein vorgeschriebenes Verfahren, nach welchem neue Standards geschaffen und bestehende Standards überarbeitet werden sollen. Es ist in verschiedene Arbeitsschritte eingeteilt, um eine angemessene Beteiligung der betroffenen Personengruppen zu ermöglichen, andererseits um undurchschaubare Interessenbeteiligungen zu vermeiden.

Definieren Sie die Begriffe „Endorsement" und „Enforcement"
- Endorsement ist der Anerkennungsprozess, durch den die von dem privatrechtlich organisierten Gremium IASB veröffentlichten Standards zu unmittelbar geltendem Recht innerhalb der EU werden. Es sind die EFRAG (European Financial Reporting advisory Group) und das ARC (Accounting Regulatory Committee) als Sondergremien innerhalb der EU-Administration einbezogen. Der Prozess ist mit der Veröffentlichung der neuen bzw. überarbeiteten Standards im Amtsblatt der EU abgeschlossen.

  Enforcement ist der Prozess, durch den die normkonforme Anwendung der IFRS gewährleistet wird. Er wird in Deutschland beispielsweise durch die Deutsche Prüfstelle für Rechnungslegung und die Bundesanstalt für Finanzdienstleistungsaufsicht im Rahmen von anlassbezogenen oder Stichprobenprüfungen durchgeführt.

C. Struktur von Bilanz / GuV etc.

Gibt es eine eindeutige Regelung für die Gliederung der IFRS-Bilanz?
- Nein, es gibt eine Mindestgliederung mit der Möglichkeit, neue Posten einzuführen und/oder bestehende Posten weiter zu untergliedern. Besondere Vorschriften bestehen zu den Themen Darstellungsstetigkeit, Vergleichsinformationen und Saldierung.

Nach welcher Methode ist die IFRS-GuV zu erstellen (Gesamtkostenverfahren oder Umsatzkostenverfahren)? Welches Verfahren ist international üblich?
- Beide Verfahren sind zulässig. International gebräuchlicher ist das Umsatzkostenverfahren.

Worin besteht der Unterschied zwischen der GuV nach dem Gesamtkostenverfahren und der GuV nach dem Umsatzkostenverfahren?

- Beide Verfahren unterscheiden sich nur im operativen Ergebnis, nicht im Finanzergebnis oder in den Steuerpositionen.

  Beim Gesamtkostenverfahren werden die Erträge und Aufwendungen der produzierten Erzeugnismengen dargestellt. Daher umfassen die Erträge neben den Umsatzerlösen auch die Bestandsveränderungen und aktivierte Eigenleistungen. Die Aufwendungen sind nach Aufwandsarten gegliedert, also Material-, Personal-, Abschreibungs- und sonstiger Aufwand. Sowohl die Aufwandsarten als auch die Bestandsveränderungen lassen bilanzanalytische Schlüsse zu.

  Beim Umsatzkostenverfahren werden die Erträge und Aufwendungen der verkauften Erzeugnismengen dargestellt. So werden den Umsatzerlösen als den Erträgen der verkauften Erzeugnismengen die Herstellungskosten der verkauften Erzeugnismengen (Herstellungskosten des Umsatzes, Umsatzkosten, Cost of Goods Sold) gegenübergestellt. Der Saldo ist das Bruttoergebnis vom Umsatz (Gross Profit). Die Aufwendungen sind hier nach Kostenstellen gegliedert (Herstellung, Verwaltung, Vertrieb). Sowohl das Bruttoergebnis vom Umsatz als auch die funktionale Kostengliederung lassen bilanzanalytische Schlüsse zu.

Wie bezeichnet man den IFRS-Anhang?

- Notes

Ist der „IFRS-Anhang“ vom qualitativen und quantitativen Umfang mit dem HGB-Anhang vergleichbar?

- Während nach deutschem Bilanzrecht zwischen Anhang und Lagebericht unterschieden wird, existiert im IFRS-Abschluss nur ein Anhang. Dieser ist qualitativ und quantitativ umfangreicher und tiefer gehend als der HGB-Anhang. Dennoch wird ihm keine Gleichwertigkeit mit dem HGB-Lagebericht zugesprochen. Aus diesem Grund sind deutsche IFRS-bilanzierende Unternehmen nach § 315e HGB zwar von der Pflicht befreit, einen HGB-Jahres- bzw. Konzernabschluss zu erstellen, zu welchem der (Konzern-)Anhang gehört. Sie sind aber nicht befreit von der Pflicht einen (Konzern-)Lagebericht nach HGB aufzustellen.

In welchem Standard sind die Regelungen zum IFRS-Anhang enthalten?
- Die formalen Anforderungen an den IFRS-Anhang finden sich in IAS 1.112-133. Die inhaltlichen Anforderungen über die Berichtsinhalte finden sich in den einzelnen Standards. Zu komplexen Bilanzierungsthemen existieren eigene Standards, welche nur die Anhangangaben-Erfordernisse zu diesen Themen beschreiben. Es sind dies IFRS 7 Finanzinstrumente: Angaben sowie IFRS 12 Angaben zu Anteilen an anderen Unternehmen.

Welche zusätzlichen Abschlussbestandteile beinhaltet ein vollständiger IFRS-Abschluss?
- Neben Bilanz und GuV-Rechnung beinhaltet ein vollständiger IFRS-Abschluss noch eine Gesamtergebnisrechnung, die entweder einen gesonderten Bestandteil darstellen (Sonstiges Ergebnis)[174] oder die GuV-Rechnung mit umfassen kann[175], eine Eigenkapitalveränderungsrechnung, eine Kapitalflussrechnung[176] sowie den Anhang. Der IFRS-Abschluss börsennotierter Gesellschaften umfasst noch die Angabe des Ergebnisses je Aktie[177] und kann eine Segmentberichterstattung[178] und Zwischenberichte[179] umfassen.

In welchem Standard sind Darstellung und Form des IFRS-Abschlusses geregelt?
- In IAS 1.

D. Kontrollfragen zu Grundlagen der Rechnungslegung nach IFRS

(1) In welchen Regelungen des IFRS-Regelwerks finden sich die allgemeinen, konzeptionellen Grundlagen der Rechnungslegung?

(2) Beschreiben Sie die Zwecksetzung der Rechnungslegung nach IFRS. Gehen Sie dabei auch auf die Funktionen ein, welche die IFRS-Rechnungslegung (nicht) ausfüllen soll.

---

[174] Two statement approach.

[175] One statement approach.

[176] Vgl. IAS 7.

[177] Vgl. IAS 33.

[178] Vgl. IFRS 8.

[179] Vgl. IAS 34.

(3) Wer sind die vorrangigen Adressaten der IFRS-Rechnungslegung?

(4) Nennen und beschreiben Sie die vier qualitativen Eigenschaften, welche Informationen in IFRS-Abschlüssen erfüllen sollen?

(5) Was besagt die Going-Concern-Prämisse? Unter welchen Umständen ist von ihr abzurücken?

(6) Was ist der Inhalt des sog. Accrual Principle? Wodurch wird die Geltung des Prinzips eingeschränkt?

(7) Welche Bedeutung kommt dem Vorsichtsprinzip innerhalb der IFRS-Rechnungslegung zu?

(8) Definieren Sie die Begriffe
a. Vermögenswert (asset), b. Schuld (liability), c. Ertrag (income), d. Aufwand (expense)

(9) Nennen Sie die allgemeinen Ansatzkriterien, die erfüllt sein müssen, damit ein Vermögenswert bzw. eine Schuld zu aktivieren bzw. passivieren ist.

(10) Welcher Standard regelt die Darstellung eines IFRS-Abschlusses?

(11) Welche Vorschriften sehen die IFRS hinsichtlich einer Unterteilung der Bilanz vor?

(12) Wann ist ein Vermögenswert als kurzfristig zu klassifizieren?

(13) Wie ist ein langfristiger Vermögenswert definiert?

(14) Welches grundsätzliche Wahlrecht besteht hinsichtlich der Darstellung der Gesamterfolgsrechnung?

(15) Nennen Sie Beispiele für Posten, die als Bestandteil des sonstigen Ergebnisses anzugeben sind.

(16) Nennen Sie Beispiele für Posten, die in der Eigenkapitalveränderungsrechnung anzugeben sind.

(17) Nennen Sie Beispiele für Informationen, die in den Anhang aufzunehmen sind.

(18) Welche Darstellungsgrundsätze enthält IAS 1 und was beinhalten sie?

4 Auswahl und Anwendung von Rechnungslegungsmethoden, Änderungen von rechnungslegungsbezogenen Schätzungen und Fehlern (IAS 8)

Aufgrund der hohen Änderungsdynamik bei den Normquellen der IFRS-Rechnungslegung sowie wegen ihres zukunftsgerichteten Charakters, der der Anforderung der Entscheidungsnützlichkeit geschuldet ist, welche zahlreiche Beurteilungen und Schätzungen notwendig macht, erscheinen Regelungen zu Auswahl und Anwendung von Rechnungslegungsmethoden, Änderungen von rechnungslegungsbezogenen Schätzungen und Fehlern angezeigt.[180]

- Unter **Methodenänderungen** versteht man Änderungen bei den Grundsätzen, Grundlagen, Konventionen sowie Regeln und Verfahren, die für die Aufstellung und Darstellung des Abschlusses angewendet werden[181]. Beispiele sind der Wechsel von der Methode der fortgeführten Anschaffungskosten auf die Neubewertungsmethode bei der Folgebewertung von Sachanlagen oder der Übergang vom Gesamt- auf das Umsatzkostenverfahren bei der GuV-Gliederung. Methodenänderungen sind nur erlaubt,
  - wenn die Änderung durch die Satzung oder einen Standardsetter verlangt wird[182],
  - wenn die Änderung zu einer besseren Darstellung von Ereignissen oder Geschäftsvorfällen führt[183],
  - bei der erstmaligen Anwendung eines neu verabschiedeten Standards, wenn keine Übergangsvorschriften zu beachten sind[184].

  Methodenänderungen sind rückwirkend und erfolgsneutral vorzunehmen. Lediglich wenn die rückwirkenden Anpassungsbeträge nicht ermittelbar sind, darf ausnahmsweise prospektiv mit entspre-

---

180 Vgl. IAS 8.

181 Vgl. IAS 8.5.

182 Vgl. IAS 8.14.

183 Vgl. IAS 8.14.

184 Vgl. IAS 8.19.

chenden Anhangangaben angepasst werden. Eine Rückrechnung ist allerdings so weit als möglich verpflichtend.[185]

- **Schätzungsänderungen** sind vorzunehmen, wenn sich die Grundlagen, auf der die Schätzung basiert, ändern, oder neuere Informationen, mehr Erfahrung oder zeitlich nachgelagerte Entwicklungen bekannt werden.[186] Beispiele können sein:
  - Die Einbringlichkeit risikobehafteter Forderungen,
  - die Nutzungsdauer abschreibungsfähiger Vermögenswerte oder
  - die Inanspruchnahme aus unsicheren Verpflichtungen (Rückstellungen)

  Schätzungsänderungen sind erfolgswirksam und prospektiv, d.h. in der laufenden Periode und ggf. künftigen Perioden vorzunehmen[187]; mit entsprechenden Anhangangaben[188].

- **Rechnungslegungsbezogene Fehler** können im Hinblick auf die Erfassung, Bewertung, Darstellung oder Offenlegung von Bestandteilen eines Abschlusses entstehen. Wesentliche Fehler, die dazu führen, dass der Abschluss nicht im Einklang mit den IFRS steht, sind im ersten vollständigen Abschluss, der zur Veröffentlichung nach der Entdeckung der Fehler genehmigt wurde, rückwirkend durch Anpassung der vergleichenden Beträge für die früher dargestellten Perioden, in denen der Fehler auftrat, zu korrigieren. Wenn der Fehler vor der frühesten dargestellten Periode aufgetreten ist, sind die Eröffnungs-Salden der entsprechenden Bilanzposten für die früheste dargestellte Periode erfolgsneutral anzupassen.[189] Nur für den Ausnahmefall, in dem die rückwirkende Anpassung früherer fehlerbehafteter Bilanzsachverhalte undurchführbar ist, kommt eine prospektive Anpassung der vergleichenden Informationen ab dem frühestmöglichen Zeitpunkt in Betracht.[190]

[185] Vgl. IAS 8.23-31.

[186] Vgl. IAS 8.34.

[187] Vgl. IAS 8.36.

[188] Vgl. IAS 8.39-40.

[189] Vgl. IAS 8.41-42.

[190] Vgl. IAS 8.43-48.

5 Bilanzielle Behandlung von Sachanlagen nach IAS 16

5.1 Vorbemerkungen und Definition des Sachanlagevermögens

Definition

Nach IAS 16.6 sind Sachanlagen (Property, Plant and Equipment) materielle Vermögenswerte, die ein Unternehmen

- zur Herstellung oder Lieferung von Gütern oder Dienstleistungen,
- zur Vermietung an Dritte oder
- zu Verwaltungszwecken besitzt

und die voraussichtlich länger als ein Geschäftsjahr genutzt werden.

Materielle Vermögenswerte des Sachanlagevermögens werden somit über eine definierte Zeitspanne von mehr als einem Jahr (bzw. mehr als eine Periode) durch das Unternehmen **gebraucht** (genutzt). Andere Vermögenswerte werden hingegen **verbraucht** (z.B. Vorratsvermögen gem. IAS 2), da sie künftig im Rahmen des normalen Geschäftsgangs durch das Unternehmen veräußert werden und somit nicht über einen längeren Zeitraum zum Gebrauch dienen.

Hinweis

Sind die genannten Kriterien erfüllt, umfasst das Sachanlagevermögen typischerweise

- Grundstücke (Grund und Boden),
- Lager-, Fabrik- und Verwaltungsgebäude,
- Technische Anlagen und Maschinen,
- Fuhrpark und
- Betriebs- und Geschäftsausstattung.

Des Weiteren umfassen die Sachanlagen auch Vermögenswerte, die bei oberflächlicher Betrachtung dem Vorratsvermögen näherstehen. Diese sind u.a.

- wesentliche Ersatzteile (sog. „major spare parts“) und stand-by-Equipment, die mehr als eine Periode genutzt werden sowie
- Ersatzteile und Wartungsgeräte, die nur im Zusammenhang mit einer Sachanlage genutzt werden.

Die ergänzenden Sachverhalte werden entsprechend der korrespondierenden Sachanlage folgebilanziert, d.h. bei nicht bestimmbarer Nutzungsdauer auf außerplanmäßige Wertminderungen getestet (Impairment Test nach IAS 36) bzw. bei bestimmbarer Nutzungsdauer über die (Rest-)Nutzungsdauer abgeschrieben und zusätzlich im Falle von Wertminderungsindikatoren auf außerplanmäßige Wertminderungen getestet. Sofern sie die Definition des Sachanlagevermögens nicht erfüllen, werden sie wie Vorratsvermögen (IAS 2) behandelt.

Aus dem Anwendungsbereich der Sachanlagenbilanzierung sind nach IAS 16.3 folgende Sachverhalte ausgenommen:

- Sachanlagen die als „zur Veräußerung verfügbar“ klassifiziert wurden (IFRS 5),
- biologische Vermögenswerte (IAS 41),
- Vermögenswerte aus Exploration und Evaluierung von Bodenschätzen (IFRS 6) sowie
- Abbau- sowie Schürfrechte und Bodenschätze (z.B. Öl etc.).

Des Weiteren sind Anlageimmobilien, die als Finanzinvestition gehalten werden, gem. IAS 16.5 dem Anwendungsbereich von IAS 16 grundsätzlich entzogen. Sofern das Anschaffungskostenmodell für die Bewertung angewendet wird, gelten die Vorschriften von IAS 16 entsprechend.

5.2 Ansatz von Sachanlagen

5.2.1 Grundsätzliches zur Aktivierung

IAS 16 schreibt keine Einheit, Sache oder Sachgesamtheit vor, die als Bilanzierungsobjekt „Sachanlage“ festzulegen ist. Der Ansatz einer Sachanlage in der Bilanz erfolgt, wenn

- der Zufluss eines künftigen wirtschaftlichen Nutzens, insbesondere die Generierung von Cashflows, für das Unternehmen wahrscheinlich ist (Relevance) und

- die Anschaffungs- oder Herstellungskosten verlässlich ermittelt werden können (Reliability, IAS 16.7).

Zurechnungskriterium ist dabei das wirtschaftliche Eigentum. Für Leasingverhältnisse, bei denen das Auseinanderfallen von juristischem und wirtschaftlichem Eigentum ohne weiteres möglich ist, existieren mit IFRS 16 besondere Bilanzierungsvorschriften. Auf das rechtliche Eigentum kommt es beim Ansatz des Sachanlagevermögens grundsätzlich nicht an.

Vermögenswerte des Sachanlagevermögens sind nach IAS 16.67 ff. auszubuchen, wenn sie aus dem Unternehmen ausscheiden bzw. wenn aus ihrer weiteren Nutzung sowie aus ihrem Abgang keine weiteren wirtschaftlichen Vorteile mehr erwartet werden. Im Zusammenhang mit dem Abgang entstehende Gewinne oder Verluste sind erfolgswirksam zu erfassen, jedoch nicht als (Umsatz-)Erlöse zu klassifizieren (IAS 16.68). Sie stellen sonstige betriebliche Erträge dar.

5.2.2 Komponentenbezogene Aktivierung

Eigenständige Regelungen zur bilanziellen Behandlung nachträglicher Anschaffungskosten bestehen in IAS 16 nicht. Das bedeutet, dass das nachträgliche Ersetzen von Bestandteilen, welche nach dem Komponentenansatz („Component Approach“) nicht gesondert erfasst wurden, als Aufwand und nicht als nachträgliche Anschaffungs- oder Herstellungskosten behandelt werden.

Nach IAS 16.43 ff. gilt der sog. Komponentenansatz vollumfänglich. Hiernach ist eine Sachanlage in einzelne Bestandteile aufzuteilen, wenn die Kosten des einzelnen Bestandteils im Verhältnis zum Gesamtwert der Sachanlage wesentlich sind (z.B. Triebwerk und Flugzeug). Diesen Anlagenaufteilungen wird dann durch jeweils unterschiedliche Abschreibungspläne für die einzelnen Komponenten Rechnung getragen. Bestandteile mit gleicher Nutzungsdauer und Abschreibungsmethode dürfen hingegen zusammengefasst werden (IAS 16.43 ff.).

Die Vorgehensweise des Komponentenansatzes gewinnt auch in der deutschen handelsrechtlichen Bilanzierung zunehmend an Bedeutung und ist als GoB grundsätzlich anerkannt (vgl. Rechnungslegungshinweis IDW RH HFA 1.016).

Beispiel

Die X-AG erwirbt am 01.01.01 ein Bürogebäude für insgesamt 15 Mio. €. Der Kaufpreis setzt sich aus verschiedenen Preisen zusammen:

Mauerwerk	11 Mio. €
Dachstuhl	3 Mio. €
Türen bzw. Fenster	1 Mio. €

Für die einzelnen Gebäudeteile werden folgende Nutzungszeiten geschätzt:

Mauerwerk	50 Jahre
Dachstuhl	20 Jahre
Türen bzw. Fenster	10 Jahre

Wie ist das Gebäude zu erfassen und wie berechnet sich die Abschreibung in den kommenden Jahren?

Lösung

01.01.01	
Aktivierung Gebäude	15.000.000 €

Buchungssatz

Gebäude	15.000.000 €	Bank	15.000.000 €

Ermittlung jährliche Abschreibung			
Gebäudekomponente	Anschaffungskosten	Geschätzte Nutzungsdauer	Jährlicher Abschreibungsbedarf
Gemäuer	11.000.000 €	50	220.000 €
Dachstuhl	3.000.000 €	20	150.000 €
Türen bzw. Fenster	1.000.000 €	10	100.000 €
Gesamt	15.000.000 €		470.000 €

Buchungssatz

Abschreibung auf Gebäude	470.000 €	Gebäude	470.000 €

Nach 10 Jahren sind die Anschaffungskosten der Türen bzw. Fenster auf einen Wert von 0 € abgeschrieben. Der Abschreibungsbetrag verringert sich somit ab dem 11. Jahr um 100.000 €. Dem steht die Aktivierung der Ersatzkomponente und ihre planmäßige Abschreibung auf die neuen komponentenspezifische Nutzungsdauer gegenüber.

5.3 Bewertung von Sachanlagen

5.3.1 Erstbewertung

5.3.1.1 Anschaffungs- und Herstellungskosten

Sachanlagen werden bei erstmaligem Ansatz gem. IAS 16.15 mit ihren Anschaffungs- oder Herstellungskosten bewertet.

Hinweis

Anschaffungs- und Herstellungskostenbegriff[191]

- Der Anschaffungskostenbegriff ergibt sich aus IAS 16.16 ff. Hierbei sind die direkt zurechenbaren Fremdkapitalkosten bei sog. Qualifying Assets nach IAS 23 zu berücksichtigen.
- Der Herstellungskostenbegriff leitet sich aus IAS 16.22 i.V.m. IAS 2.12 ff. ab, unter Berücksichtigung der direkt zurechenbaren Fremdkapitalkosten bei sog. Qualifying Assets nach IAS 23.

Zu den Anschaffungskosten gehören neben dem eigentlichen Anschaffungspreis und den hierauf entfallenden Zöllen und nicht-rückerstattbaren Steuern auch die direkt zurechenbaren Kosten der Verbringung des Gegenstands in einen vom Management vorgesehenen betriebsbereiten Zustand.

Des Weiteren zählen zu den Anschaffungs-/Herstellungskosten auch die durch den Zugang oder die Nutzung entstehenden geschätzten Kosten für den Abbruch und das Abräumen des Vermögenswerts und die Wiederherstellung des Standortes (z.B. Mietereinbauten, die nach Ende der Mietzeit wieder zu entfernen sind)[192]. Eine solche Berücksich-

---

[191] Vgl. hierzu Kapitel 2.6.

[192] Asset retirement cost, decommissioning, restoration and similar liabilities vgl. IAS 16.16 (c), IAS 16.18.

tigung erfolgt in dem Maße, wie sie nach IAS 37 (Rückstellungen, Eventualschulden und Eventualforderungen) als Rückstellung zu passivieren sind. Auch Kosten, die durch die künftige Nutzung entstehen, gehören zu den Anschaffungs- oder Herstellungskosten, soweit sie nicht durch die Herstellung von Vorratsvermögen bedingt sind (in diesem Fall ist IAS 2 anzuwenden).

IFRIC 1 schreibt in diesem Kontext vor, die Rückstellung für künftige Abbruch-, Rekultivierungs- oder ähnliche Kosten zum diskontierten (abgezinsten) Erfüllungsbetrag anzusetzen.

Die Höhe dieser Rückstellung wird dabei durch drei Effekte beeinflusst

- Veränderungen in der Schätzung über die erwarteten Kosten,
- Veränderungen im angewandten Diskontierungssatz und
- Abzinsungseffekt im Zeitablauf.

Während die ersten beiden Effekte erfolgsneutral mit dem Buchwert der Anlage verrechnet werden, wird der Abzinsungseffekt im Finanzergebnis erfolgswirksam ausgewiesen.

Beispiel

Für den Bau einer Anlage werden 100.000 € investiert. Der Abbruch nach Ende der Nutzungsdauer von 5 Jahren wird sich voraussichtlich auf 20.000 € belaufen. Als Diskontierungszinssatz werden 5% p.a. angenommen. Nach zwei Jahren wird die Schätzung für die Abbruchkosten auf 25.000 € revidiert, im vierten Jahr ändert sich der Zinssatz auf 4,5%.

Lösung

01.01.01		
Anschaffungsausgabe	100.000 €	
Rückstellung	20.000 € × $1{,}05^{-5}$ =	15.670 €

Buchungssatz (Vorsteuer bleibt außer Betracht)

Anlagevermögen	115.670 €	Zahlungsmittel	100.000 €
		Rückstellung	15.670 €

31.12.01			
Abschreibungen	115.670 € : 5	=	23.134 €
Anlagenvermögen[193]	115.670 € - 23.134 €	=	92.536 €
Rückstellungen	20.000 € × $1{,}05^{-4}$	=	16.453 €
Aufzinsung Rückstellung	16.453 € - 15.670 €	=	783 €

Buchungssatz

Abschreibung	23.134 €	Anlagen	23.134 €
Finanzierungsaufwand	783 €	Rückstellungen	783 €

Buchwerte 31.12.01

Anlagevermögen	92.536 €
Rückstellungen	16.453 €

31.12.02			
Abschreibungen	115.670 € : 5	=	23.134 €
Rückstellungen	20.000 € × $1{,}05^{-3}$	=	17.275 €
Aufzinsung Rückstellung	17.275 € - 16.453 €	=	822 €
Neubewertung Rückstellung	25.000 € × $1{,}05^{-3}$	=	21.595 €
Erfolgsneutrale Erhöhung d. RSt	21.595 € - 17.275 €	=	4.320 €

Entwicklung der Rückstellung 02	
Anfangsbestand 01.01.02	16.453 €
Aufzinsung erfolgswirksam	822 €
Neubewertung erfolgsneutral	4.320 €
Buchwert 31.12.02	21.595 €

193 Fortgeführte Anschaffungskosten.

Buchungssatz

Abschreibung	23.134 €	Anlagen	23.134 €
Finanzierungsaufwand	822 €	Rückstellungen	822 €
Anlagevermögen	4.320 €	Rückstellungen	4.320 €

Buchwerte 31.12.02

Anfangsbestand 01.01.02	92.536 €
Abschreibung	23.134 €
Neubewertung	4.320 €
Buchwert 31.12.02	73.722 €

31.12.03			
Abschreibungen	73.722 € : 5	=	24.574 €
Rückstellungen	25.000 € × $1{,}05^{-2}$	=	22.675 €
Aufzinsung Rückstellung	22.675 € - 21.595 €	=	1.080 €

Buchungssatz

Abschreibung	24.574 €	Anlagen	24.574 €
Finanzierungsaufwand	1.080 €	Rückstellungen	1.080 €

Buchwerte 31.12.03

Anlagevermögen	73.722 € - 24.574 €	=	49.148 €
Rückstellungen			22.675 €

31.12.04			
Abschreibungen	49.148 € : 2	=	24.574 €
Rückstellungen	25.000 € × $1{,}05^{-1}$	=	23.809 €
Aufzinsung Rückstellung	23.809 € - 22.675 €	=	1.134 €
Neubewertung Rückstellung	25.000 € × $1{,}045^{-1}$	=	23.923 €
geänderter Diskontierungssatz	23.923 € - 23.809 €	=	114 €

Entwicklung der Rückstellung 04	
Anfangsbestand 01.01.04	22.675 €
Aufzinsung erfolgswirksam	1.134 €
Neubewertung erfolgsneutral	114 €
Buchwert 31.12.04	23.923 €

Buchungssatz

Abschreibung	24.574 €	Anlagen	24.574 €
Finanzierungsaufwand	1.134 €	Rückstellungen	1.134 €
Anlagevermögen	114 €	Rückstellungen	114 €

Buchwerte 31.12.04

Anfangsbestand 01.01.04	49.148 €
Anschreibung	24.574 €
Neubewertung	114 €
Buchwert 31.12.04	24.688 €

31.12.05			
Abschreibungen	24.688 €	=	24.688 €
Aufzinsung Rückstellung	23.923 € × 1,045	=	25.000 €

Buchungssatz

Abschreibung	24.688 €	Anlagen	24.688 €
Finanzierungsauwand	1.077 €	Rückstellungen	1.077 €
Rückstellungen	25.000 €	Zahlungsmittel	25.000 €

Die **Anschaffungskosten** sind nach folgendem Schema zu ermitteln:

+	Anschaffungspreis	Aus dem Kaufvertrag, o.Ä.
+	Anschaffungsnebenkosten	Nicht abziehbare Zölle und Steuern, Versicherungen, Transport- und Abwicklungskosten sowie andere Kosten, die der Beschaffung von Vermögenswerten des Sachanlagevermögens direkt zugeordnet werden können.
+	Fremdkapitalkosten	Aktivierungspflicht bei qualifizierten Vermögenswerten (qualifiying assets, IAS 23)
+	Sonstige Kosten	Kosten, um Vermögenswerte in den derzeitigen Zustand zu versetzen, ggf. Kosten für Abbruch, Beseitigung und Wiederherstellung (IAS 16. 16 (c))
-	Anschaffungspreisminderung	Skonti, Rabatte, Boni und sonstige Preisnachlässe; ggf. öffentliche Zuwendungen (IAS 20)
=	Anschaffungskosten	Gesamte Anschaffungskosten

Werden die Anschaffungskosten außerhalb der üblichen Zahlungsfristen beglichen, ist der Bilanzwert im Erwerbszeitpunkt als Barwert der Zahlungen anzusetzen.

Die **Herstellungskosten** sind als enggefasster Vollkostenansatz zu interpretieren. Sowohl Einzel- als auch fertigungsbedingte Gemeinkosten sind pflichtgemäß zu aktivieren. Lediglich allgemeine, nicht fertigungsbedingte Verwaltungsgemeinkosten und Vertriebskosten sind von der Einbeziehung in die Herstellungskosten ausgenommen.

Die Herstellungskosten sind wie folgt zu ermitteln:

Herstellungskosten nach IFRS, HGB und EStG	IFRS	HGB	EStG
Einzelkosten			
Materialeinzelkosten	Pflicht	Pflicht	Pflicht
Fertigungseinzelkosten	Pflicht	Pflicht	Pflicht
Sondereinzelkosten der Fertigung	Pflicht	Pflicht	Pflicht
Gemeinkosten			
Materialgemeinkosten	Pflicht	Pflicht	Pflicht
Fertigungsgemeinkosten	Pflicht	Pflicht	Pflicht
Werteverzehr des Anlagevermögens	Pflicht	Pflicht	Pflicht
Verwaltungskosten des Material- und Fertigungsbereichs	Pflicht	Pflicht	Pflicht
Allgemeine Verwaltungskosten	anteilige Pflicht*	Wahlrecht	Wahlrecht
Kosten für freiwillige soziale Leistungen	anteilige Pflicht*	Wahlrecht	Wahlrecht
Kosten für soziale Einrichtungen	anteilige Pflicht*	Wahlrecht	Wahlrecht
Kosten für betriebliche Altersvorsorge	anteilige Pflicht*	Wahlrecht	Wahlrecht
Fremdkapitalkosten	Pflicht bei qualifiying assets	Wahlrecht unter bestimmten Voraussetzungen	Wahlrecht unter bestimmten Voraussetzungen
Forschungs- und Entwicklungskosten			
Grundlagenforschung	Verbot	Verbot	Verbot
Entwicklungskosten	Pflicht	Wahlrecht	Verbot
Vertriebskosten			
Vertriebskosten	Verbot	Verbot	Verbot
* Anteilige Pflicht, sofern die Kosten dem Produktionsbereich zugeordnet werden können (produktionsbezogener Vollkostenansatz).			

Beispiel

Die X-AG erwirbt am 01.02.01 eine Maschine zum Listenpreis über 400.000 € zuzüglich 19% Umsatzsteuer. Die Maschine wird vom Lieferanten am 01.03.01 angeliefert. Auf den Kauf werden 5% Rabatt vom Listenpreis gewährt. Hinzukommt, dass die X-AG der Rechnung innerhalb 7 Tagen nachkommt und somit 3% Skontoabzug auf den Nettopreis bekommt. Für die Anlieferung der Maschine werden 5.400 € zuzüglich Umsatzsteuer in Rechnung gestellt. Weiterhin wird eine Transportversicherung i.H.v. 500 € abgeschlossen, welche direkt an den Lieferanten zu entrichten ist. Am 31.08.01 ist die Maschine betriebsbereit und abgenommen. Für den Aufbau und die Abnahme werden weitere 25.500 € zuzüglich Umsatzsteuer fällig. Für die Finanzierung der Maschine wird ab dem 01.03.01 ein Darlehen i.H.v. 200.000 € mit einem Zinssatz über 8% p.a. aufgenommen.

Wie hoch sind die Anschaffungskosten der X-AG für die Maschine?

Lösung

Ermittlung der Anschaffungskosten		
	Listenpreis	400.000 €
-	5% Rabatt	20.000 €
=	Zwischensumme	380.000 €
-	3% Skonto	11.400 €
=	Zwischensumme	368.600 €
+	Transport	5.400 €
+	Transportversicherung	500 €
+	Montage	25.500 €
+	Fremdkapitalkosten (6 Monate)	8.000 €
=	**zu aktivierende Anschaffungskosten**	**408.000 €**

5.3.1.2 Berücksichtigung von Fremdkapitalkosten nach IAS 23 bei den Anschaffungs- oder Herstellungskosten

Fremdkapitalkosten, die mit der Anschaffung oder Herstellung eines besonderen Vermögenswerts (Qualifying Asset) direkt in Zusammenhang stehen und somit als Anschaffungs- oder Herstellungskosten dieses Vermögenswerts zu klassifizieren sind, werden nach IAS 23 aktiviert.

Ziel ist es, während der Erstellungsphase eines besonderen Vermögenswerts, die ein Jahr oder länger dauert, einen Verlustausweis in Höhe der Zinsaufwendungen zu vermeiden.

Beispiel: die Herstellung eines Vermögenswertes des Sachanlagevermögens kostet 1 Mio. €. Die Herstellung dauert ein Jahr, die Herstellung wird vollständig fremdfinanziert mit einem eigens dafür aufgenommenen Kredit mit einem Zinssatz von 5%. Der Gegenstand hat eine Nutzungsdauer von fünf Jahren (Jahre 2 bis 6). In dieser Zeit werden Umsätze generiert von 400.000 € p.a.

Variante 1:

Buchungssätze OHNE Aktivierung von Fremdkapitalzinsen während der Herstellungsphase (nach IAS 23 NICHT zulässig)

Jahr 01 Aufwand an Zahlungsmittel 1 Mio. €

Sachanlagen an Aktivierte Eigenleistung 1 Mio. €

Zinsaufwand an Zahlungsmittel 50.000 €

Jahre 2-6 Abschreibung an Sachanlagen 200.000 €

Zahlungsmittel an Umsatzerlöse 400.000 €

Variante 2: Buchungssätze MIT Aktivierung von Fremdkapitalzinsen während der Herstellungsphase (nach IAS 23 ausschließlich möglich)

Jahr 01 Aufwand an Zahlungsmittel 1 Mio. €

Zinsaufwand an Zahlungsmittel 50.000 €

Sachanlagen an Aktivierte Eigenleistung 1,05 Mio.

Jahre 2-6 Abschreibung an Sachanlagen 210.000 €

Zahlungsmittel an Umsatzerlöse 400.000 €

GuV-Effekte nach beiden Varianten über die Gesamtbetrachtungsperiode

	01	02	03	04	05	06	Gesamt
Variante 1	-50.000	+200.000	+200.000	+200.000	+200.000	+200.000	950.000
Variante 2	0	+190.000	+190.000	+190.000	+190.000	+190.000	950.000

Der Vorteil durch die Aktivierung von Fremdkapitalzinsen während der Erstellungsphase des Qualifying Assets besteht darin, in der Erstellungsphase keinen (Projekt-)Verlust ausweisen zu müssen. Dies kommt dem Matching Principle entgegen, welches folgende zwei Postulate erhebt:

- Aufwand und Ertrag aus einem Projekt müssen in denselben Perioden ausgewiesen werden.
- Wenn ein Projekt insgesamt keinen Verlust erwarten lässt, soll auch zu keinem Zeitpunkt ein solcher in der GuV-Rechnung ausgewiesen werden. Andernfalls würde eine falsche Botschaft an die Abschlussadressaten ausgesandt werden.

Definition

Nach IAS 23.5 umfassen die Fremdkapitalkosten neben den Fremdkapitalzinsen auch die weiteren Kosten, die mit der Aufnahme von Fremdkapital in Zusammenhang stehen.

Von einem besonderen Vermögenswert ist auszugehen, wenn ein beträchtlicher Zeitraum (Zeitspanne von mindesten 6 bis 12 Monaten) zwischen dem Beginn der Anschaffung oder Herstellung und seinem betriebs-, gebrauchs- oder verkaufsbereiten Zustand liegt.

Als aktivierungspflichtige Fremdkapitalkosten kommen vor allem Aufwendungen in Betracht, die aus speziell für die Anschaffung oder Herstellung des spezifischen Vermögenswerts aufgenommenen Fremdkapital resultieren. Erträge aus aufgenommenem aber noch nicht eingesetztem Fremdkapital mindern die Aktivierung entsprechend (IAS 23.12).

Aktivierungspflichtige Fremdkapitalkosten für Fremdkapital, das keinen direkten Bezug zu einer Anschaffung oder Herstellung aufweist, werden anhand eines gewogenen Durchschnittssatzes der Fremdkapitalkosten ermittelt. Dieser ist auf das während der Periode ausstehende allgemeine Fremdkapital anzuwenden. Hierbei sind die Ausgaben, die durch das spezielle Fremdkapital gedeckt sind, auszuscheiden.

Die Aktivierung der Fremdkapitalkosten beginnt nach IAS 23.17, wenn folgende Voraussetzungen vorliegen:

- Ausgaben für einen besonderen Vermögenswert,
- Ausgaben sind Fremdkapitalkosten und
- Ausgaben sind notwendig, um den Vermögenswert in einen betriebs-, gebrauchs- oder verkaufsbereiten Zustand zu versetzen.

Die Aktivierung von Fremdkapitalzinsen als Teil der Anschaffungs- oder Herstellungskosten von Sachanlagen endet, wenn der Vermögenswert oder einzelne identifizierbare Teile hiervon den betriebs-, gebrauchs- oder verkaufsbereiten Zustand erreicht haben (IAS 23.22 f.).

Während die Aktivierung für das Sachanlagevermögen zwingend ist, können die Fremdkapitalkosten bei Vorräten, die in großen Mengen wiederholt hergestellt werden und deren Erreichen der Verkaufsreife einen beträchtlichen Zeitraum umfasst, wahlweise aktiviert oder direkt im Periodenergebnis verrechnet werden.

Beispiel 1

Die X-AG lässt auf ihrem Firmengrundstück ein Fabrikgebäude errichten. Die dafür anfallenden Herstellungskosten betragen 3 Mio. €. Im Januar 01 wird mit dem Planungsprozess begonnen. Es ist davon auszugehen, dass das zu errichtende Fabrikgebäude zum 31.12.01 bezugsfähig ist. Für das Projekt wird ab dem 01.02.01 ein Darlehen i.H.v. 2 Mio. € mit einem Zinssatz über 5% aufgenommen. Die Bezahlung der anfallenden Herstellungskosten wird in zwei Teilbeträgen zu je 1 Mio. € (01.02.01/01.07.01) und in zwei Teilbeträgen über 500.000 € (01.10.01/31.12.01) vorgenommen. Nicht benötigte monetäre Mittel werden auf ein Tagesgeldkonto zu 2% angelegt. Die Finanzierung des dritten Teilbetrags erfolgt zu je 50% durch Inanspruchnahme des Kontokorrents mit einem Zinssatz von 10% und eines allgemeinen Betriebsmitteldarlehen mit einem Zinssatz über 8%. Der Finanzierungskostensatz, als gewogener Durchschnitt der Kosten dieser beiden Kredite wird mit 8,95% berechnet. Die Fremdkapitalkosten des Jahres 01 betragen 155.000 €.

Wie hoch ist der Betrag der zu aktivierenden Fremdkapitalkosten für die X-AG?

Lösung

Ermittlung zu aktivierende Fremdkapitalkosten			
	Zins für aufgenommene Darlehen	2.000.000 € × 5% × 11/12	91.667 €
-	Ertrag Zwischenanlage	1.000.000 € × 2% × 5/12	8.334 €
=	Zwischensumme		83.333 €
+	Restfinanzierung ab 01.10.01	500.000 € × 8,95% × 3/12	11.188 €
=	**Zu aktivierende Fremdkapitalkosten**		**94.521 €**

Beispiel 2

Die X-AG erwirbt eine Maschine in Einzelteilen für 2.000.000 €. Die Anlieferung erfolgt am 01.02.01 und ist am 31.07.01 betriebsbereit. Die X-AG nimmt am 01.04.01 zur Finanzierung der Maschine ein Darlehen über 2.000.000 € mit einem Zinssatz von 7% p.a. auf.

Wie hoch sind die Anschaffungskosten der Maschine?

Lösung

Anschaffungskosten Maschine 01.02.01	
Anschaffungspreis	2.000.000 €
Fremdkapitalkosten	70.000 €
Anschaffungskosten	**2.070.000 €**

5.3.1.3 Bewertung von Tauschvorgängen

Für den Tausch von Sachanlagen existieren Sondervorschriften. Dabei wird darauf abgestellt, ob ein Geschäft eine wirtschaftliche Substanz aufweist. Ein Tauschgeschäft hat eine wirtschaftliche Substanz, wenn von ihm ein erkennbarer Effekt auf die künftig erwarteten Cashflows ausgeht. Dies ist anzunehmen, wenn der erhaltene Gegenstand im Vergleich zum hingegebenen Vermögenswert

- eine andere Cashflow Struktur hinsichtlich Höhe, zeitlicher Verteilung und Risiko besitzt oder
- einen anderen Erwartungswert an Cashflows (nach Steuern) besitzt (Entity-Specific Value) und
- der Unterschied von Cashflow Struktur oder Erwartungswert im Verhältnis zum Fair Value der getauschten Vermögenswerte wesentlich ist.

Hat ein Tauschgeschäft eine wirtschaftliche Substanz und ist der Fair Value des erhaltenen Vermögenswertes zuverlässig bestimmbar, so wird der erhaltene Vermögenswert mit dem Fair Value des hingegebenen Assets bewertet, wobei Aufzahlungen bzw. Rückzahlungen zu berücksichtigen sind. Sich ergebende Buchwertunterschiede zwischen hingegebenem und erworbenem Vermögenswert sind erfolgswirksam in der GuV-Rechnung zu erfassen.

Ausnahmsweise kann die Bewertung zum Fair Value des erhaltenen Vermögenswertes erfolgen, wenn dieser offenkundig, d.h. zuverlässiger bestimmbar, ist. Aufzahlungen bzw. Rückzahlungen müssen hierbei ebenfalls berücksichtigt werden. Buchwertunterschiede zwischen hingegebenem und erworbenem Vermögenswert sind ebenfalls erfolgswirksam zu erfassen.

Hat ein Geschäft keine wirtschaftliche Substanz oder ist weder der Fair Value des hingegebenen noch des erhaltenen Vermögenswertes zuverlässig bestimmbar, erfolgt die Bewertung des erhaltenen zum Buchwert des hingegebenen Vermögenswerts. Erfolgswirksame Effekte in der Gesamtergebnisrechnung gibt es in diesem Fall nicht.

5.3.1.4 Öffentliche Zuwendungen und Subventionen

Werden im Zusammenhang mit der Anschaffung eines Vermögenswerts des Sachanlagevermögens Zuwendungen von der öffentlichen Hand gewährt, besteht für ihre bilanzielle Erfassung ein Wahlrecht. Diese Zuwendungen können aktivisch von den Anschaffungskosten bei der Zugangsbewertung abgesetzt oder als Zuschuss passivisch erfasst und über die Nutzungsdauer des bezuschussten Vermögenswerts abgegrenzt und aufgelöst werden (IAS 16.28 und IAS 20.24).

Beispiel

Erwerb eines Sachanlagevermögenswertes mit Zuschuss: Erwerb einer Sachanlage zu Beginn des Jahres 01 zu Anschaffungskosten von 100.000, Zuschuss 40.000, Nutzungsdauer 5 Jahre

	Buchungsvariante 1	Buchungsvariante 2
Periode 01	Anlagevermögen an Zahlungsmittel 100.000 Zahlungsmittel an Pass. Sonderposten 40.000	Anlagevermögen an Zahlungsmittel 100.000 Zahlungsmittel an Anlagevermögen 40.000
Perioden 01-05	Abschreibung an Anlagevermögen 20.000 Pass. Sonderposten an Ertrag 8.000	Abschreibung an Anlagevermögen 12.000

	Periode 01	Periode 02	Periode 03	Periode 04	Periode 05	Summe
Buchungsvariante 1	-20.000 +8.000	-20.000 + 8.000	-20.000 +8.000	-20.000 +8.000	-20.000 +8.000	-60.000
Buchungsvariante 2	-12.000	-12.000	-12.000	-12.000	-12.000	-60.000

Als Zuwendung der öffentlichen Hand gilt hierbei auch ein wirtschaftlicher Vorteil aus der Gewährung von Krediten der öffentlichen Hand, z.B. eine unter dem aktuellen Marktzinssatz liegende Fremdkapitalverzinsung. Der als öffentlicher Zuschuss erhaltene wirtschaftliche Vorteil ist als Differenz zwischen dem Zugangsbuchwert der Kreditverbindlichkeit und den erhaltenen Zahlungsmitteln zu bewerten und unterliegt somit dem Anwendungsbereich von IFRS 9.

5.3.2 Folgebewertung

Bei der Folgebewertung des Sachanlagevermögens kann gem. IAS 16.29 zwischen dem Anschaffungs-/Herstellungskostenmodell oder dem Neubewertungsmodell gewählt werden.

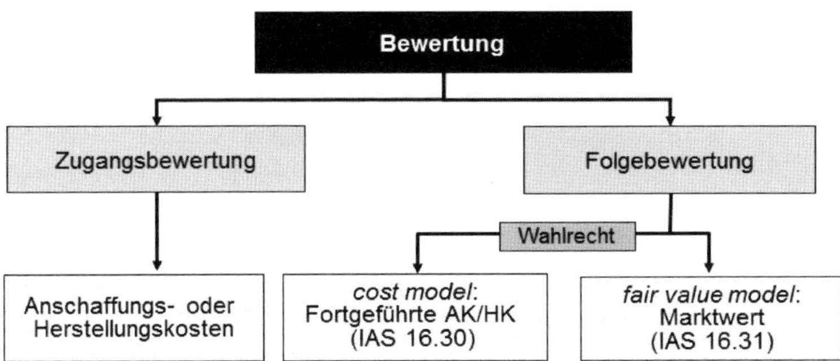

5.3.2.1 Anschaffungskosten- oder Herstellungskostenmodell

Nach IAS 16.15 bilden die Anschaffungs- oder Herstellungskosten den Ausgangspunkt der Bewertung. Sie werden planmäßig über die wirtschaftliche Nutzungsdauer abgeschrieben. Die Abschreibung beginnt im Zeitpunkt der Betriebsbereitschaft, wesentliche Restwerte sind zu berücksichtigen. Es ist die Abschreibungsmethode zu wählen, die den Entwertungsverlauf am besten abbildet. Periodisch sind Nutzungsdauer und Abschreibungsmethode zu überprüfen und bei Abweichungen von den bisherigen Erwartungen hinsichtlich Nutzungsdauer und Nutzenverlauf anzupassen.

Die Anschaffungs- oder Herstellungskosten werden ggf. vermindert um außerplanmäßige Abschreibungen auf den erzielbaren Betrag (Recoverable Amount - Impairment nach IAS 36)[194]. Darunter versteht man den höheren Betrag aus Nettoverkaufspreis und Nutzungswert. Letzterer wird durch Diskontierung der aus der fortgesetzten Nutzung eines Vermögenswertes erzielbaren Cashflows ermittelt. Sind einem einzigen Vermögensgegenstand keine Cashflows direkt zuzurechnen, so ist die nächstgrößere Einheit als „Cash Generating Unit" anzusehen,

---

[194] Vgl. hierzu Kapitel 2.6.

für die ein Impairment-Test durchzuführen ist. Nach IAS 36.95 ist an jedem Bilanzstichtag zu prüfen, ob die Gründe, welche in früheren Perioden zu einem Impairment geführt haben, zwischenzeitlich weggefallen sind; gegebenenfalls ist eine Wertaufholung bis höchstens zu den fortgeführten Anschaffungs- oder Herstellungskosten durchzuführen[195].

5.3.2.2 Neubewertungsmodell

Nach IAS 16.31 besteht alternativ die Möglichkeit das Sachanlagevermögen durch regelmäßige Neubewertung mit seinem beizulegenden Zeitwert (Fair Value, IFRS 13) zu bewerten, sofern dieser verlässlich bestimmt werden kann. Somit werden Sachanlagen im Zeitpunkt der Neubewertung, unter Berücksichtigung danach kumulativ anfallender planmäßiger Abschreibungen und Wertminderungsaufwendungen (außerplanmäßige Abschreibungen), zu ihrem aktuellen Zeitwert angesetzt. Die Neubewertung erfolgt regelmäßig in Abhängigkeit zur jeweiligen Wertschwankung grundsätzlich alle 3 bis 5 Jahre. Bei starken Volatilitäten des zu bewertenden Vermögenswerts kann eine Neubewertung auch jährlich erforderlich werden.

Das Bewertungswahlrecht ist nach IAS 16.29, IAS 16.36 stetig für sog. Klassen von Vermögenswerten auszuüben. Eine einheitliche Klasse umfasst gleichartige Anlagegegenstände mit ähnlicher Verwendung. Beispiele für Klassen sind Grundstücke und Gebäude, Maschinen oder Fahrzeuge (vgl. IAS 16.37). Das Wahlrecht kann in jeder dieser Klassen unterschiedlich ausgeübt werden, es darf jedoch nicht für einzelne Vermögensgegenstände innerhalb einer Klasse isoliert gewählt werden.

Führt eine Neubewertung zu einer Buchwerterhöhung, so ist der Unterschiedsbetrag (aufgedeckte stille Reserve) grundsätzlich erfolgsneutral in eine Neubewertungsrücklage innerhalb des Eigenkapitals einzustellen. Soweit hierdurch aber eine neubewertungsbedingte Abwertung früherer Jahre korrigiert wird, muss nach IAS 16.39 die Zuschreibung erfolgswirksam erfolgen.

Führt eine Neubewertung zu einer Buchwertverminderung, so ist der Unterschiedsbetrag als Aufwand der Periode zu erfassen. Ist für den betroffenen Vermögenswert in früheren Perioden bereits eine Neubewertungsrücklage dotiert worden, ist der Betrag der notwendigen Abwertung nach IAS 16.40 zunächst mit dieser Neubewertungsrücklage zu verrechnen und wird insoweit erfolgsneutral behandelt.

---

[195] Vgl. IAS 36.109-125.

Neubewertungsbedingte Abwertung		**Neubewertungsbedingte Aufwertung**	
Ausgangspunkt fortgeführte Anschaffungs- oder Herstellungskosten (Buchwert) -> erfolgswirksame Abwertung (außerplanmäßige Abschreibung)	Rückgängigmachen früherer neubewertungsbedingter Aufwertungen über die AHK -> ergebnisneutrale Abwertung zulasten der Neubewertungsrücklage	Werterhöhung über die fortgeführten Anschaffungs- oder Herstellungskosten hinaus -> erfolgsneutrale Bildung einer Neubewertungsrücklage	Rückgängigmachen früherer neubewertungsbedingter Abwertungen unter die AHK -> erfolgswirksamer Wertaufholungsertrag

Beispiel

Die A-GmbH erwirbt am 01.01.01 ein unbebautes Grundstück für 100.000 €.

Am 31.12.01 beträgt der Zeitwert 120.000 €

Am 31.12.02 beträgt der Zeitwert 70.000 €

Am 31.12.03 beträgt der Zeitwert 110.000 €

01.01.01	Anschaffungskosten 100.000	Grundstück an Zahlungsmittel	100.000	 100.000
31.12.01	Fair Value 120.000	Grundstück an Neubewertungsrücklage	20.000	 20.000
31.12.02	Fair Value 70.000	Neubewertungsrücklage Abschreibungsaufwand an Grundstück	20.000 30.000	 50.000
31.12.03	Fair Value 110.000	Grundstück an Ertrag an Neubewertungsrücklage	40.000	 30.000 10.000

Die Auflösung der Neubewertungsrücklage erfolgt, wenn und soweit die in sie eingestellten Beträge vollständig durch den Abgang des Vermögenswerts oder teilweise durch die fortlaufende Nutzung des Vermögenswerts realisiert wurden. Die Auflösung erfolgt nicht erfolgswirksam über die Gesamtergebnisrechnung sondern direkt durch Verrechnung mit Gewinnrücklagen durch Umgliederung innerhalb des Eigenkapitals. Dies gilt auch, wenn Neubewertungsrücklagen durch spätere Wertminderungen wieder rückgängig gemacht werden. Sie sind in diesem Fall anteilig auf andere Gewinnrücklagen umzubuchen.

Beispiel: Neubewertetes Sachanlagevermögen und Veräußerungsgewinn

Die A-GmbH erwirbt am 01.01.01 ein Gebäude für 500.000 €, Nutzungsdauer 10 Jahre

Am 31.12.01 beträgt der Zeitwert des Gebäudes 720.000 €,

am 01.01.02 verkauft die A-GmbH das Gebäude für 735.000 €

Lösung

Anschaffungskosten 01.01.01	500.000
planmäßige Abschreibung 01	50.000
fortgeführte Anschaffungskosten	450.000
Einstellung in Neubewertungsrücklage	270.000
Buchwert 31.12.01	720.000

01.01.02 Verkauf:

Bank 735.000	an Gebäude	720.000
	Ertrag	15.000

Rücklagenauflösung:

Neubewertungsrücklage an andere Gewinnrücklagen 270.000

Nicht: Neubewertungsrücklage an Ertrag

Bei beiden Bewertungsmodellen sind planmäßige Abschreibungen auf das Sachanlagevermögen zu verrechnen. Die planmäßigen Abschreibungen basieren auf dem abschreibungsfähigen Betrag und erfolgen über Nutzungsdauer der Vermögenswerte. Der planmäßige Abschreibungsbetrag einer Periode wird gem. IAS 16.48 als Aufwand erfasst. Die Nutzungsdauer ist nach IAS 16.6 entweder

- als die Zeitspanne, über die der Vermögenswert voraussichtlich durch das Unternehmen genutzt wird oder
- als die Anzahl der Leistungseinheiten, die der Vermögenswert voraussichtlich für das Unternehmen erbringen wird,

definiert.

Die anzuwendende Abschreibungsmethode muss nach IAS 16.60 den tatsächlichen Entwertungsverlauf des Vermögenswerts im Unternehmen widerspiegeln. Als Abschreibungsmethoden sieht IAS 16.61 u.a. die lineare, die degressive und die leistungsabhängige Abschreibungsmethode vor, wobei die Verwendung rein steuerlich motivierter Abschreibungsverfahren nicht gestattet ist.

Beispiel

Die A-GmbH erwirbt am 02.01.01 ein Gebäude für 500.000 €, Nutzungsdauer 10 Jahre. Am 31.12.01 beträgt der Zeitwert des Gebäudes 540.000 €, am 31.12.02 beträgt der Zeitwert 360.000 € und am 31.12.03 beträgt der Zeitwert 380.000 €.

Welche erfolgswirksamen und erfolgsneutralen Effekte ergeben sich in den Perioden 01 bis 03?

Anschaffungs- und Herstellungskosten 02.01.01		500.000 €
Planmäßige Abschreibung 01	500.000 € × 10%	50.000 €
Einstellung in die Neubewertungsrücklage		90.000 €
Buchwert (Fair Value) 31.12.01		**540.000 €**
***		
Eröffnungsbilanzwert 01.01.02		540.000 €
Planmäßige Abschreibung 02	540.000 € : 9	60.000 €
Auflösung der Neubewertungsrücklage		
1/9 zugunsten der anderen Gewinnrücklagen,		
8/9 zugunsten des Buchwertes der Sachanlagen	90.000 € × 8/9	80.000 €
Vorläufiger Wert		400.000 €
Außerplanmäßige Abschreibung		40.000 €

Buchwert 31.12.02		**360.000 €**
***		
Eröffnungsbilanz 01.01.03		360.000 €
Planmäßige Abschreibung 03	360.000 € : 8	45.000 €
Vorläufiger Wert		315.000 €
Erfolgswirksame Zuschreibung fortgeführte AHK		35.000 €
Zwischenwert (fortgeführte AHK)	500.000 € – 3 × 50.000 €	350.000 €
Erfolgsneutrale Zuschreibung (Neubewertungsrücklage)		30.000 €
Buchwert 31.12.03		**380.000 €**

Beispiel zur Neubewertungsmethode

Die A-AG hat am 27.01.01 eine Maschine zu Anschaffungskosten von 400.000 € erworben. Sie soll auf eine Nutzungsdauer von 8 Jahren linear abgeschrieben werden. Alle zwei Jahre zum Ende des Geschäfts- und Kalenderjahres soll eine Fair Value-Bewertung nach der Neubewertungsmethode durchgeführt werden. Ende 02 beträgt der beizulegende Zeitwert 240.000 €.

a) Stellen Sie den Buchungssatz für die Fair Value-Bewertung auf.

b) Wie ist weiterhin planmäßig abzuschreiben?

Ende 04 beträgt der beizulegende Zeitwert 220.000 €.

c) Was ist bilanziell zu tun? Stellen Sie den Buchungssatz auf und erläutern Sie die Vorgehensweise.

d) Welche Vorgänge sind in den Folgejahren mit welchen Beträgen auf der Aktiv- und auf der Passivseite der Bilanz darzustellen? Wie ist weiterhin planmäßig linear abzuschreiben?

Ende 06 beträgt der beizulegende Zeitwert 60.000 €.

e) Was ist bilanziell zu tun?

f) Stellen Sie die Buchungssätze auf und erläutern Sie die Vorgehensweise.

g) Wie ist weiterhin in den Jahren 07 und 08 vorzugehen?

Lösungsskizze

Anschaffungskosten	400.000
planmäßige Abschreibung p.a. 400.000 : 8 =	50.000
Planm. Abschreibungen 01 und 02: 2 × 50.000	100.000
Fortgeführte Anschaffungskosten Ende 02	300.000
a) Außerplanmäßige Abschreibung an Anlagevermögen	60.000
Fair Value Ende 02	240.000
b) Künftige planmäßige Abschreibung p.a. 240.000 : 6 =	40.000
c) planmäßige Abschreibungen 03 und 04 2 × 40.000	80.000
Fortgeführte Anschaffungskosten Ende 04 nach dem ursprünglichen Abschreibungsplan 400.000 : 8 × 4	200.000
Somit Aufteilung der Werterhöhung	
Anlagevermögen an Ertrag 200.000 – 160.000 =	40.000
Anlagevermögen an Neubewertungsrücklage 220.000 – 200.000 =	20.000
Fair Value des Anlagevermögens Ende 04	220.000
d) Künftige planmäßige Abschreibung 220.000 : 4 =	55.000
e) Künftige planmäßige Umgliederung Neubewertungsrücklage an Andere Gewinnrücklagen	5.000
Planmäßige Abschreibung 05 und 06 2 × 55.000 =	110.000
f) Fortgeführte Anschaffungskosten Ende 06	110.000
Abwertungsbedarf 50.000 auf den Fair Value Ende 06	60.000
Fortgeführte Anschaffungskosten Ende 06 nach dem ursprünglichen Abschreibungsplan 400.000 : 8 × 2	100.000
Somit Aufteilung der Wertminderung:	
Neubewertungsrücklage an Anlagevermögen	10.000
Abschreibung an Anlagevermögen	40.000
g) Fair Value Ende 06	60.000
Künftige planmäßige Abschreibung p.a. 60.000 : 2 =	30.000

Beispiel zur Benchmark Methode (Methode der fortgeführten Anschaffungskosten)

Die B-GmbH hat eine Maschine in ihrem Anlagevermögen, die sie nach der Methode der fortgeführten Anschaffungskosten (Benchmark-Methode) linear auf 8 Jahre abschreibt. Die Anschaffungskosten betragen 200.000 €. Am Ende des 2. Jahres beträgt der Fair Value 160.000 €.

a) Was ist bilanziell zu tun?

Am Ende des 4. Jahres beträgt der Verkaufspreis 60.000 € und der Nutzungswert 80.000 €.

b) Was ist bilanziell jetzt zu tun? Wie ist fortan planmäßig abzuschreiben?

Am Ende des 6.Jahres beträgt der Verkaufspreis 50.000 € und der Nutzungswert 60.000 €.

c) Was ist jetzt bilanziell zu tun? Wie ist fortan planmäßig abzuschreiben?

Lösungsskizze

a) Anschaffungskosten	200.000
Nutzungsdauer 8 Jahre, planmäßige Abschreibung p.a.	25.000
Planmäßige Abschreibung 01 und 02 2 × 25.000 =	50.000
Fortgeführte Anschaffungskosten Ende 02	150.000

Diese bilden nach der Benchmark-Methode die Bewertungsobergrenze

Der Fair Value von 160.000 repräsentiert eine stille Reserve von 10.000, die buchhalterisch nicht in Erscheinung treten. (a)

b) Berechnung der fortgeführten Anschaffungskosten Ende 04

Anschaffungskosten	200.000
Planmäßige Abschreibung 01-04 4 × 25.000 =	100.000
Fortgeführte Anschaffungskosten	100.000
Erzielbarer Betrag als höherer Wert aus Verkaufspreis und Nutzungswert	80.000
Außerplanmäßige Abschreibung (Impairment)	20.000
Künftige planmäßige Abschreibung p.a. 80.000 : 4 =	20.000

c) Berechnung der fortgeführten Anschaffungskosten Ende 06

80.000 – 2 × 20.000 = 40.000

Verkaufspreis von 50.000 € und Nutzungswert von 60.000 € bringen zum Ausdruck, dass die Gründe für die außerplanmäßige Abschreibung im Jahr 04 weggefallen sind und demzufolge dem Grunde nach eine Wertaufholung vorzunehmen ist. Die Höhe der Wertaufholung wird allerdings begrenzt durch die fortgeführten Anschaffungskosten nach dem ersten Abschreibungsplan (Wertobergrenze). Dieser Wert beträgt Ende 06:

200.000 – 6 × 25.000 = 50.000

Somit ist eine Wertaufholung vorzunehmen von 40.000 um 10.000 auf 50.000.

Buchungssatz somit: Anlagevermögen an Wertaufholungsertrag 10.000

5.4 Auswirkungen der Bilanzierung von Sachanlagen auf Bilanzpolitik und Bilanzanalyse

Sachanlagen werden nach internationalen Rechnungslegungsnormen in Relation zur handelsrechtlichen Bilanzierung eher mit höheren Werten ausgewiesen, da

- nach IFRS die Herstellungskosten bei selbsterstellten Sachanlagen stets auch die Gemeinkosten beinhalten müssen,
- eine Festwertbildung unzulässig ist und
- nach IFRS eine Fair Value-Bewertung auch dann zulässig ist, wenn die fortgeführten Anschaffungs- oder Herstellungskosten überschritten werden.

Diese Vorgehensweise führt zu einer (teilweisen) Aufdeckung stiller Reserven und einer Erhöhung der Eigenkapitalquote.

Bilanzpolitische Gestaltungsmöglichkeiten im Zusammenhang mit Sachanlagen bestehen in

- der Bestimmung der Determinanten des Abschreibungsplans
  - Anschaffungs- oder Herstellungskosten,
  - Abschreibungsdauer,
  - Abschreibungsmethode,
- der Wahl zwischen Neubewertungsmodell und Modell der fortgeführten Anschaffung- oder Herstellungskosten

- der Fair Value-Bestimmung der Sachanlagen

Für die Bilanzanalyse ergeben sich somit folgende Hinweise:

Die Vollkostenbewertung und die Neubewertungsmethode

- führen zu einem höheren Bilanzausweis der Sachanlagen,
- sollen ein höheres Haftungspotenzial ausweisen,
- decken teilweise stille Reserven auf.

Die Neubewertungsmethode

- lässt methodische Fragen betreffend der Fair Value-Ermittlung nach IFRS 13 in Erscheinung treten,
- lässt zusätzliche Anpassungsmaßnahmen im Rahmen der Strukturbilanzerstellung notwendig werden.

Ein höheres Sachanlagevermögen

- erhöht die Sachanlagenintensität,
- erhöht die Wachstumsquote,
- erhöht die Abschreibungsquote

gegenüber den entsprechenden Kennzahlen auf Basis von HGB-Werten.

5.5 Kontrollfragen

[1] Wie wird das Sachanlagevermögen nach IAS 16 definiert?

[2] Wie lauten die Ansatzvoraussetzungen für Vermögenswerte des Sachanlagenvermögens?

[3] Was versteht man unter dem sog. Komponentenansatz? Was sind die notwendigen Voraussetzungen für seine Anwendung?

[4] Welche Bestandteile umfassen die Anschaffungs- und die Herstellungskosten nach IAS 16?

[5] Wie kann die Folgebewertung von Sachanlagen nach IAS 16 erfolgen?

[6] Wie ist der Begriff des „beizulegenden Zeitwerts“ definiert?

[7] Wie werden Werterhöhungen im Rahmen der Neubewertungsmethode grundsätzlich erfasst? Wie ist die grundsätzliche Vorgehensweise bei Wertminderungen?

[8] Wie wird die Nutzungsdauer für Sachanlagen in IAS 16 festgelegt?

[9] Welche Abschreibungsmethoden sind nach IAS 16 zulässig?

[10] Wie wird mit Abbruch- bzw. Rekultivierungskosten für die Wiederherstellung von gepachteten Grundstücken nach Ende der Pachtzeit gem. IAS 16 verfahren?

6 Bilanzielle Behandlung von Investment Property nach IAS 40

6.1 Vorbemerkungen und Definition

Nach IAS 40 bestehen Sondervorschriften für die bilanzielle Behandlung von Anlageimmobilien, die vom Eigentümer vornehmlich als Spekulationsobjekt gehaltene werden (sog. „Investment Property").

Definition

Als Finanzinvestition gehaltene Immobilien umfassen nach IAS 40.5 Immobilien (Grund und Boden, Gebäude bzw. jeweils in Kombination oder Teile hiervon), die vom Eigentümer oder Leasingnehmer gehalten werden, um Miet- oder Pachterträge bzw. Wertsteigerungserträge zu erzielen und nicht für die Produktion oder das Angebot von Gütern und Dienstleistungen, für Verwaltungszwecke oder zum Verkauf im Rahmen der normalen Geschäftstätigkeit verwendet werden.

Des Weiteren erfasst der Anwendungsbereich von IAS 40 Immobilien, die sich im Herstellungsprozess befinden und die nach Fertigstellung Anlagezwecken dienen sollen (IAS 40.8e).

Bei gemischt genutzten Immobilien, d.h. bei Immobilien die sowohl für Zwecke der Erzielung von Mieterträgen oder Wertzuwächsen als auch für die Produktion oder das Angebot von Gütern und Dienstleistungen oder für Verwaltungszwecke gehalten werden, sind, sofern sie aufgeteilt werden können, nach IAS 40.10 die einzelnen Teile getrennt zu behandeln. Ist eine Aufteilung nicht möglich, kann eine Zuweisung zu den Anlageimmobilien gem. IAS 40.10 nur dann erfolgen, wenn der Anteil der gemischt genutzten Immobilie, welcher für die Produktion, das Angebot von Gütern und Dienstleistungen oder für Verwaltungszwecke genutzt wird, von unwesentlicher Bedeutung ist.

Als Finanzinvestition gehaltenen Immobilien dürfen nicht

- zur Nutzung im Rahmen des Produktionsprozesses zwecks Versorgung mit Gütern oder Dienstleistungen oder für Verwaltungszwecke dienen,

- zum Verkauf innerhalb des gewöhnlichen Geschäftszykluses gehalten bzw.
- für Dritte hergestellt werden.

Einzelfallbezogen dürfen wahlweise auch Grundstücke bzw. Gebäude aus Operate-Leasing-Verträgen beim Leasingnehmer als Investment Property designiert werden, wenn

- die Definitionskriterien für Investment Property im Übrigen erfüllt sind und
- der Leasingnehmer das FairValue-Modell zur Bilanzierung anwendet.

Die Klassifizierung sowie der Ansatz als Anlageimmobilie hat zur Folge, dass der komplette Bestand an Investment Property nach dem Fair Value-Modell zu bewerten ist.

6.2 Ansatz von Investment Property

Der Ansatz erfolgt in entsprechender Anwendung der Kriterien, die für die ursprünglichen bzw. die nachträglichen Anschaffungs- oder Herstellungskosten von Immobilien im Bereich des Sachanlagevermögens nach IAS 16 gelten.

Nach IAS 40.16 ist Investment Property in der Bilanz daher gesondert anzusetzen, wenn der Nutzenzufluss aus der Immobilie wahrscheinlich ist und die Anschaffungs- oder Herstellungskosten zuverlässig bestimmt werden können.

Die Wahrscheinlichkeit des Nutzenzuflusses ist dabei auf Grundlage der verfügbaren Daten zum Zeitpunkt des erstmaligen Ansatzes zu schätzen (IAS 40.17).

Die Erfassung von Abgängen von Anlageimmobilien erfolgt in entsprechender Anwendung der Vorschriften, die für Abgänge im Bereich des Sachanlagevermögens gelten (IAS 40.66 ff).

6.3 Bewertung von Investment Property

6.3.1 Erstbewertung

Die Erstbewertung von als Finanzinvestition gehaltenen Immobilien erfolgt bei Zugang gem. IAS 40.20 zu Anschaffungs- oder Herstellungskosten, in welche die Transaktionskosten ebenfalls einzubeziehen sind. Die Anschaffungskosten umfassen nach IAS 40.21 somit neben dem Kaufpreis alle direkt zurechenbaren Kosten, Steuern und andere Transaktionskosten, wie z.B. Notargebühren, die aus dem Anschaffungsvorgang resultieren.

Zu den Anschaffungskosten einer Anlageimmobilie gehören des Weiteren auch die Kosten für den späteren Abbruch und die Beseitigung des Abraums sowie die Kosten für die Wiederherstellung des ursprünglichen Zustands der Immobilie, sofern eine entsprechende Verpflichtung hierzu bei Erwerb der Anlageimmobilie vereinbart wurde (vgl. IFRIC 1).

Nach IAS 40.22 umfassen die Herstellungskosten alle Kosten, die bis zum Zeitpunkt der Fertigstellung und der Betriebsbereitschaft anfallen und nach den Vorschriften von IAS 16 bzw. IAS 2 in die Herstellungskostenbewertung einzubeziehen sind. Nicht zu den Anschaffungs- oder Herstellungskosten zählen Anlaufkosten und anfängliche Verluste, die aus einer mangelnden Auslastung der Immobilie resultieren. Auch ungewöhnlich hohe Kosten der Produktionsfaktoren gehören nicht zu den Anschaffungs- oder Herstellungskosten, es sei denn, dass diese notwendig sind, um die Immobilie in einen betriebsbereiten Zustand zu versetzen (vgl. IAS 40.23).

Für den Einbezug von Fremdkapitalkosten in die Anschaffungs- oder Herstellungskosten gilt IAS 23 entsprechend.[196].

6.3.2 Folgebewertung

Im Rahmen der Folgebewertung von als Finanzinvestition gehaltenen Immobilien besteht ein Wahlrecht zwischen der Bewertung nach dem Modell des beizulegenden Zeitwerts und dem Anschaffungs- bzw. Herstellungskostenmodell. Dieses Wahlrecht ist nach IAS 40.30 grundsätzlich für sämtliche als Finanzinvestition gehaltenen Immobilien einheitlich auszuüben. Mithin kommen zwei Alternativen in Betracht:

---

[196] Vgl. Kapitel 5.3.1.2.

- Investment Property kann entsprechend IAS 16.30 zu fortgeführten Anschaffungskosten, einschließlich Impairmenttest und Wertaufholung bei Wegfall der Gründe für Impairment Losses früherer Jahre, bewertet werden. Der Fair Value ist in diesem Fall im Anhang anzugeben.
- Investment Property kann zum Fair Value mit erfolgswirksamer Berücksichtigung aller Wertänderungen bewertet werden. Wird diese Alternative gewählt, so ist sie für alle Investment Properties anzuwenden. Für Operating Lease Verhältnisse, die als Investment Property designiert werden, muss das Fair Value-Modell gewählt werden.

Ist eine hinreichend zuverlässige Fair Value-Bewertung des Investment Property nicht möglich, so muss die Bewertung zu fortgeführten Anschaffungs- oder Herstellungskosten bis zum Abgang der Immobilie erfolgen.

Umwidmungen aus oder in den Bestand des Investment Property sind nur bei Nutzungsänderungen zulässig. Diese können nach IAS 40.57 bspw. auftreten bei

- Beginn der Selbstnutzung einer vormals vermieteten Immobilie,
- Beginn einer Immobilienentwicklung, die darauf abzielt, die Immobilie zu veräußern (bei der vormaligen Klassifikation als Finanzinvestition gehaltene Immobilie),
- Ende der Selbstnutzung,
- Abschluss eines Operating-Leasingverhältnisses mit einer anderen Partei bezüglich einer vormals im Vorratsvermögen erfassten Immobilie,
- Ende der Erstellung oder Entwicklung einer Immobilie, die nunmehr eine als Finanzinvestition gehaltene Immobilie darstellt.

Die Umwidmung hat folgende Konsequenzen:

- Wird eine Investment Property-Immobilie in den Bestand der vom Eigentümer selbst genutzten Immobilien oder Vorräte übertragen, so entsprechen die Anschaffungs- oder Herstellungskosten der Immobilie für die Folgebewertung nach IAS 16 bzw. IAS 2 deren beizulegendem Zeitwert bei Nutzungsänderung.
- Erfolgt eine Umwidmung aus den selbstgenutzten Immobilien aus dem Sachanlagevermögen in das Investment Property, so ist im Umwidmungszeitpunkt die Differenz zwischen dem Buchwert nach IAS 16 und dem Fair Value wie eine Neubewertung nach IAS 16 zu behandeln. Das bedeutet,

  - handelt es sich um eine Werterhöhung, ist diese direkt in einer Neubewertungsrücklage im Eigenkapital zu erfassen,
  - handelt es sich um eine Wertminderung, ist diese erfolgswirksam in der Gesamtergebnisrechnung zu erfassen.
- Erfolgt eine Umwidmung aus den Vorräten in das Investment Property, so ist die Differenz zwischen dem Buchwert nach IAS 2 und dem Fair Value erfolgswirksam im Ergebnis darzustellen.

Beispiel

Die X-AG erwirbt am 01.01.01 ein Maschinenbauunternehmen und darin eingeschlossen eine Immobilie zum Preis von 40 Mio. €. Hinzu kommen Notargebühren, Maklerkosten und Grunderwerbsteuer, womit zusätzlich 4 Mio. € anfallen. Der Anteil des Grundstücks an den Anschaffungskosten beläuft sich auf 10%. Auf langfristige Sicht soll die Immobilie vermietet werden. Bei der Bewertung der Immobilien wird die Methode des beizulegenden Zeitwerts bereits auf vergleichbare Immobilien angewandt. Ein Sachverständiger berechnet zum betreffenden Stichtag folgende beizulegende Zeitwerte:

- 31.12.01 45.000.000 €
- 31.12.02 36.000.000 €

Am 31.12.03 wird die Immobilie für 37.000.000 € verkauft. Wie ist der Vorgang bilanziell darzustellen?

Lösung

Buchungssatz Erwerb der Immobilie

Investment Property	44.000.000	Bank	44.000.000

Buchungssatz 31.12.01
Anstieg des Werts auf 45.000.000 €

Investment Property	1.000.000	Finanzertrag	1.000.000

Buchungssatz 31.12.02
Wert Immobilie sinkt auf 36.000.000 €

Finanzaufwand	9.000.000	Investment Property	9.000.000

Buchungssatz 31.12.03
Verkauf Immobilie für 37.000.000 €

Bank	37.000.00	Investment Property	36.000.000
		Finanzertrag	1.000.000

6.4 Auswirkungen der Bilanzierung von Investment Property auf Bilanzpolitik und Bilanzanalyse

Bilanzpolitische Gestaltungsmöglichkeiten im Zusammenhang mit Ansatz- und Bewertungsfragen von Investment Property entsprechen grundsätzlich denen des Sachanlagevermögens nach IAS 16. Ausnahmen bestehen jedoch hinsichtlich der Bewertung und hier insbesondere dann, wenn die Zeitwertbewertung vorgenommen wird.

Änderungen des Zeitwerts werden in der Gesamtergebnisrechnung erfolgswirksam erfasst, eine planmäßige Abschreibung der Anlageimmobilie erfolgt dementsprechend nicht. Wird die Zeitwertbewertung daher aufgrund bilanzpolitischer Motivation durchgeführt, kann dies mit Volatilitäten des Periodenergebnisses einher gehen.

Wird hingegen die Bewertung zu fortgeführten Anschaffungskosten gewählt, ist der Zeitwert der Anlageimmobilie im Anhang anzugeben, was dementsprechend höhere Kosten im Bereich der Jahresabschlusserstellung verursacht.

Die Bilanzanalyse wird durch das Bewertungswahlrecht erschwert, da Zeitwerte grundsätzlich aus dem Anhang abzuleiten und in die Strukturbilanz zu überführen sind. Daneben bewirkt die Zeitwertbewertung das Risiko, dass gutachterlich ermittelte Werte tendenziell nicht vollumfänglich nachprüfbar in den Geschäftsberichten wiedergegeben werden.

6.5 Kontrollfragen

[1] Welche Standards „konkurrieren" bei der bilanziellen Abbildung von Immobilien?

[2] Wie werden als Finanzinvestition gehaltene Immobilien definiert?

[3] Wie kann die Folgebewertung von Immobilien, die als Finanzinvestition gehalten werden, erfolgen?

[4] Besteht die Möglichkeit für Unternehmen, zwischen einer Anwendung des Modells des beizulegenden Zeitwerts und des Anschaffungs- bzw. Herstellungskostenmodells zu wechseln?

[5] Sind Immobilien, die als Finanzinvestition gehalten werden, bei denen das Modell der fortgeführten Anschaffungs- oder Herstellungskosten gewählt wurde, von einer Bewertung zum beizulegenden Zeitwert vollumfänglich befreit?

7 Wertminderungen von Vermögenswerten nach IAS 36

7.1 Vorbemerkungen

Regelungsgegenstand von IAS 36 ist die Durchführung von Wertminderungsuntersuchungen (sog. Impairment-Test). Als regelungsübergreifender Standard erstreckt sich der Anwendungsbereich von IAS 36 hauptsächlich auf das Sachanlagevermögen sowie die immateriellen Vermögenswerte einschließlich des Goodwills. Des Weiteren werden u.a. auch als Finanzinvestition gehaltene Immobilien, die nach dem Anschaffungskostenmodell bewertet werden, von den Vorschriften des IAS 36 berührt.

Nicht in den Anwendungsbereich von IAS 36 fallen nach IAS 36.2 u.a. die nachfolgenden Vermögenswerte:

- Vorräte (IAS 2),
- Vertragsvermögenswerte im Zusammenhang mit Erlösen aus Verträgen mit Kunden (IFRS 15),
- Aktive latente Steuern (IAS 12),
- Vermögenswerte im Zusammenhang mit Zuwendungen an Arbeitnehmer (IAS 19),
- Finanzielle Vermögenswerte, die unter den Anwendungsbereich von IFRS 9 fallen,
- Als Finanzinvestition gehaltene Immobilien, die zum beizulegenden Zeitwert bewertet werden (IAS 40),
- Langfristige Vermögenswerte, die als zur Veräußerung gehalten klassifiziert wurden (IFRS 5).

Für sie existieren in den jeweiligen Standards eigene Wertminderungsvorschriften.

7.2 Vorliegen von Wertminderungsbedarf

Definition

Sofern der abgebildete Buchwert eines Vermögenswerts einer eingetretenen Wertminderung unterliegt, d.h. das tatsächliche Nutzenpotenzial unter dem bilanziell abgebildeten Nutzenpotenzial liegt, ist der Vermögenswert außerplanmäßig abzuschreiben. IAS 36 beinhaltetet standardübergreifende Vorschriften für die entsprechenden Wertminderungsuntersuchungen sowie die bilanzielle Abbildung deren Resultate.

Eine Wertminderungsuntersuchung für die Vermögenswerte, braucht nicht an jedem Abschlussstichtag durchgeführt werden. Sie ist entbehrlich, wenn[197]

- sich die Zusammensetzung der Zahlungsmittel generierenden Einheit (Cash Generating Unit) nicht wesentlich verändert hat,
- der erzielbare Betrag (recoverable amount) deutlich höher ist als der Buchwert (carrying amount) und
- eine wirtschaftliche Stetigkeitsanalyse durchgeführt worden ist.

Die Pflicht zur Wertminderungsuntersuchung entsteht zunächst nur, wenn Anzeichen für eine Wertminderung der Vermögenswerte eines Unternehmens vorliegen. Das Management eines Unternehmens hat nach IAS 36.9 die Verpflichtung, an jedem Abschlussstichtag zu untersuchen, ob entsprechende Anzeichen vorliegen, die auf eine Wertminderung der Vermögenswerte des bilanzierenden Unternehmens hindeuten. Als Indikatoren für ein Impairment kommen nach IAS 36.12 externe und interne Faktoren und Entwicklungen in Betracht. Diese sind z.B.

- externe Informationen über
  - Änderungen im technologischen, wirtschaftlichen oder rechtlichen Umfeld,
  - Änderungen beim Marktwert eines Vermögenswertes,
  - Änderungen im Zinsniveau oder
  - eine Marktkapitalisierung, die unter dem Buchwert des Reinvermögens liegt.
- Interne Informationen über
  - die physische Abnutzung oder Schäden des Vermögenswertes,
  - Änderungen in den betrieblichen Aktivitäten oder
  - das Leistungsvermögen, welches ein ursprünglich erwartetes Niveau unterschreitet.

---

[197] Vgl. IAS 36.15f.

Unabhängig vom Vorliegen von derartigen Indikatoren sieht IAS 36 für einige Vermögenswerte auch eine regelmäßige Impairment-Untersuchung vor. Gem. IAS 36.10 ist ein regelmäßiger, jährlicher Impairment-Test für den Goodwill, noch nicht betriebsbereite immaterielle Vermögenswerte und immaterielle Vermögenswerte mit einer unbestimmbaren Nutzungsdauer durchzuführen, wobei diese Untersuchung auch unterjährig zu einem beliebigen, aber stetig angewandten Zeitpunkt durchgeführt werden kann.

7.3 Impairment-Test

7.3.1 Vorgehensweise bei der Abwertungsuntersuchung

Eine Wertminderung liegt vor, wenn der Buchwert eines Vermögenswertes dessen erzielbaren Betrag überschreitet. In dieser Situation wird deutlich, dass der „Betrag, der in den Büchern steht" nicht in vollem Umfang erzielbar ist, der Bilanzausweis also nicht vollständig werthaltig ist. Nach IAS 36.6 ist der erzielbare Betrag definiert als der höhere Wert aus

- beizulegendem Zeitwert abzüglich der Verkaufskosten und dem
- Nutzungswert (Wert aus der fortgesetzten unternehmerischen Nutzung des Vermögenswerts).

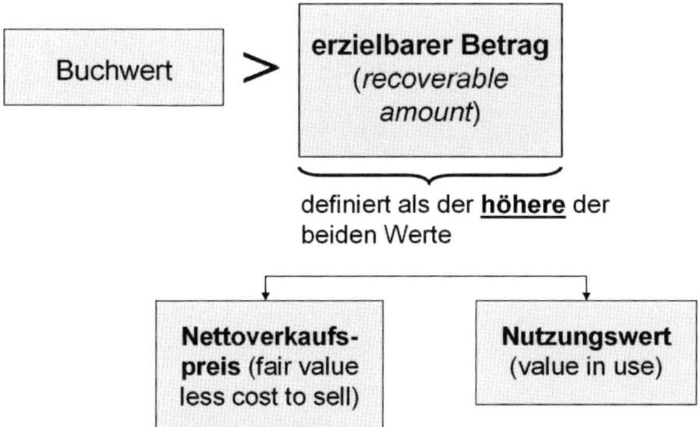

Der Nettoveräußerungspreis ist der Verkaufspreis am Bewertungsstichtag, der in einem geordneten Geschäftsgang zwischen identifizierbaren Marktparteien für den Verkauf des Vermögenswerts nach Abzug direkt zurechenbarer Veräußerungskosten eingenommen würde. Ist der Nettoverkaufspreis höher als der Buchwert, ist keine weitere Prüfung mehr erforderlich, da die Werthaltigkeit des bilanziellen Wertes damit bereits nachgewiesen ist.

Die besten Anhaltspunkte zur Ermittlung des beizulegenden Zeitwertes sind nach IFRS 13.76 notierte, nicht berichtigte Preise auf am Bemessungsstichtag zugänglichen Märkten für identische Vermögenswerte. Sind diese nicht ermittelbar, sind nach IFRS 13.81 vorhandene Inputfaktoren heranzuziehen, die für die Bewertung des Vermögenswerts unmittelbar oder mittelbar beobachtbar sind. Ist dies ebenfalls nicht möglich, sind nach IFRS 13.86 auf der dritten Stufe der sog. Fair Value-Hierarchie für die Bewertung des Vermögenswertes Inputfaktoren zu verwenden, die nicht beobachtbar sind.

Kann der Nettoveräußerungspreis eines Bewertungsobjekts nicht bestimmen werden, z.B. weil es an einer Preisnotierung auf einem aktiven Markt fehlt und auch keine andere Preisfindung möglich ist, ist nach IAS 36.20 der erzielbare Betrag anhand des Nutzungswerts zu schätzen. Der Nutzungswert ist der Barwert der geschätzten zukünftigen Mittelzu- und -abflüsse aus der fortgesetzten Nutzung und dem späteren Abgang des Vermögenswertes.[198] Im Gegensatz zum Fair Value setzt der Nutzungswert auf der unternehmensspezifischen Verwendung- und Verwertungsprämissen für den zu testenden Vermögenswert auf. Der beizulegende Zeitwert dagegen geht von der Bewertung durch den typisierten Marktteilnehmer aus.

Zur Bestimmung des Nutzungswertes sind zwei Schritte notwendig,

- Schätzung der zukünftigen Cashflows, die ein Vermögenswert generieren kann (IAS 36.43 ff), sowie
- Diskontierung mit einem angemessenen Zinssatz (IAS 36.48 ff).

Der Nutzungswert ist damit ein Discounted Cashflow-Wert (DCF) für einen Vermögenswert. Somit halten unternehmensbewertungsorientierte Verfahren Einzug in die internationale Rechnungslegung. Für das DCF-Verfahren sind die künftigen (Netto-)Zahlungen zu prognostizieren und mit einem adäquaten Diskontierungszinssatz abzuzinsen. Hierzu sowie aufgrund der Tatsache, dass sich zukünftige Zahlungsströme einzelnen Vermögenswerten grundsätzlich nicht zuordnen lassen, enthält IAS 36 umfassende Vorschriften.[199]

---

198 Vgl. IAS 36.6.

199 Vgl. Abschnitt 7.3.3.

Der erzielbare Betrag als neuer Buchwert bildet die „Basis of Accounting“, d.h. er ist auf die Restnutzungsdauer durch planmäßige Abschreibung zu verteilen. Lediglich bei neubewerteten Sachanlagen (Allowed Alternative Treatment) ist im Falle eines Impairments zuerst die Neubewertungsrücklage erfolgsneutral aufzulösen (Neubewertungsrücklage an Sachanlagen) bevor der verbleibende Betrag des Impairments erfolgswirksam erfasst wird (Abschreibungsaufwand an Sachanlagen).

7.3.2 Impairment-Tests auf Basis von Cash Generating Units

Kann für eine Sachanlage ein erzielbarer Betrag bestimmt werden, ist nach der bisher beschriebenen Vorgehensweise zu verfahren. Ist ein erzielbarer Betrag für einen einzelnen Vermögenswert nicht bestimmbar, insbesondere weil für ihn keine individuell ermittelbare Cashflow Prognose möglich ist, so hat der Impairment Test auf Basis von Cash Generating Units zu erfolgen.

Definition

Eine **zahlungsmittelgenerierende Einheit** ist die kleinste identifizierbare Gruppe von Vermögenswerten, die Cashflows weitestgehend unabhängig von der Nutzung anderer Vermögenswerte oder Cash Generating Units generiert.

Die Bildung von Cash Generating Units orientiert sich an der im Unternehmen verwirklichten Steuerungs- und Berichtsstruktur (Management Approach). Auch ein Goodwill ist auf eine oder mehrere Cash Generating Units zuzurechnen. Der (Gesamt-)Buchwert einer ZGE ergibt sich so durch Addition sämtlicher Buchwerte der einzelnen Vermögenswerte, die der ZGE zugerechnet werden und die sich konsistent mit der Berechnung ihres erzielbaren Betrags zu ermitteln lassen (IAS 36.75).

Der Gesamtbuchwert einer Cash Generating Unit setzt sich wie folgt zusammen:

	Buchwerte der (in)direkt zurechenbaren operativen Vermögenswerte einer ZGE (ZGE-Vermögenswerte i.e.S.)
+	Ggf. zugerechneter Goodwill-Buchwert (bei ZGEs nach IAS 36.80)
+	Zurechenbarer Anteil an den Buchwerten von gemeinschaftlichen Vermögenswerten, die in Verbindung mit der ZGE stehen
+	Buchwerte von Vermögenswerten, die nicht unter den Anwendungsbereich von IAS 36 fallen, deren künftige Zahlungsbeiträge aber aus Vereinfachungsgründen mit in die Berechnung des erzielbaren Betrags einbezogen wurden (z.B. Vorratsvermögen, Forderungen)
-	Buchwerte von Schulden, deren künftige Zahlungsbeiträge aus Vereinfachungsgründen mit in die Berechnung des erzielbaren Betrags oder, weil sich dieser ansonsten nicht vernünftig bestimmen ließe, einbezogen wurden
=	Gesamtbuchwert der ZGE

Für die Verteilung ermittelter Wertminderungsverluste sieht IAS 36 eine bestimmte Reihenfolge vor. Ergibt sich aus einem Impairmenttest demnach, dass eine Cash Generating Unit nicht werthaltig ist, so ist der Impairment Loss (außerplanmäßiger Abschreibungsaufwand) zuerst auf einen zugeordneten Goodwill zuzurechnen bevor der verbleibende Betrag auf die übrigen Vermögenswerte der Cash Generating Unit verteilt wird.

Dies erfolgt proportional zu den jeweiligen Buchwerten der Vermögenswerte, die Bestandteil der Cash Generating Unit sind. Dabei darf allerdings der Buchwert der einzelnen Vermögenswerte nicht unter den höheren Wert von

- Nettoverkaufspreis,
- Nutzungswert oder
- Null

fallen.

Sofern der Nettoveräußerungspreis und/oder der Nutzungswert für einzelne Vermögenswerte der Cash Generating Unit nicht ermittelbar sind, sind die genannten Wertuntergrenzen nicht zu beachten. Ein anteiliger Wertminderungsaufwand, der aufgrund der genannten Wertuntergrenzen einzelnen Vermögenswerten nicht buchwertmindernd zugerechnet werden kann, wird nach IAS 36.105 im Verhältnis der

Buchwertanteile der übrigen Vermögenswerten am Gesamtbuchwert der Cash Generating Unit erfasst (IAS 36.105).

Beispiel 1

Eine Unternehmung hat zwei Cash Generating Units (CGU):

Cash Generating Unit				
	Buchwert ohne Firmenwert	**Buchwert des Firmenwerts**	**Netto-verkaufswert**	**Nutzungs-wert**
A	1.350 €	650 €	980 €	1.050 €
B	1.550 €	350 €	2.100 €	2.300 €

Cash Generating Unit B

- CGU B hat einen Buchwert über 1.900 € (1.550 € + 350 €).
- Sowohl Nettoverkaufspreis als auch Nutzungswert liegen über dem Buchwert der CGU B, sodass kein Anlass für ein Impairment besteht.

Cash Generating Unit A

- CGU A hat einen Buchwert über 2.000 € (1.350 € + 650 €).
- Der erzielbare Betrag von max. (980 €; 1.050 €) liegt darunter.
- Somit ist ein Impairment in Höhe von 950 € (2.000 € – 1.050 €) angezeigt.
- Hierzu ist zuerst der Goodwill in Höhe von 650 € vollständig abzuschreiben. Der verbleibende Restbetrag in Höhe von 300 € (950 € – 650 €) ist auf die anderen, in der CGU zusammengefasste Vermögenswerte zu verteilen.

Angenommen, der Buchwert der Vermögenswerte setzt sie wie folgt zusammen:

Buchwert Vermögenswerte	
Sachanlagen	700 €
Immaterielle Vermögenswerte	300 €
Aktien	350 €
Gesamtbetrag	1.350 €

Da Aktien nach IFRS 9 mit ihrem Fair Value (Börsenkurs, Einzelveräußerungspreis) bewertet werden, nehmen sie nicht mehr an der Verteilung des Impairment Losses teil, sie werden bereits an der „Bewertungsuntergrenze“, dem Einzelveräußerungswert angesetzt.

Die Verteilung des verbleibenden Abwertungsbedarfs auf die beiden Aktiva-Posten proportional ihren Buchwerten ergibt folgende Beträge:

Sachanlagen: 700/1.000 · 300 = 210

Immaterielle Vermögenswerte: 300/1.000 · 300 = 90

Fallen später die Gründe für die außerplanmäßige Abschreibung weg so sind die abgestockten Werte der Vermögensposten proportional ihren Buchwerten zuzuschreiben, der Goodwill unterliegt aber einem Wertaufholungsverbot.

Beispiel 2

Ein Unternehmen weist die folgenden Vermögenswerte in seiner Bilanz aus:

Buchwert Vermögenswerte	
Goodwill	30.000 €
Gebäude	40.000 €
Technische Anlagen und Maschinen	60.000 €
Gesamt	130.000 €

Zum Zeitpunkt 31.12.01 beträgt der erzielbare Betrag 80.000 €.

Mithilfe des Impairment-Tests wurde festgestellt, dass der Buchwert des Unternehmens mit 130.000 € über seinem erzielbaren Betrag mit 80.000 € liegt. Somit ist dieser um 50.000 € zu reduzieren.

Zunächst wird der Buchwert des Goodwills um 30.000 € verringert.

Der verbleibende Betrag von 20.000 € ist proportional von den Buchwerten der einzelnen Vermögenswerte abzuziehen.

Gebäude: 2/5 × 20.000 € = 8.000 €

Techn. Anlagen/Maschinen: 3/5 × 20.000 € = 12.000 €

Daraufhin betragen die Buchwerte der Vermögenswerte:

Buchwert Vermögenswerte	
Goodwill	0 €
Gebäude	32.000 €
Technische Anlagen und Maschinen	48.000 €
Gesamt	80.000 €

Beispiel

Die A-AG betrachtet eine identifizierte Cash Generating Unit (Artikelgruppe X) zum 31.12.2019. Darin sind nachfolgende Vermögenswerte und Schulden enthalten:

Goodwill	T€ 25
Sachanlagen	T€ 100
Immaterielle Vermögenswerte	T€ 25
Wertpapiere	T€ 80
Verbindlichkeiten gegenüber Kreditinstituten	T€ 50
Verbindlichkeiten aus Lieferungen und Leistungen	T€ 40

Der Nettoveräußerungswert beträgt zum 31.12.2019 T€ 50. Der Nutzungswert beträgt zum 31.12.2019 T€ 60.

Beschreiben Sie unter Angabe der erforderlichen Buchungssätze, welche Auswirkungen sich auf die Buchwerte der Aktiva-Kategorien ergeben.

Lösungsskizze

Buchwert des Nettovermögens (Eigenkapital) der Cash Generating Unit

Aktiva minus Schulden	T€ 140
Erzielbarer Betrag als höherer Wert aus Nettoveräußerungswert und Nutzungswert	T€ 60
Abwertungsbedarf T€ 140 – T€ 60 =	T€ 80
Abwertung des Goodwills	T€ 25
Verbleibender Abwertungsbedarf	T€ 55

Aufteilung auf die beiden Bilanzposten Sachanlagen und immaterielle Vermögenswerte im Verhältnis der Buchwerte, hier 4:1

Abschreibungen an Sachanlagen	T€ 44
Abschreibungen an immaterielle Vermögenswerte	T€ 11
Buchwerte *nach* Durchführung des Impairments	
Sachanlagen	T€ 56
Immaterielle Vermögenswerte	T€ 14
Wertpapiere (Fair Value repräsentiert bereits den Einzelveräußerungswert, keine Abwertung)	T€ 80
Verbindlichkeiten gegenüber Kreditinstituten	T€ 50
Verbindlichkeiten aus Lieferungen und Leistungen	T€ 40
Eigenkapital (= erzielbarer Betrag)	T€ 60

7.3.3 Wertaufholung

Fallen in späteren Perioden die Gründe weg, die zuvor zu einer außerplanmäßigen Abschreibung (Impairment) geführt haben, so hat eine Wertaufholung stattzufinden. Wird der Sachanlagewert nach dem Benchmark Treatment (fortgeführte Anschaffungskosten) bewertet, so bilden die fortgeführten Anschaffungs- oder Herstellungskosten die Obergrenze der Wertaufholung, die Wertaufholung hat erfolgswirksam zu erfolgen. Wird er nach dem Allowed Alternative Treatment behandelt, so bildet der Fair Value die Obergrenze der Wertaufholung, d.h. diese wird erfolgswirksam bis zu den fortgeführten Anschaffungskosten verrechnet, darüberhinausgehende Wertaufholungen werden erfolgsneutral in die Neubewertungsrücklage eingestellt (siehe Beispiel oben).

7.4 Auswirkungen der Wertminderung auf Bilanzpolitik und Bilanzanalyse

Die Wertminderungsuntersuchung nach dem Impairment-Only-Approach eröffnet einige Beurteilungsspielräume. Beispielhaft seien genannt:

- die Erkennung sämtlicher identifizierbarer immaterieller Vermögenswerte, deren Ansatz mit dem Fair Value und deren Abgrenzung vom Goodwill,
- die Abgrenzung der Cash Generating Units,
- die Ermittlung des erzielbaren Betrags der Cash Generating Units

  - als Nutzungswert nach der Discounted Cashflow Methode (Prognose von Zahlungsströmen, Planungshorizont, Zinssatz, Behandlung von Ersatz- und Erweiterungsinvestitionen),
  - als beizulegender Zeitwert abzüglich Verkaufskosten (Fair Value less Costs to Sell)
- die Bestimmung von Zeitpunkt und Ursache eines auslösenden Ereignisses (Triggering Event) für einen zusätzlichen Impairmenttest (z.B. aus dem Risikomanagement),
- die Beurteilung des Materiality Grundsatzes bei der Bestimmung der Anhangangaben,
- die Verwendung von Informationen aus dem internen Berichtswesens.

Als wirtschaftliche Folgen dieser weitreichenden Beurteilungsspielräume kann man anführen:

- Da beim Impairment-Only-Approach mit einer Goodwillabschreibung eine Reputationseinbuße für das Management verbunden ist, wird das Impairment zu verhindern gesucht.
- Es besteht die Gefahr, negative Unternehmensentwicklungen zu verbergen und bei schlechtem Unternehmensumfeld eine hohe Goodwillabschreibung vorzunehmen, um spätere Jahre von Abschreibungsaufwendungen zu entlasten (Big Bath Accounting),
- Durch den Impairment-Only-Approach für den derivativen Firmenwert wird externes Wachstum begünstigt, da internes Wachstum (Entwicklung eigener Potenziale) mit ergebnisbelastenden Aufwendungen verbunden ist,
- Die Fair Values der übernommenen materiellen und immateriellen Vermögenswerte werden eher niedrig geschätzt zugunsten hoher Goodwill-Beträge, da die auf sie entfallenden Abschreibungsbeträge auf unbestimmte Zeit in die Zukunft verlagert werden können, faktisch also keine Erfolgswirkung entfalten.

Die Aufdeckung bilanzpolitischer Beeinflussung der Werthaltigkeitsuntersuchungen ist komplex und nur unter Verwendung der im Anhang angegeben Parameter möglich. Eine vollständige Bereinigung dieser Effekte ist kaum möglich.

7.5 Kontrollfragen

[1] Welche Vermögenswerte sind hauptsächlich von einem Impairment-Test nach IAS 36 betroffen?

[2] Wann ist ein Impairment-Test nach IAS 36 durchzuführen?

[3] Welche Vermögenswerte sind regelmäßig einem Impairment-Test zu unterziehen?

[4] Wann und wie oft ist ein Impairment-Test durchzuführen?

[5] Welche Wertmaßstäbe sind bei einem Impairment-Test zu vergleichen?

[6] Wie ist der erzielbare Betrag definiert?

[7] Was wird unter dem beizulegenden Zeitwert abzüglich Verkaufskosten verstanden?

[8] Wie ist der Nutzungswert (NW) definiert?

[9] Was versteht man unter einer zahlungsmittelgenerierenden Einheit?

[10] Welchen Zweck verfolgen zahlungsmittelgenerierende Einheiten?

[11] Wie ist eine den Buchwert eines zugerechneten Goodwill übersteigende Wertminderung einer ZGE bei den anderen Vermögenswerten der zahlungsmittelgenerierende Einheit zu erfassen?

[12] Welche Wertuntergrenzen sind bei der Vornahme außerplanmäßiger Abschreibung auf die sonstigen Vermögenswerte einer zahlungsmittelgenerierende Einheit zu beachten?

8 Zur Veräußerung gehaltene langfristige Vermögenswerte und aufgegebene Geschäftsbereiche nach IFRS 5

8.1 Vorbemerkungen

IFRS 5 sieht spezielle Regelungen für langfristige Vermögenswerte, die zur Veräußerung vorgesehen sind, sowie für Abgangsgruppen (disposal groups) und Geschäftsbereiche, die aufgegeben werden sollen, vor. Vermögenswerte bzw. Abgangsgruppen, die zur Veräußerung oder zur Ausschüttung an die Eigentümer gehalten werden, werden somit aus den für sie zuständigen Bilanzierungsvorschriften ausgenommen und den besonderen Bewertungs-, Ausweis- und Angabepflichten von IFRS 5 unterworfen.

8.2 Definition, Identifikation und Klassifikation

Definition

Nach IFRS 5.6 sind ein langfristiger Vermögenswert oder eine Abgangsgruppe als zur Veräußerung gehalten (held for sale) zu klassifizieren, wenn die zukünftigen Nutzenzuflüsse, die auf ihn bzw. sie entfallen, durch eine Veräußerungsaktion und nicht durch seine bzw. ihre fortlaufende Nutzung im Unternehmen erzielt werden sollen.

Unter einer Abgangsgruppe (Disposal Group) versteht man eine Gruppe von (kurz- und langfristigen) Vermögenswerten und ggf. (kurz- und langfristigen) Schulden, die in einer Transaktion gemeinsam veräußert werden sollen und mindestens einen langfristigen Vermögenswert, der in den Anwendungsbereich des IFRS 5 fällt, umfasst.

Merke

Ein ursprünglich langfristiger Vermögenswert oder eine Disposal Group gilt als held for sale und ist damit im kurzfristigen Vermögen auszuweisen, wenn

- ein sofortiger Verkauf unter gewöhnlichen Umständen möglich und
- der Verkauf „highly probable“ ist, d.h.
  - das Management sich in einem Plan zum Verkauf verpflichtet hat,
  - die aktive Käufersuche eingeleitet ist,
  - ein im Verhältnis zum Fair Value angemessener Verkaufspreis angestrebt wird und
  - der Verkauf innerhalb von 12 Monaten nach der Klassifizierung als „held for sale“ realistischerweise erwartet werden kann (IFRS 5.6 bis 9).

Wird der Verkauf erst nach mehr als 12 Monaten erwartet, so ist ein Ausweis als held for sale nur zulässig, wenn

- die Verzögerung auf Umständen beruht, die das Unternehmen nicht kontrollieren kann und
- ausreichende Hinweise bestehen, dass das Unternehmen nach wie vor an dem Verkaufsplan festhält.

Wird ein Vermögenswert bereits mit Weiterveräußerungsabsicht gekauft, so ist ein Ausweis als held for sale nur zulässig, wenn

- der Verkauf innerhalb von 12 Monaten erwartet werden kann und
- die übrigen Kriterien zur Einstufung als held for sale höchstwahrscheinlich kurze Zeit nach dem Kauf (regelmäßig innerhalb der ersten drei Monate) vorliegen werden.

Langfristige Vermögenswerte sowie Assets und Liabilities, die Bestandteil einer Disposal Group sind, und die die Kriterien „held for sale“ erfüllen, sind unsaldiert in der Bilanz gesondert auszuweisen. Dabei sind die Major Classes der als held for sale ausgewiesenen Vermögenswerte und Schulden gesondert zu erfassen.

Ein Vermögenswert bzw. eine Abgangsgruppe, der bzw. die aufgegeben oder stillgelegt werden soll, ist nicht als zur Veräußerung gehalten zu klassifizieren. Es ist jedoch zu berücksichtigen, dass eine Abgangsgruppe, die aufgegeben oder stillgelegt werden soll, ggf. einen einzustellenden Bereich gem. IFRS 5.13 darstellen kann.

Nicht dem Anwendungsbereich von IFRS 5 unterliegen

- kurzfristige Vermögenswerte,

- aktive latente Steuern,
- Vermögenswerte im Zusammenhang mit Zuwendungen an Arbeitnehmer,
- finanzielle Vermögenswerte des Anwendungsbereichs von IAS 32/ IFRS 9,
- als Finanzanlage gehaltene Immobilien, die gemäß IAS 40 nach dem Modell des beizulegenden Zeitwerts bewertet werden,
- langfristige Vermögenswerte des Anwendungsbereichs von IAS 41, und
- vertragliche Rechte aus Versicherungsverträgen nach IFRS 4 bzw. IFRS 17.

8.3 Bewertung

Langfristige Vermögenswerte und Abgangsgruppen, die als zur Veräußerung gehalten klassifiziert wurden, sind zum niedrigeren der beiden folgenden Werte in der Bilanz anzusetzen.

- Buchwert bzw. der Addition der Buchwerte unmittelbar vor der Einstufung als held for sale, oder
- beizulegender Zeitwert (Fair Value) abzüglich noch anfallender Veräußerungskosten (Cost to Sell) als Einzelveräußerungspreis.

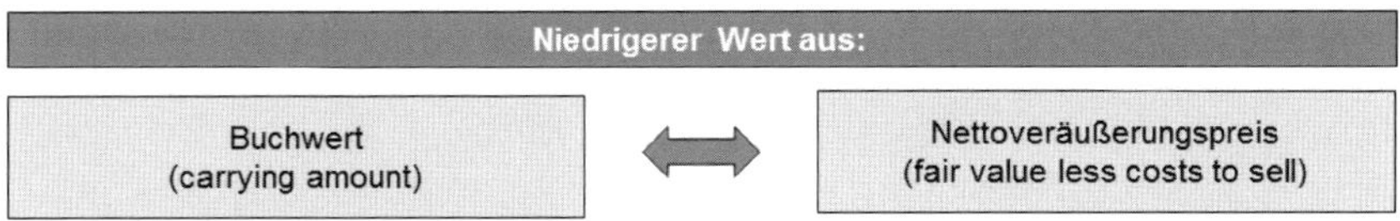

Ein Nutzungswert wie bei der Bewertung von fortlaufend genutzten Vermögenswerten, kommt demnach nicht zur Anwendung. Sofern der Verkauf erst nach mehr als 12 Monaten erwartet werden kann, ist eine Abzinsung der entsprechenden Werte notwendig.

Vermögenswerte held for sale oder solche, die einer Disposal Group zugehören, welche die held for sale Kriterien erfüllen, sind nicht mehr planmäßig abzuschreiben. Ergibt sich aus dem Übergang auf „held for sale“ ein Abwertungsvorgang, z.B. weil bisher ein Impairment aufgrund eines hohen Nutzungswertes, der auf einer „optimistischen Zahlungsstromprognose“ basierte nicht vorgenommen wurde, ein Einzelveräußerungspreis aber erkennbar unter dem Buchwert liegt, so ist, wie beim Impairment Test nach IAS 36, zuerst ein evtl. vorhandener Goodwill abzuschreiben und dann die Wertansätze der betreffenden Vermögenswerte proportional ihrer Buchwerte abzustocken.

An Abschlussstichtagen nach der erstmaligen Klassifizierung von Vermögenswerten oder Abgangsgruppen als zur Veräußerung gehalten ist eine erneute Bewertung mit dem beizulegenden Zeitwert abzüglich der Veräußerungskosten durchzuführen und mit dem aktuellen Buchwert zu vergleichen. Liegt der beizulegende Zeitwert abzüglich der Veräußerungskosten bei der Folgeklassifizierung von Vermögenswerten bzw. Abgangsgruppen als zur Veräußerung gehalten unter ihren aktuellen Buchwerten, ist gem. IFRS 5.21 (nochmals) eine außerplanmäßige Abschreibung zu erfassen. Ist der Vergleichswert in der Folgezeit nach einer früheren außerplanmäßigen Abschreibung auf den beizulegenden Zeitwert abzüglich der Veräußerungskosten hingegen wieder angestiegen, hat eine erfolgswirksame Zuschreibung zu erfolgen. Nach der Wertaufholungsobergrenze in IFRS 5.21 darf diese die früher erfassten außerplanmäßigen Abschreibungen bei den betroffenen Vermögenswerten bzw. Abgangsgruppen nicht übersteigen.

Entsteht durch den Verkauf eines zur Veräußerung gehaltenen langfristigen Vermögenswerts bzw. einer Abgangsgruppe im Zeitpunkt der Ausbuchung ein Unterschiedsbetrag zu den erfassten Buchwerten, ist dieser als Veräußerungsgewinn oder -verlust zu erfassen.

Wird die Weiterveräußerungsabsicht aufgegeben bzw. werden die Einstufungskriterien als „held for sale“ nicht mehr erfüllt, so ist auch ein Ausweis als held for sale nicht mehr zulässig und eine Reklassifizierung vorzunehmen. Die Bewertung hat dann zu erfolgen zum niedrigeren Betrag aus

- den fortgeführten Anschaffungs- oder Herstellungskosten ohne Einstufung als held for sale und
- dem erzielbaren Betrag als höherer Betrag aus
  - Einzelveräußerungspreis (Fair Value less Cost to Sell) und
  - Nutzungswert (Value in Use).

Hier kann es zu Buchwertaufholungen kommen, da bei Rückführung in die Bewertung bei normaler betrieblicher Nutzung der Nutzungswert wieder von Bedeutung ist und bei optimistischer Zahlungsstromprognose ein erzielbarer Betrag ermittelt werden kann, der über den fortgeführten Anschaffungs- oder Herstellungskosten liegt.

Zusammenfassung	Besondere Bewertungsvorschriften	Gesonderter Bilanzausweis	Gesonderter GuV-Ausweis	Beispiele
Zur Veräußerung gehaltene langfristige Vermögenswerte (keine Finanzinstrumente)	ja	ja	Nein	Veräußerung Lagerhalle, Grundstück
Veräußerungsgruppe ohne Geschäftsfeldqualität	ja*	ja	Nein	Veräußerung Produktionshalle (inkl. Maschinen)
Zur Veräußerung bestimmte aufgegebene Geschäftsbereiche	ja*	ja	ja	Veräußerung einer Sparte (Pharma-Bereich; China)
Zur Stilllegung bestimmte Geschäftsbereiche	Nein	Nein	ja	Aufgabe der Damenmode; Rückzug aus den USA

*Besondere Bewertungsvorschriften gelten nicht für etwaig enthaltenes Umlaufvermögen (kurzfristige Vermögenswerte) und für bestimmte Anlagen

Anhangangabepflichten für Discontinued Operations finden sich in IFRS 5.33.

Beispiel

Ein Vermögenswert wird am 4.1.01 zu 100.000 erworben Nutzungsdauer 10 Jahre. Er wird bis Mitte 02 genutzt. Danach wird er als Held for Sale klassifiziert. Mitte 03 wird die Verkaufsabsicht aufgegeben und der Vermögenswert wieder betrieblich genutzt. Zu den jeweiligen Bilanzstichtagen ergeben sich folgende Werte

	31.12.01 Nutzung	31.12.02 Held for Sale	31.12.03 Nutzung
Buchwert	90.000 (100.000 - 10.000)	80.000 (100.000 - 2 × 10.000)	70.000 (100.000 - 3 × 10.000)
Verkaufspreis	50.000	50.000	50.000
Nutzungswert	95.000	-	80.000
Bilanzwert	90.000	50.000	70.000

Der Buchwert entspricht den fortgeführten Anschaffungskosten. Ende 01 ist ein Impairmenttest durchzuführen, wobei sich ergibt, dass der erzielbare Betrag von 95.000 über dem Buchwert von 90.000 liegt, somit eine außerplanmäßige Abschreibung nicht in Betracht kommt.

Ende 02 ist der Nutzungswert wegen der Veräußerungsabsicht Held for Sale irrelevant. Ein Vergleich von Buchwert und Einzelveräußerungspreis (Fair Value less Cost to Sell) ergibt einen Abwertungsbedarf von 30.000.

Ende 03 wird der Vermögenswert wieder genutzt. Ein Nutzungswert von 80.000 übersteigt den Buchwert von 70.000, sodass eine Wertaufholung auf 70.000 vorzunehmen ist.

8.4 Ausweis von langfristigen Vermögenswerten und Abgangsgruppen, die zur Veräußerung gehalten werden

Langfristige Vermögenswerte, die zur Veräußerung gehalten werden oder Bestandteil einer Veräußerungsgruppe sind, sind getrennt von den anderen Vermögenswerten des bilanzierenden Unternehmens in dessen Bilanz auszuweisen. Analoges gilt für die Schulden einer Veräußerungsgruppe. Die nach IFRS 5 gesondert im kurzfristigen Vermögen bzw. als kurzfristige Schulden auszuweisenden Posten sind nicht zu saldieren, sondern jeweils in einem einzigen Posten auf der Aktiv- und Passivseite auszuweisen[200]. Die mit den langfristigen, zur Veräußerung gehaltenen Vermögenswerten und Schulden sowie den Abgangsgruppen in Zusammenhang stehenden Ergebnisse und Cashflows sind gesondert in der Gesamtergebnisrechnung sowie in der Kapitalflussrechnung darzustellen.

Vorjahresvergleichszahlen sind im Falle der erstmaligen Klassifikation als zur Veräußerung gehalten nicht anzupassen; d.h. Vermögenswerte und Schulden, welche in der Vorperiode noch nicht als zur Veräußerung gehalten klassifiziert wurden, sind in den Vorjahresvergleichszahlen auch nicht entsprechend auszuweisen[201]. Im Anhang sind die nach IFRS 5 zu behandelnden Vermögenswerten und Schulden weiter nach den wesentlichen Klassen der betreffenden Vermögenswerte bzw. Schulden aufzugliedern[202].

---

[200] Vgl. IFRS 5.40.

[201] Vgl. IFRS 5.40.

[202] Vgl. IFRS 5.38.

8.5 Aufgegebene Geschäftsbereiche

Unter einem aufgegebenen Geschäftsbereich (Discontinued Operation) versteht man einen Unternehmensbereich (Component), der entweder veräußert oder als held for sale klassifiziert wurde und der

- einen wesentlichen Geschäftszweig oder geographischen Geschäftsbereich darstellt (z.B. Segment nach IFRS 8), oder
- Teil eines Planes ist, einen wesentlichen Geschäftszweig oder geographischen Geschäftsbereich zu veräußern oder
- ein Tochterunternehmen ist, welches mit Weiterveräußerungsabsicht gekauft wurde.

Nach IFRS 5.31 ff. liegt ein aufgegebener Geschäftsbereich vor, wenn die folgenden Voraussetzungen gegeben sind:

- Vorliegen einer Komponente eines Unternehmens. Eine Komponente ist ein Unternehmensteil mit operativen Tätigkeiten und Zahlungen, die sachlich und innerhalb des Berichtswesens von den übrigen Einheiten des bilanzierenden Unternehmens unterschieden werden können. Somit handelt es sich um eine identifizierbare Gruppe von Vermögenswerten und Schulden, die im Rahmen ihrer unternehmerischen Nutzung eine zahlungsmittelgenerierende Einheit oder eine Gruppe von zahlungsmittelgenerierenden Einheiten bildet (IFRS 5.31). Hier besteht eine Verbindung zur Segmentberichterstattung nach IFRS 8.
- Die Komponente ist bereits abgegangen oder sie ist als zur Veräußerung gehalten zu klassifizieren. Mindestens eine der nachfolgenden Bedingungen muss zusätzlich erfüllt werden:
  - Die Komponente stellt für das berichtenden Unternehmen einen wesentlichen Geschäftsbereich oder einen geographisch abgrenzbaren Bereich dar.
  - Die Komponente ist Teil eines einheitlichen Gesamtplans welcher vorsieht, einen wesentlichen Geschäftsbereich oder einen geographischen Bereich abgehen zu lassen.
  - Die Komponente ist als Tochterunternehmen des berichtenden Unternehmens einzustufen, welches ausschließlich mit der Absicht der Weiterveräußerung erworben wurde.

Nach IFRS 5.33 ist für einzustellende Bereiche des berichtenden Unternehmens der Gewinn bzw. Verlust nach Steuern (inkl. des Nach-Steuer-Gewinns oder -Verlusts aus der Bewertung von langfristigen Vermögenswerten bzw. Abgangsgruppen des einzustellenden Bereichs zum beizulegenden Zeitwert abzüglich der Veräußerungskosten sowie der Abgangsgewinn oder -verlust nach Steuern) innerhalb des Periodengewinns oder -verlusts als ein Betrag anzugeben.

Beispiel

Die X-AG fasst am 30.06.02 den Entschluss, eine Veräußerungsgruppe zu verkaufen. Die notwendigen Kriterien zur Klassifizierung der Veräußerungsgruppe zur „Veräußerung gehalten" sind erfüllt. Die nachfolgende Tabelle stellt die Buchwerte am Stichtag und am 30.06.02 gegenüber:

Gegenüberstellung Buchwerte		
	Buchwert 31.12.01	**Buchwert 30.06.02 (klassifiziert als zur Veräußerung gehalten)**
Goodwill	€ 2.000	€ 2.000
Immaterielle Vermögenswerte	€ 10.000	€ 8.000
Sachanlagen	€ 6.000	€ 5.000
Gesamt	**€ 18.000**	**€ 15.000**

- Die Wertminderung der Vermögenswerte über 3.000 € (18.000 € – 15.000 €) wurde unmittelbar vor der Klassifizierung der Veräußerungsgruppe als zur Veräußerung gehalten erfasst.
- Im Zeitraum der Umklassifizierung wird der beizulegende Zeitwert abzüglich der Veräußerungskosten auf 12.000 € geschätzt.

Mit welchem Wert ist die Veräußerungsgruppe am 30.06.02 in der Bilanz der X-AG anzusetzen?

Lösung

Gegenüberstellung Buchwerte			
	Buchwert 30.06.02 (unmittelbar vor Klassifizierung als zur Veräußerung gehalten)	**Verteilung Wertminderungsaufwand**	**Buchwert 30.06.02 (nach Umklassifizierung)**
Goodwill	€ 2.000	€ -2.000	€ 0

Immaterielle Vermögenswerte	€ 10.000	€ - 620	€ 7.380
Sachanlagen	€ 6.000	€ - 380	€ 4.620
Gesamt	**€ 18.000**	**€ - 3.000**	**€ 12.000**

Buchungssatz

Wertminderungsaufwand	3.000	Goodwill	2.000
		Immaterielle Vermögenswerte	620
		Sachanlagen	380

8.6 Auswirkungen der Bilanzierung nach IFRS 5 auf Bilanzpolitik und Bilanzanalyse

Bilanzpolitisches Gestaltungspotenzial eröffnet IFRS 5 vor allem in den Bereichen der Konzernstrukturierung und der Konzernreorganisation. Durch bilanzpolitisch intendierte Strukturänderungen des Konzerns, können gewissen Teilbereiche aus Gesamtkonzernen herausgelöst und eine entsprechende Information an die Märkte kommuniziert werden. Durch organisatorische Restrukturierungsmaßnahmen können Bereiche andersartig zusammengefasst und abgegeben werden, was für Kapitalmarktteilnehmer oft ein positives Signal für künftige Entwicklungen bedeutet.

Bilanzanalytisch wird für Investoren erkennbar, welche Geschäftsbereich durch das Unternehmen aufgegeben werden und welchen Beitrag zum Konzernergebnis dieser Teilbereich geleistet hat. So werden auch ggf. Änderungen in der Geschäftsstrategie oder problematische Geschäftsfelder offenkundig.

8.7 Kontrollfragen

[1] Wie werden zur Veräußerung verfügbare Vermögenswerte und aufgegeben Geschäftsfelder definiert und was ist deren Besonderheit in der Bilanzierung?

[2] Wie werden zuvor genannte Posten bewertet und ausgewiesen?

[3] Wie sind diese Posten im Rahmen der Bilanzanalyse zu interpretieren?

9 Bilanzielle Behandlung von Leasingverhältnissen nach IFRS 16

9.1 Vorbemerkungen

Hinweis

Grundlegende Norm für die Leasingbilanzierung nach IFRS ist IFRS 16. Diese Vorschrift ist erstmals verpflichtend anzuwenden für Geschäftsjahre, die am oder nach dem 1.1.2019 beginnen[203]. IFRS 16 wurde geschaffen, um Unzulänglichkeiten der Vorgängernorm IAS 17 zu beseitigen.

IAS 17 betrachtete Leasingverhältnisse als Verträge über die entgeltliche Gebrauchsüberlassung eines Vermögenswertes. Es galt der Risk-and-Reward-Approach[204], welcher besagt, dass für die bilanzielle Abbildung des Leasingvertrags maßgebend ist, ob mit der befristeten entgeltlichen Gebrauchsüberlassung die wesentlichen Chancen und Risiken an dem überlassenen Vermögenswert beim Leasinggeber verbleiben (operate lease) oder auf den Leasingnehmer übergehen (finance lease). Die bilanziellen Auswirkungen nach IAS 17 waren:

- Im Falle von operate lease-Verträgen erfolgte eine Darstellung des Leasingverhältnisses als schwebendes Geschäft. Dauerschuldverhältnisse werden bilanziell nicht erfasst, es sei denn, es haben Erfüllungshandlungen stattgefunden (insbesondere Leasingzahlungen) oder es droht ein Verlust; in diesem Fall sind Drohverlustrückstellungen zu bilden. Das bedeutete, dass der überlassene Vermögenswert im rechtlichen und wirtschaftlichen Eigentum des Leasinggebers befindlich in dessen Bilanz ausgewiesen werden musste, er den Vermögenswert planmäßig abzuschreiben hatte und die Leasingzahlungen als Ertrag zu vereinnahmen waren. Der Leasingnehmer bezahlte die periodisch anfallenden Mietraten und verbuchte sie als operativen Aufwand.

---

203 Vgl. IFRS 16 Anhang C 1.

204 Vgl. Heyd/Nemet: Leasingbilanzierung nach IFRS, in Graf von Westphalen (Hrsg.): Der Leasingvertrag, 6. Aufl. Köln 2015, S. 131 f.

- Im Falle von finance lease-Verträgen erfolgte eine Darstellung des Leasingverhältnisses ähnlich der eines fremdfinanzierten Kaufs. Das bedeutete, der Leasingnehmer aktivierte den Leasinggegenstand auch ohne das juristische Eigentum beanspruchen zu können als Investition und passivierte eine entsprechende Leasingverbindlichkeit; er bezahlte die vereinbarten Leasingraten, welche nach der Annuitätenmethode in einen erfolgsneutralen Tilgungsanteil und einen erfolgswirksamen Zins- und Kostenanteil aufzuteilen waren. Der Leasinggeber buchte den Leasinggegenstand aus und aktivierte dafür eine Forderung gegenüber dem Leasingnehmer. Mit der Vereinnahmung der Leasingraten wurde ebenfalls annuitätisch die Leasingforderung getilgt und ein Zinsanteil erfolgswirksam vereinnahmt.

Die Frage, ob ein operate lease oder ein finance lease vorlag, war anhand von singulären Kriterien zu prüfen. Dabei kam der wirtschaftlichen Beurteilung der Vertragsbestimmungen eine entscheidende Bedeutung zu. Fraglich war, ob mit der befristeten entgeltlichen Gebrauchsüberlassung die wesentlichen Chancen und Risiken an dem überlassenen Vermögenswert auf den Leasingnehmer übergingen oder nicht. Die Kriterien gemäß IAS 17.10 bezogen sich auf die Verwertung des Leasinggegenstandes am Ende der Grundmietzeit (automatischer Eigentumsübergang oder günstige Kaufoption, Kriterien 1 und 2), das Verhältnis von Grundmietzeit und Nutzungsdauer (Kriterium 3, Laufzeittest), das Verhältnis von (Barwert der) Leasingraten und Fair Value des Leasinggegenstandes (Kriterium 4, Barwerttest) sowie die alternative Nutzbarkeit des Leasinggegenstandes (Kriterium 5, Spezialleasing).

Beispiel für die bilanzielle Darstellung eines Finance Lease-Verhältnisses - Angaben[205]:

Ein Leasingnehmer mietet am 01.01.01 einen Vermögenswert für fünf Jahre (unkündbar).

- Die vereinbarten Leasingraten betragen 23.097 € p.a. zahlbar am Jahresende. Hinzu kommen 1.500 € p.a. für Wartung und Versicherung.
- Am Ende der Grundmietzeit des Leasingvertrags wird der Vermögenswert an den Leasinggeber zurückgegeben.
- Eine Kaufoption wurde nicht vereinbart.

205 Vgl. Heyd, Rechnungslegung nach IFRS – eine Einführung, 2005, S. 79 ff.

- Der Kaufpreis für den Vermögenswert beträgt 100.000 € (Leasinggeber).
- Die wirtschaftliche Nutzungsdauer des Vermögenswertes beträgt fünf Jahre.
- Die Leasingraten wurden laut Angaben des Leasinggebers mit einem internen Kalkulationszinssatz von 5,0 % p.a. berechnet. Der Refinanzierungssatz des Leasingnehmers liegt bei 6,5 % p.a.

Lösungsskizze

Klassifizierung:

- Eigentumsübertragung → nein,
- günstige Kaufoption → nein,
- Laufzeittest: Vertragslaufzeit fünf Jahre versus wirtschaftliche Nutzungsdauer fünf Jahre, also 100 % > 75 % somit Finance Leasing,
- Barwerttest: Anschaffungskosten 100.000 € versus Barwert der Mindestleasingraten 100.000 € (5 × 23.097 € bei einem Diskontierungssatz von 5 %), also 100 % → Finance Leasing,
- Spezialleasing → nein.

Folge:

Die Bilanzierung des Leasinggegenstandes hat wegen des einschlägigen Laufzeit- und Barwerttests beim Leasingnehmer zu erfolgen. Es handelt sich um einen Finance Leasing-Vertrag

Überprüfung des Barwerttests

Jahr	Betrag	Formel	Ergebnis
1	23.097	$23.097 \times 1{,}05^{-1}$	21.997
2	23.097	$23.097 \times 1{,}05^{-2}$	20.950
3	23.097	$23.097 \times 1{,}05^{-3}$	19.953
4	23.097	$23.097 \times 1{,}05^{-4}$	19.003
5	23.097	$23.097 \times 1{,}05^{-5}$	18.097
		Barwert	100 000

Die Wartungs- und Versicherungskosten gehen als laufender Periodenaufwand nicht in die Barwertberechnung ein.

Buchung: Aufwand an Zahlungsmittel 1.500

Die Bilanzierung des Leasingobjektes erfolgt beim Leasingnehmer. Er aktiviert den Leasinggegenstand mit dem Barwert (100.000 €) und schreibt ihn über die Nutzungsdauer, maximal über die Vertragslaufzeit ab (hier fünf Jahre). Er passiviert eine Leasingverbindlichkeit in gleicher Höhe (100.000 €) und tilgt diese über die Vertragslaufzeit (fünf Jahre). Die über die Vertragslaufzeit vereinbarten Leasingzahlungen (23.097 €) sind annuitätisch in einen Tilgungs- und einen Zinsanteil abei einem Diskontierungssatz von 5% p.a. aufzuteilen.

Jahr	**Stand**	**Zins**	**Tilgung**	**Annuität**	**Restschuld**
1	100.000	5.000	18.097	23.097	81.903
2	81.903	4.095	19.002	23.097	62.900
3	62.900	3.145	19.952	23.097	42.948
4	42.948	2.148	20.950	23.097	21.998
5	21.998	1.100	21.997	23.097	0
Summe		15.487	100.000	115.487	

Bilanz

Aktiva						**Passiva**
Anlagevermögen						Verbindlichkeiten
Jahr	fortgef. AHK	Abschr.	Rest-BW	Darlehen	Tilgung	Restschuld
1	100.000	- 20.000	80.000	100.000	- 18.097	81.903
2	80.000	- 20.000	60.000	81.903	- 19.002	62.900
3	60.000	- 20.000	40.000	62.900	- 19.952	42.948
4	40.000	- 20.000	20.000	42.948	- 20.950	21.998
5	20.000	- 20.000	0	21.998	- 21.998	0
		- 100.000			- 100.000	

GuV-Rechnung

Jahr	Abschreibungen	Zinsanteil der L-Raten	Gesamtaufwand
1	20.000	5.000	25.000
2	20.000	4.095	24.095
3	20.000	3.145	23.145
4	20.000	2.147	22.147
5	20.000	1.100	21.100
Summe	100.000	15.487	115.487

Durch Ermessensspielräume bei der Interpretation der Klassifikationskriterien ergaben sich bilanzpolitische Freiräume, welche zielorientiert genutzt wurden. Um dieses Gestaltungspotenzial einzugrenzen, sah IAS 17.11 drei weitere Spezifikationen der in IAS 17.10 genannten Kriterien vor.

Dabei zeigte sich auf Leasingnehmerseite eine Präferenz für die Abbildung als operate lease und eine „Vermeidungsstrategie" für das finance lease. Konsequenzen einer Abbildung von Leasingverträgen als finance lease waren für den Leasingnehmer

- eine Bilanzverlängerung mit der Konsequenz einer Verringerung der Eigenkapitalquote,
- ein Ausweis von Vermögenswerten, die den Gläubigern des Leasingnehmers gegenüber nicht haften,
- eine Folgebilanzierung, durch die
  - der beim Leasingnehmer aktivierte Vermögenswert planmäßig, regelmäßig linear, abgeschrieben und
  - die beim Leasingnehmer passivierte Verbindlichkeit annuitätisch fortgeführt wird,

  sich somit regelmäßig ein Überhang der leasingbedingten Passiva über die Buchwerte der Leasingaktiva einstellte,
- der periodische Gesamtaufwand des Leasingnehmers zu Beginn des Leasingverhältnisses am höchsten war wegen
  - dem im Zeitablauf konstanten Abschreibungsaufwand, aber
  - dem im Zeitablauf sinkenden Zinsaufwand aufgrund der annuitätischen Verteilung,
- der beim Leasingnehmer auszuweisende Aufwand im Zusammenhang mit dem Leasingverhältnis sich zusammensetzte aus Abschrei-

bungen und Zinsaufwand, Aufwandsarten also, die mit einer Investition in Verbindung zu bringen sind und die die performance-relevante Kennzahl EBITDA nicht negativ beeinflussten.

Hauptkritikpunkte an IAS 17 waren, dass

- durch die Ermessensspielräume zielorientierte Abbildungsweisen gewählt werden konnten, die einerseits die jahresabschlussbezogenen Kennzahlen beeinflusst und andererseits die zwischenbetriebliche Vergleichbarkeit beeinträchtigt haben,
- das – von den meisten Bilanzierern präferierte - operate lease einen unvollständigen Schuldenausweis zur Folge hatte, was als Verstoß gegen die Grundsätze des Frameworks angesehen wurde[206].

9.2 Konzeption von IFRS 16

Hinweis

Die Neuregelung des IFRS 16 betrachtet grundsätzlich Leasingverträge als Investitionen des Leasingnehmers. Daher hat dieser ein Recht zur Nutzung zu aktivieren und eine Leasingverbindlichkeit zu passivieren.

Die damit verbundene Bilanzverlängerung und Reduzierung der Eigenkapitalquote gegenüber der bisher üblichen Darstellung von Leasingverhältnissen als schwebende Geschäfte[207] weist in der Außendarstellung auf Risiken hin, die mit denen eines fremdfinanzierten Erwerbs vergleichbar sind. Ausnahmen vom Anwendungsbereich sind nur aus Wesentlichkeitserwägungen bzw. Kosten-Nutzen-Überlegungen zugelassen[208]. Die zugehörigen GuV-Wirkungen entsprechen grundsätzlich denen des Finance Lease nach IAS 17. An die Stelle von operativem Mietaufwand treten beim Leasingnehmer Abschreibungen und Zinsaufwand, welche die investitionsrelevanten Performance-Kennzahlen EBIT und EBITDA wie auch den operativen Cashflow verbessern.

---

[206] Vgl. IASB-Framework Tz. 38.

[207] Operate Lease wurde auch als off-balance-Darstellung bezeichnet.

[208] Vgl. IFRS 16.5, IFRS 16.B3 bis B8.

Im Gegensatz zu IAS 17, bei dem der Leasingnehmer entweder den vollen Zeitwert des geleasten Vermögenswertes (Finance Lease) oder nichts (Operate Lease) zu aktivieren hatte[209], ergibt sich die Höhe des nach IFRS 16 zu aktivierenden Nutzungsrechts aus dem Barwert der Leasingraten, die sich der Leasingnehmer zu leisten verpflichtet hat[210]. Das bedeutet, dass die Bewertung (Bilanzierung der Höhe nach) der leasing-relevanten Bilanzposten ihren Ausgangspunkt auf der Passivseite der Bilanz nimmt. Der durch Abzinsung mit dem internen Zinssatz bzw. Grenzfremdkapitalzins ermittelte Barwert der Leasingraten[211] bildet grundsätzlich die Ausgangsgröße für die Erstbewertung sowohl der Leasingverbindlichkeit als auch des Nutzungsrechts. Die Folgebewertung verläuft auf der Aktiv- und Passivseite allerdings nicht im Gleichlauf, da das Nutzungsrecht linear planmäßig abgeschrieben, die Leasingverbindlichkeit aber annuitätisch aufgelöst wird.

Beispiel

Ein Leasingnehmer schließt einen Leasingvertrag über drei Jahre ab. Der Leasingvertrag sieht folgende, nachschüssig zu leistenden Zahlungen vor: € 10.000 (Jahr 1), € 12.000 (Jahr 2) und € 14.000 (Jahr 3). Das Nutzungsrecht am Leasinggegenstand und die Leasingverbindlichkeit für die zu leistenden Leasingzahlungen wurden beim erstmaligen Ansatz mit € 33.000 bewertet, der Abzinsungssatz beträgt ca. 4,24 % p.a.

	Aktivseite	Annuitätische Verteilung der Leasingverbindlichkeit			Passivseite
Zeitpunkt	Nutzungsrecht	Abschreibung	Zinsaufwand	Gesamter Leasingaufwand	Leasing Verbindlichkeit
erstmaliger Ansatz	33.000				33.000
Jahr 01	22.000	11.000	1.398	12.398	24.398
Jahr 02	11.000	11.000	1.033	12.033	13.431
Jahr 03	0	11.000	569	11.569	0
Summe		33.000	3.000	36.000	

209 Man sprach bei der Leasingbilanzierung nach IAS 17 auch vom „all-or-nothing-approach“.

210 Vgl. IFRS 16.26.

211 Vgl. IFRS 16.26.

Da die Bewertung der leasing-relevanten Bilanzposten ihren Ausgangspunkt bei der Leasingverbindlichkeit nimmt, kommt eine Fair Value-Bewertung des Nutzungsrechts prinzipiell nicht in Betracht[212]. Allerdings sind neue Erkenntnisse über die Höhe der Leasingverbindlichkeit, die sich aus geänderten Annahmen über die Höhe der Mietzahlungen oder die Länge der Mietdauer und daraus folgend die Anzahl der Mietzahlungen ergeben, bilanziell durch Anpassung der Leasingverbindlichkeit und durch Anpassung des Buchwerts des Nutzungsrechts zu berücksichtigen.

Wenn sich daraus eine Neubewertung der Leasingverbindlichkeit und im Gefolge dessen eine Neubewertung des Nutzungsrechts ergibt, so ist der anzuwendende Abzinsungssatz ebenfalls zu überprüfen und ggf. anzupassen.

Beispiel

Sachverhalt

Es wird ein Leasingvertrag abgeschlossen über zehn Jahre Laufzeit über 5.000 qm Verkaufsfläche in der Textilbranche. Die jährlichen Leasingraten betragen nachschüssig € 100.000, der für die Diskontierung maßgebliche Grenzfremdkapitalzinssatz des Leasingnehmers beträgt zu Beginn des Leasingverhältnisses 6% p.a.

Zu Beginn des Jahres 7 ergibt sich folgende Anpassung des Leasingvertrags: Die Vertragslaufzeit verlängert sich um 4 Jahre (auf insgesamt 14 Jahre), die Leasingraten bleiben unverändert bei € 100.000 pro Jahr. Eine bei dieser Gelegenheit angezeigte Überprüfung des Grenzfremdkapitalzinssatzes des Leasingnehmers ergibt, dass dieser zu Beginn des Jahres 7 bei 7% p.a. liegt.

Lösung

Die Neubewertung der Leasingverbindlichkeit zu Beginn Jahr 7 auf Basis einer verbleibenden achtjährigen Restleasingdauer und jährlichen Leasingraten in Höhe von € 100.000 sowie dem zugrundeliegenden Zinssatz von 7% p.a. ergibt eine Leasingverbindlichkeit (neu) in Höhe von € 597.130. Die Leasingverbindlichkeit (alt) unter den bisherigen Voraussetzungen beträgt € 346.511. Die Differenz von € 250.619 ist als betragsgleiche Erhöhung der Leasingverbindlichkeit und des Nutzungsrechts zu erfassen.

Buchungssatz

Nutzungsrecht an Leasingverbindlichkeit 250.619

---

[212] Ausnahme vgl. IFRS 16.35.

Bemerkenswert ist, dass sich die Neuregelungen des IFRS 16 ausschließlich auf die Bilanzierung beim Leasingnehmer beziehen. Die bilanzielle Abbildung beim Leasinggeber[213] ändert sich gegenüber IAS 17 mit Ausnahme einiger Anhangangaben nicht. Dies kann zu Unvereinbarkeiten bei innerkonzernlichen Leasingverträgen sowie zu besonderen Herausforderungen für die Konsolidierung führen.

9.3 Anwendungsbereich

IFRS 16 ist auf alle Leasingverhältnisse anzuwenden, einschließlich dem Nutzungsrecht im Rahmen eines Unterlease-Verhältnisses, mit Ausnahme von

- Leasingverhältnissen, die das Recht auf Entdeckung oder Verarbeitung von Mineralien, Öl, Erdgas und ähnlichen nicht regenerativen Ressourcen übertragen,
- Leasingverhältnisse über biologische Vermögenswerte, die von einem Leasingnehmer gehalten werden im Rahmen des Anwendungsbereichs von IAS 41 Landwirtschaft,
- Leasingverhältnisse über Dienstleistungskonzessionen im Anwendungsbereich von IFRIC 12, Dienstleistungskonzessionsvereinbarungen,
- Lizenzen für geistiges Eigentum, die von einem Leasinggeber gewährt werden im Rahmen des Anwendungsbereichs von IFRS 15 Erlöse aus Verträgen mit Kunden,
- von einem Leasingnehmer gehaltenen Rechte im Rahmen bestimmter Lizenzvereinbarungen im Anwendungsbereich von IAS 38 Immaterielle Vermögenswerte, wie z.B. Filme, Videoaufzeichnungen, Theaterstücke, Manuskripte, Patente und Urheberrechte.
- Ein Leasingnehmer ist berechtigt, aber nicht verpflichtet, IFRS 16 auf Leasingverhältnisse über immaterielle Vermögenswerte anzuwenden, die nicht unter die vorstehend genannten Beispiele fallen. Dabei ist in spezifischer Weise auf die Abgrenzung zum Anwendungsbereich des IFRS 15 Erlöse aus Verträgen mit Kunden zu achten.

Um den Anwendungsbereich des IFRS 16 Leases zu bestimmen, ist zu klären, was der Standard unter Leasing versteht.

---

[213] Vgl. IFRS 16.61-66.

Definition

Nach IFRS 16 Anhang A ist ein Leasingverhältnis ein Vertrag (oder ein Teil eines Vertrags), der das Recht zur Nutzung eines Vermögenswerts (des Leasinggegenstands) für einen vereinbarten Zeitraum gegen Entgelt überträgt.

IFRS 16 fordert eine einheitliche Bilanzierung für alle Leasingverhältnisse:

- Der Leasingnehmer hat während der Leasingdauer ein Recht auf Nutzung (Right of Use) des geleasten Vermögenswertes zu aktivieren; dies führt zum Ansatz eines Vermögenswertes.
- Korrespondierend mit dem Recht zur Nutzung des Vermögenswertes über die Leasingdauer besteht für den Leasingnehmer die Verpflichtung zur Zahlung der Leasingraten über die Leasingdauer, dies kommt durch die Passivierung einer **Leasingverbindlichkeit** als Schuld zum Ausdruck.
- Aus Vereinfachungsgründen bzw. Wesentlichkeitserwägungen existieren folgende Ausnahmen:
  - Leasingverträge über geringwertige Vermögenswerte (low value leases mit einem Neuwert der Leasinggegenstände von weniger als 5.000 $),
  - Kurzlaufende Leasingverträge (short term leases mit einer Gesamtlaufzeit einschließlich sämtlicher möglichen Verlängerungsoptionen von weniger als 12 Monaten).

9.4 Einzelfragen zur Bilanzierung von Leasingverhältnissen beim Leasingnehmer

9.4.1 Ansatz von Nutzungsrechten und Leasingverbindlichkeiten

Hinweis

Zu Beginn der Laufzeit des Leasingverhältnisses hat der Leasingnehmer das Nutzungsrecht am Leasinggegenstand und eine Leasingverbindlichkeit anzusetzen[214].

---

[214] Vgl. IFRS 16.22.

Zu Beginn der Laufzeit des Leasingverhältnisses hat der Leasingnehmer das Nutzungsrecht zu Anschaffungskosten zu bewerten[215]. Zu den Anschaffungskosten des Nutzungsrechts am Leasinggegenstand gehören

- der Betrag der erstmaligen Bewertung der Leasingverbindlichkeit[216]; dies entspricht dem Barwert der zu diesem Zeitpunkt noch ausstehenden Leasingraten,
- sämtliche Leasingzahlungen, die zu Beginn oder vor Beginn der Laufzeit des Leasingverhältnisses getätigt werden nach Abzug aller erhaltenen Anreizzahlungen auf das Leasingverhältnis,
- sämtliche anfänglichen direkten Kosten, die dem Leasingnehmer entstanden sind,
- eine Schätzung der Kosten, die dem Leasingnehmer für die Demontage und das Entfernen des Leasinggegenstandes, die Wiederherstellung des Standorts, an dem er sich befindet, oder die Wiederherstellung des vertraglich festgelegten Zustandes des Leasinggegenstandes entstehen (Rückbauverpflichtungen). Die entsprechenden Verpflichtungen entstehen beim Leasingnehmer entweder zu Beginn des Leasingverhältnisses oder aufgrund der Nutzung des Leasinggegenstandes über einen gewissen Zeitraum.

Die Verpflichtungen, die dem Leasingnehmer im Zusammenhang mit den Kosten für die Demontage, das Entfernen und die Wiederherstellung entstehen, werden als Rückbauverpflichtung nach IAS 37 Rückstellungen, Eventualverbindlichkeiten und Eventualforderungen erfasst und bewertet. Sie sind nicht Teil der Leasingverbindlichkeit.

Grundsätzlich richtet sich die Erstbewertung des Nutzungsrechts an der Erstbewertung der Leasingverbindlichkeit aus. Folgende Einzelthemen können zu einer abweichenden Erstbewertung führen.

	Leasingverbindlichkeit
+	Anfängliche direkte Kosten
+	Vorausgezahlte Leasingraten
+	Geschätzte Kosten für Rückbauverpflichtungen aus dem Leasingvertrag
./.	Erhaltene Vorteile (lease incentives received)
=	**Right of Use Asset**

215 Vgl. IFRS 16.23.

216 Vgl. IFRS 16.26.

9.4.2 Erstbewertung der Leasingverbindlichkeit

Merke

Zu Beginn der Laufzeit des Leasingverhältnisses hat der Leasingnehmer die Leasingverbindlichkeit mit dem Barwert der zu dem Zeitpunkt noch nicht geleisteten Leasingzahlungen zu bewerten.

Für die Barwertberechnung ist eine Cashflow-Prognose und eine Zinssatzbestimmung erforderlich.

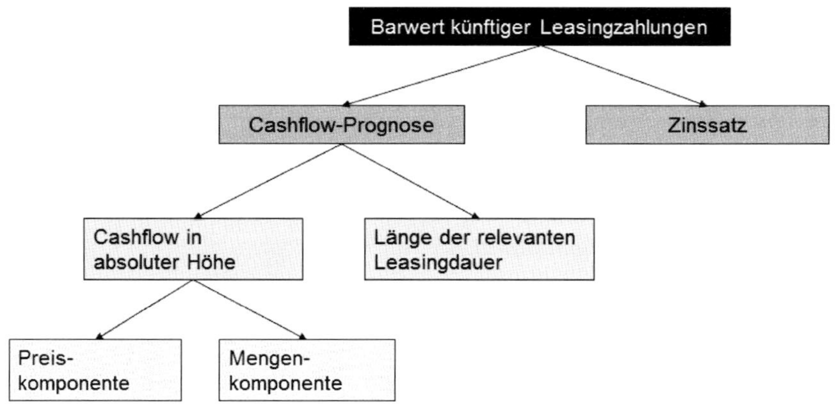

Die Cashflows in absoluter Höhe können in folgende Komponenten eingeteilt werden[217].

- Preiskomponente, z.B. Mietpreis pro Quadratmeter, pro gemietetes Auto, pro gemieteten Bagger, etc.
- Mengenkomponente, z.B. Anzahl der angemieteten Quadratmeter, Anzahl der gemieteten Autos, Bagger, etc.
- Relevante Leasingdauer, Mietverlängerungs- bzw. Kündigungsoptionen sind zu berücksichtigen, sobald sie hinreichend sicher sind (reasonably certain to exercise).

Problematisch sind variable Leasingraten, die nicht auf einem Index oder Zins basieren. Sie sind grundsätzlich mangels zuverlässiger Be-

---

[217] Vgl. IFRS 16.27.

stimmbarkeit nicht in die Barwertberechnung einzubeziehen. Sind dann bei Erreichen der Parameter Zahlungen zu leisten, so sind diese als laufender (Miet-)aufwand zu erfassen.

Die Leasingzahlungen sind unter Verwendung des dem Leasingverhältnis zugrunde liegenden Zinssatzes abzuzinsen, sofern dieser Zinssatz ohne weiteres bestimmt werden kann. Kann er nicht ohne weiteres bestimmt werden, hat der Leasingnehmer stattdessen seinen Grenzfremdkapitalzins zu verwenden[218].

Merke

Unter dem Grenzfremdkapitalzinssatz versteht man den Zinssatz, den ein Leasingnehmer zahlen müsste, wenn er für eine vergleichbare Laufzeit mit vergleichbarer Sicherheit die Mittel aufnehmen würde, die er in einem vergleichbaren wirtschaftlichen Umfeld für einen Vermögenswert mit einem dem Nutzungsrecht vergleichbaren Wert benötigen würde.[219]

Eine Änderung des Abzinsungssatzes bei der Neuberechnung der Leasingverbindlichkeit ist zu berücksichtigen, bei[220]

- einer Änderung des Leasingverhältnisses, indem der Umfang des Leasingverhältnisses (die Mengenkomponente) oder das Entgelt für die Nutzung des Leasinggegenstandes (die Preiskomponente) nachträglich geändert wird, welche nicht Teil der ursprünglichen Bestimmungen des Leasingvertrags waren[221],
- einer Änderung der Laufzeit[222]; in diesem Fall hat der Leasingnehmer die angepassten Leasingzahlungen basierend auf der geänderten Laufzeit des Leasingverhältnisses zu bestimmen[223],
- einer Änderung der Beurteilung der Ausübungswahrscheinlichkeit einer Kaufoption[224].

---

218 Vgl. IFRS 16.26.

219 Vgl. IFRS 16 App. A.

220 Vgl. IFRS 16.40.

221 Vgl. IFRS 16.45.

222 Vgl. IFRS 16.20-21.

223 Vgl. IFRS 16.40 (a).

224 Vgl. IFRS 16.40 (b).

Für den Fall, dass eine Neubewertung der Leasingverbindlichkeit durchzuführen ist, weil

- geänderte Beträge im Rahmen von Restwertgarantien fällig werden oder
- geänderte Beträge aufgrund einer Änderung eines Index oder Zinssatzes zur Anwendung kommen, oder
- geänderte Beträge, die de facto fest sind, einbezogen werden müssen,

hat die Abzinsung der leasingbedingten Cashflows mit dem ursprünglichen Diskontierungssatz zu erfolgen[225]. Eine Anpassung des Diskontierungssatzes ist in diesen Fällen nicht vorzunehmen.

9.4.3 Erst- und Folgebewertung des Nutzungsrechts

> **Merke**
>
> Das Nutzungsrecht ist grundsätzlich nach dem Anschaffungskostenprinzip zu bewerten.

Danach hat der Leasingnehmer das Nutzungsrecht an jedem folgenden Bilanzstichtag mit den Anschaffungskosten zu bewerten,

- abzüglich kumulierter Abschreibungen und etwaiger kumulierter Wertminderungen und
- bereinigt um jegliche Neubewertung der Leasingverbindlichkeit gemäß IFRS 16.36 (c).

Für die Berechnung der Abschreibungen sind die Abschreibungsvorschriften des IAS 16 Sachanlagen analog anzuwenden.

Für die Bestimmung der der Abschreibung zugrunde zu legender Zeitdauer gilt folgendes:

- Ist zu erwarten, dass am Ende des Leasingverhältnisses das rechtliche Eigentum auf den Leasingnehmer übergeht, entweder weil dies im Leasingvertrag so vereinbart ist oder weil die Ausübung einer Kaufoption wahrscheinlich ist, so hat der Leasingnehmer das Nutzungsrecht am Leasinggegenstand vom Beginn der Laufzeit des Leasingverhältnisses bis zum Ende der Nutzungsdauer des Leasinggegenstandes abzuschreiben.

---

[225] Vgl. IFRS 16.42-43.

- In allen anderen Fällen hat die Abschreibung des Nutzungsrechts dessen Anschaffungskosten vom Beginn des Leasingverhältnisses bis zum Ende des kürzeren Zeitraums aus dessen Nutzungsdauer und der Vertragslaufzeit des Leasingverhältnisses zu verteilen.

Impairmenttests sind nach den Vorschriften des IAS 36 vorzunehmen. Wird eine Wertminderung festgestellt, so ist diese erfolgswirksam zu erfassen. Nutzungsrechte sind ebenfalls ZGEs zuzuordnen, was zu Änderungen in Buchwert-Relationen im Vergleich zu IAS 17 führen kann.

Sofern der Leasingnehmer seine als Finanzinvestition gehaltenen Immobilien nach dem FairValue-Modell des IAS 40 als Finanzinvestition gehaltene Immobilien bewertet, so hat er dieses Modell auch auf Nutzungsrechte an Leasinggegenständen anzuwenden, die unter die Definition und den Anwendungsbereich von IAS 40 fallen[226].

Wenn sich die Nutzungsrechte auf Sachanlagen beziehen, die einer Gruppe zugehören, die der Leasingnehmer unter Anwendung des Neubewertungsmodells nach IAS 16 bewertet, so hat er die Möglichkeit, alle Nutzungsrechte an Leasinggegenständen, die sich auf diese Gruppe von Sachanlagen beziehen, ebenfalls nach dem Neubewertungsmodell aus IAS 16 zu bewerten[227].

9.4.4 Folgebewertung der Leasingverbindlichkeit

Merke

Die Leasingverbindlichkeit, welche zu Beginn der Laufzeit mit dem Barwert der zu dem Zeitpunkt noch nicht geleisteten Leasingzahlungen zu bewerten ist, ist annuitätisch auf die Laufzeit des Leasingverhältnisses verteilen.

Das bedeutet, dass

- geleistete Leasingzahlungen den Buchwert vermindern,
- in der Periode anfallende Zinsen den Buchwert erhöhen,
- der Buchwert neu zu ermitteln ist, wenn Neubeurteilungen oder Änderungen des Leasingverhältnisses[228] eine Neubewertung der Leasingverbindlichkeit erforderlich machen.

---

[226] Vgl. IFRS 16.34.

[227] Vgl. IFRS 16.35.

[228] Vgl. IFRS 16.39-46.

Aufgrund der inkongruenten Folgebilanzierung von Nutzungsrecht und Leasingverbindlichkeit ergibt sich regelmäßig ein betragsmäßiger Überhang der Leasingverbindlichkeit gegenüber dem Nutzungsrecht. Dies ist nur dann nicht der Fall, wenn

- vorschüssige Leasingraten vereinbart sind und die erste Leasingzahlung bei Vertragsschluss geleistet und damit in voller Höhe als Tilgung anzusehen ist, oder
- anfängliche direkte Kosten aktiviert sind, oder
- Rückbauverpflichtungen passiviert werden und dadurch die Anschaffungskosten bzw. der Buchwert des Nutzungsrechts entsprechend erhöht werden, (Rückstellungen für Rückbauverpflichtungen sind nicht Teil der Leasingverbindlichkeit, sondern ein gesonderter Passivposten).

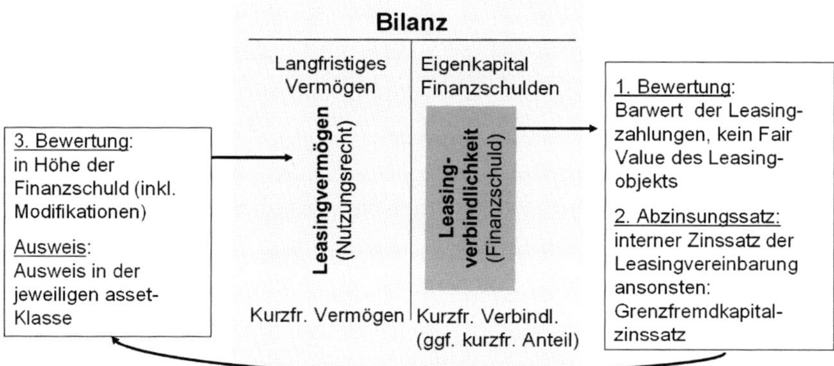

9.4.5 Bewertungsparameter und Bewertungskonzept

9.4.5.1 Leasinglaufzeit

Die Leasinglaufzeit umfasst folgende Einzelkomponenten[229]:

- die unkündbare Dauer des Leasingverhältnisses,
- Zeiträume aus einer Verlängerungsoption, sofern die Ausübung der Option hinreichend sicher ist (reasonably certain),
- Zeiträume aus einer Kündigungsoption, sofern es hinreichend sicher (reasonably certain) ist, dass die Option nicht ausgeübt wird.

[229] Vgl. IFRS 16.18.

Bei der Beurteilung, ob die Ausübung einer Verlängerungsoption oder die Nichtausübung einer Kündigungsoption hinreichend sicher ist, sind alle relevanten Fakten und Umstände zu berücksichtigen, die als wirtschaftliche Anreize für die Ausübung bzw. Nichtausübung der Optionen gewertet werden können[230].

Die Laufzeit des Leasingverhältnisses startet, wenn der Leasinggeber den betreffenden Leasinggegenstand dem Leasingnehmer zur Nutzung zur Verfügung stellt[231]. Der Zeitpunkt ist anzunehmen, wenn der Leasingnehmer die Art und Weise der Nutzung des Leasinggegenstands bestimmen kann (right to control the use of the asset).

9.4.5.2 Kündbare Leasingverhältnisse

Kündbare Leasingverhältnisse zeichnen sich dadurch aus, dass sie nicht befristet abgeschlossen sind, sondern durch einseitige Willenserklärung eines Vertragspartners aufgelöst werden können. Formulierungen wie kündbar (cancellable), monatlich verlängerbar (month-to-month), beliebig (at will), mit automatischer Verlängerung (evergreen), ohne Laufzeitbegrenzung (perpetual) oder fortlaufend (rolling) weisen auf Leasingverhältnisse hin, die auf unbestimmte Zeit geschlossen wurden, die aber von einer oder beiden Vertragsparteien gekündigt werden können.

Zur Bestimmung der Leasingdauer bei kündbaren Leasingverhältnissen muss die Zeitdauer ermittelt werden, in der der Leasingvertrag durchsetzbar ist. Er ist während der unkündbaren Grundmietzeit durchsetzbar, und er ist nicht mehr durchsetzbar, wenn sowohl für den Leasingnehmer als auch für den Leasinggeber ein Kündigungsrecht besteht – entweder ohne Zustimmung der anderen Partei oder mit einer nur unerheblichen Vertragsstrafe[232].

9.4.5.3 Neubeurteilung der Laufzeit des Leasingverhältnisses und der Kaufoptionen

Ein Leasingnehmer hat neu zu beurteilen, ob es hinreichend sicher ist, dass er eine Verlängerungsoption ausübt bzw. eine Kündigungsoption nicht ausübt, wenn entweder ein wesentliches Ereignis oder eine wesentliche Änderung der Umstände eintritt, das bzw. die

---

[230] Vgl. IFRS 16.19, IFRS 16B37-40.

[231] Vgl. IFRS 16 Anhang A.

[232] Vgl. IFRS 16.B34.

- im Einflussbereich des Leasingnehmers liegt und
- Auswirkungen darauf hat, ob der Leasingnehmer hinreichend sicher ist, eine Option, die bei seiner ursprünglichen Bestimmung der Laufzeit des Leasingverhältnisses nicht berücksichtigt wurde, ausübt bzw. eine Option, die bei seiner ursprünglichen Bestimmung der Laufzeit des Leasingverhältnisses berücksichtigt wurde, nicht ausübt[233].

Beispiele wesentlicher Ereignisse oder wesentlicher Änderungen der Umstände, die im Einflussbereich des Leasingnehmers liegen, sind

- die Errichtung wesentlicher Mietereinbauten, die voraussichtlich einen wesentlichen wirtschaftlichen Nutzen für den Leasingnehmer haben werden, wenn die Option ausübbar wird,
- die Vornahme wesentlicher Modifikationen oder kundenspezifische Anpassungen des Leasinggegenstandes,
- Entscheidungen, die für die Fähigkeit des Leasingnehmers zur Ausübung oder Nichtausübung einer Option unmittelbar relevant sind (Kauf oder Verkauf eines ergänzenden Vermögenswertes, der in organisatorischem Zusammenhang mit dem Leasinggegenstand steht),
- der Abschluss eines Unterleasingverhältnisses für eine Periode, die über den Ausübungszeitpunkt der Option hinausgeht.

Nicht im Einflussbereich des Leasingnehmers liegen marktbezogene Faktoren, die die hinreichende Sicherheit der Ausübung bzw. Nichtausübung von Optionen beeinflussen, beispielsweise die Marktbedingungen für die Miete oder den Kauf eines vergleichbaren Vermögenswertes. Sie haben keine Neubeurteilung der Laufzeit des Leasingverhältnisses zur Folge.

Die Anpassung der Laufzeit des Leasingverhältnisses erfolgt regelmäßig bei Eintritt eines wesentlichen Ereignisses oder einer wesentlichen Änderung der Umstände und damit zeitlich vor Ausübung der Option bzw. ihrer Nichtausübung.

Die Neubewertung der Leasingverbindlichkeit führt zu einer analogen Neubewertung des Nutzungsrechts.

---

[233] Vgl. IFRS 16.B41.

9.4.5.4 Leasingzahlungen

Bei der Cashflow-Prognose der für die Barwertberechnung relevanten Leasingzahlungen sind zu berücksichtigen

- feste Leasingzahlungen (einschließlich de facto fester Leasingzahlungen) abzüglich sämtlicher Leasinganreize,
- variable Leasingzahlungen, die an einen Index oder Zinssatz gekoppelt sind,
- der Ausübungspreis einer Kaufoption, sofern die Ausübung hinreichend sicher ist oder
- Vertragsstrafen für die Kündigung eines Leasingverhältnisses, wenn bei der Bemessung der Laufzeit des Leasingverhältnisses die Ausübung der Kündigungsoption unterstellt wurde.

Weiterhin umfassen für den Leasingnehmer die Leasingzahlungen auch Beträge, die er im Rahmen von Restwertgarantien voraussichtlich entrichten muss.

In die Leasingzahlungen sind Beträge nicht einzubeziehen, die variabel und nicht an einen Index oder Zinssatz gekoppelt sind. Beispiele sind input- oder outputbezogene Zahlungsbeträge wie umsatz-, leistungseinheitenbezogene oder arbeitsstundenabhängige Leasingraten. Sie werden nicht in die Barwertberechnung der Leasingverbindlichkeit einbezogen und führen insofern auch nicht durch die Bezahlung zu entsprechendem Zinsaufwand und Tilgungsleistung. Sie werden bei Bezahlung als Mietaufwand der laufenden Periode erfasst.

Beträge, die auf Nichtleasingkomponenten allokiert sind, stellen ebenfalls keine Leasingzahlungen dar. Nur für den Fall, dass der Leasingnehmer von dem Wahlrecht Gebrauch macht, sowohl Leasing- als auch Nicht-Leasingkomponenten als einheitliche Leasingkomponente zu behandeln, enthalten die nach IFRS 16 zu berücksichtigenden Leasingzahlungen auch solche, die auf Nichtleasingkomponenten zu allokieren wären.

9.4.5.5 Änderung von Leasingverträgen vs. neuer Leasingvertrag

Änderungen des Umfangs des Leasingverhältnisses oder des Entgelts für die Nutzung des Leasinggegenstandes, die nicht Teil der ursprünglichen Bestimmungen des Leasingverhältnisses waren, liegen z.B. vor bei

- Hinzufügen oder Kündigen des Nutzungsrechts an einem oder mehreren Leasinggegenständen oder

- Verlängerung oder Verkürzung der vertraglichen Laufzeit des Leasingverhältnisses (IFRS 16 Anhang A).

Wird ein Leasingverhältnis geändert (Umfang des Leasingverhältnisses, Entgelt für die Nutzung des Leasinggegenstandes) und war dies nicht Teil der ursprünglichen Bestimmungen des Leasingverhältnisses, so muss der geänderte Vertrag dahin gehend überprüft werden, ob er einem Leasingverhältnis entspricht oder ein solches enthält.

Wenn das Leasingverhältnis fortbesteht, so sind folgende Fälle zu unterscheiden:

- Es entsteht ein neues Leasingverhältnis,
- es besteht eine Bilanzierungsänderung bezogen auf das bestehende Leasingverhältnis,
- es besteht eine Neueinschätzung, ob die Ausübung bestehender Kauf- oder Verlängerungsoptionen hinreichend sicher bzw. nicht mehr hinreichend sicher ist; dies stellt keine Änderung bestehender Leasingverhältnisse dar, kann aber zu einer Neubewertung der Leasingverbindlichkeiten und Nutzungsrechte an Leasinggegenständen führen.

Eine Änderung eines Leasingverhältnisses ist als separates Leasingverhältnis zu bilanzieren, wenn kumulativ die beiden folgenden Bedingungen erfüllt sind[234]:

- Es wird das Nutzungsrecht für einen oder mehrere Leasinggegenstände hinzugefügt, somit der Umfang des Leasingverhältnisses vergrößert,
- das Entgelt für die Nutzung des Leasinggegenstandes erhöht sich um einen Betrag, der dem Einzelveräußerungspreis für die Vergrößerung des Umfangs sowie etwaigen angemessenen Anpassungen dieses Einzelveräußerungspreises auf der Grundlage des jeweiligen Vertrags entspricht.

Bei der Änderung eines bestehenden Leasingverhältnisses entsteht ein neues separates Leasingverhältnis, wenn

- der Leasingnehmer ein zusätzliches Nutzungsrecht erhält und
- wenn das Entgelt für das zusätzliche Nutzungsrecht nach den Marktverhältnissen angemessen ist.

---

[234] Vgl. IFRS 16.44.

Beispiel

Der bisherige Leasingumfang betraf eine Lagerfläche von 2.000 Quadratmeter. Nachträglich werden zu aktuellen Marktbedingungen im gleichen Gebäude weitere Lagerflächen von 1.000 Quadratmeter angemietet.

Sind diese beiden Bedingungen erfüllt, so führt die Änderung des Leasingverhältnisses zur Bilanzierung von zwei separaten Leasingverhältnissen: das ursprüngliche, nicht geänderte Leasingverhältnis wird fortgeführt und ein neues, separates Leasingverhältnis wird nach den Vorschriften der Erstbilanzierung von Leasingverhältnissen angesetzt.

Sind die beiden genannten Bedingungen nicht erfüllt, so wird kein neues Leasingverhältnis angesetzt, sondern vielmehr das bestehende Leasingverhältnis in modifizierter Form fortgesetzt.

Beispiele

- Nachträgliche Verlängerung der ursprünglich vereinbarten Laufzeit des Leasingvertrags,
- nachträgliche Verminderung des Umfangs des Leasingverhältnisses, z.B. durch Aufgabe einer bestimmten Fläche aus der ursprünglich geleasten Gesamtfläche,
- nachträgliche Erweiterung der geleasten Fläche im gleichen Gebäude um zusätzliche 1.500 Quadratmeter und gleichzeitige Reduzierung der Vertragslaufzeit von zehn auf acht Jahre.

Wenn eine Änderung der Leasingvereinbarung nicht zu einem neuen separaten Leasingverhältnis führt, sind folgende Arbeitsschritte vorzunehmen:

- Allokation des Entgelts im geänderten Vertrag gemäß IFRS 16.13-16 auf die Leasing- und Nicht-Leasingkomponente,
- Feststellung der Laufzeit des geänderten Leasingverhältnisses gemäß IFRS 16.18-19 unter Berücksichtigung der aktuellen Einschätzung, ob die Ausübung von Kündigungs- bzw. Verlängerungsoptionen hinreichend sicher ist,
- Neubewertung der Leasingverbindlichkeit durch Abzinsung der geänderten Leasingzahlungen unter Anwendung eines geänderten Abzinsungssatzes – entweder als interner Zinssatz des geänderten

Leasingverhältnisses oder – sofern dieser nicht ohne weiteres bestimmbar ist - als Grenzfremdkapitalzinssatz des Leasingnehmers zum Zeitpunkt des Inkrafttretens der Änderung.

9.5 Bilanzierung beim Leasinggeber

Merke

Die leasinggeberseitige Bilanzierung unterscheidet sich fast nicht von derjenigen nach IAS 17. Es ist anhand der Kriterien von IFRS 16.63-64 zu prüfen, ob es sich um ein operate lease oder ein finance Lease handelt. Die Einordnung richtet sich weiterhin danach, wem die wesentlichen wirtschaftlichen Chancen und Risiken aus dem Leasingverhältnis zufallen, wobei hier insbesondere der Grundsatz „substance over form" zu beachten ist.

- Handelt es sich um ein Finance Lease-Verhältnis, so ist der Leasinggegenstand auszubuchen und die Nettoinvestition (Forderung) einschließlich des Verkaufsgewinns (sofern vorhanden, insbesondere bei Hersteller- oder Händler-Leasing) zu erfassen. Der Verkaufsgewinn ist bei Übertragung der Verfügungsgewalt aus der Perspektive des Leasinggebers zu erfassen. In den folgenden Jahren der Leasinglaufzeit werden die Zinserträge auf die Nettoinvestition annuitätisch erfasst, die Nettoinvestition wird um die erhaltenen Leasingzahlungen (abzüglich der Zinserträge) reduziert. Variable Leasingzahlungen, die nicht in der Nettoinvestition enthalten sind, werden in voller Höhe erfolgswirksam vereinnahmt.
- Handelt es sich um ein Operate Lease-Verhältnis, so ist der Leasinggegenstand im Anlagevermögen des Leasinggebers auszuweisen und über seine Nutzungsdauer planmäßig abzuschreiben, ggf. ergänzt um außerplanmäßige Abschreibungen. Die eingehenden Leasingraten werden – ggf. erfolgsrechnerisch linearisiert – als Ertrag vereinnahmt.

Der Ausweis von Leasingverhältnissen beim Leasinggeber sieht folgendes vor:

- **Bilanz**
  - Handelt es sich um Finance Lease-Verhältnisse, so ist ein getrennter Ausweis von Leasingvermögen, d.h. der Leasingforderungen

und Restvermögenswerte) und anderen Vermögenswerten angezeigt.
- Handelt es sich um Operate Lease-Verhältnisse, so werden die Leasingvermögenswerte in Übereinstimmung mit den anderen für sie relevanten Standards ausgewiesen (z.B. IAS 16, IAS 38, IAS 40 etc.)

- **GuV-Rechnung**
  - Bei beiden Arten von Leasingverhältnissen ist ein getrennter Ausweis der Erträge aus Leasingverhältnissen und der Erträge aus anderen Geschäftsvorfällen vorzunehmen; alternativ ist eine gesonderte Darstellung im Anhang möglich.
  - Bei Finance Lease Verhältnissen sind die zu Beginn der Leasinglaufzeit erfassten Gewinne oder Verluste in Übereinstimmung mit IAS 1 auszuweisen. Die Zinsen aus der Nettoinvestition sind unter den Zinserträgen zu erfassen.
- **Kapitalflussrechnung**
  - Bei beiden Arten von Leasingverhältnissen sind die Einzahlungen aus Leasingverhältnissen im Cashflow aus operativer Tätigkeit auszuweisen.

9.6 Auswirkungen der Leasing-Bilanzierung auf Bilanzpolitik und Bilanzanalyse

Seit dem Jahr 2019 sind nach internationalen Rechnungslegungsnormen grundsätzlich sämtliche Leasingverträgen in der Bilanz des Leasingnehmers darzustellen. Bilanzpolitische Handlungsfreiräume ergeben sich daher nur noch in einem sehr eingeschränkten Maß und insbesondere bei der Gestaltung von Leasingverträgen.

Das Nutzungsrecht bei Leasingverträgen führt zu einer Bilanzierung von Leasinggegenständen beim Leasingnehmer als „wirtschaftlichem Eigentümer“, dies führt beim Leasingnehmer zu

- einem höheren Sachanlagevermögensausweis,
- einer Bilanzverlängerung, da in gleicher Höhe eine Leasingverbindlichkeit passiviert werden muss,
- einer Senkung der Eigenkapitalquote (konstantes Eigenkapital bei höherer Bilanzsumme), und

- einer Relativierung der Bedeutung des Sachanlagevermögens als Haftungspotenzial, da die Zurechnung nach dem wirtschaftlichen Eigentum keine Haftungsmasse darstellt.

Jedoch

- erhöht sich der betriebliche Cashflow, da die Abschreibungsrate auf das Nutzungsrecht nicht als liquiditätswirksam eingestuft wird (obwohl die Leasingrate den erfolgsneutralen Tilgungsanteil und den erfolgswirksamen Zins- und Kostenanteil umfasst), und es kommt zu
- einer wesentlichen Verbesserung von Performance-Kennzahlen wie EBITDA und dem Cashflow aus der operativen Geschäftstätigkeit, da diese Kennzahlen von den Leasingaufwendungen entlastet werden.

Bilanzanalytisch stellt insbesondere die Erhöhung der Performance-Kennzahlen den Analysten vor gewisse Herausforderungen. Die Kennziffern nehmen oft in einem wesentlichen Ausmaße zu, jedoch wurde im Rahmen der operativen Geschäftstätigkeit möglicherweise kein Fortschritt erzielt. Die Erhöhung basiert somit lediglich auf einem Bewertungseffekt.

9.7 Kontrollfragen

[1] Wie werden Leasingkontrakte beim Leasingnehmer seit Einführung von IFRS 16 behandelt?

[2] Welche zwei wichtigen Ausnahmen gibt es vom vorgenannten Grundsatz?

[3] Weshalb wurde diese Regelung geschaffen? Ist dieses Ziel erreicht worden?

[4] Wie wird das Nutzungsrecht nach IFRS 16 bewertet?

[5] Welcher Zinssatz ist der Bewertung das Nutzungsrecht zugrundzulegen?

[6] Wie ist mit nachträglichen Leasingaufwendungen (z.B. aufgrund einer Vertragsverlängerung) umzugehen?

[7] Welche Auswirkungen hat IFRS 16 auf Eigenkapitalquote, EBITDA und Cashflow der operativen Geschäftstätigkeit? Erläutern Sie diese Effekte kurz.

[8] Wie ist ein Leasingkontrakt beim Leasinggeber zu bilanzieren? Nach welchen Voraussetzungen richtet sich diese Bilanzierung?

[9] Welche weiteren IFRS-Standards sind stets im Zusammenhang mit der Leasingbilanzierung zu beachten (z.B. bei sale-and-lease-back-Transaktionen)?

[10] Nach welchem Schema sind die vom Leasingnehmer innerhalb eines Finanzierungsleasings zu zahlenden Leasingraten in Zins- und Tilgungsanteil aufzuteilen?

10 Bilanzielle Behandlung von immateriellen Vermögenswerten nach IAS 38

10.1 Vorbemerkungen

Die Basisnorm für die Bilanzierung immaterieller Vermögenswerte ist IAS 38. Ausnahmen vom Anwendungsbereich des IAS 38 finden sich in IAS 38.2-3, z.B. für alle immateriellen Vermögenswerte, für deren Bilanzierung ein lex specialis vorliegt (z.B. IAS 2 Vorräte, IAS 12 Ertragsteueransprüche, IFRS 16 Leasing, IAS 19 Leistungen an Arbeitnehmer), für finanzielle Vermögenswerte nach IAS 32 und für Vermögenswerte aus Exploration und Evaluierung von Bodenschätzen nach IFRS 6.

Definition

IAS 38.8 definiert immaterielle Vermögenswerte als identifizierbare, nicht-monetäre und nicht-körperliche Vermögenswerte.

Merke

Nach IAS 38.11 ff müssen immaterielle Vermögenswerte drei Kriterien erfüllen:

Identifizierbarkeit, um sich vom originären Firmenwert abzugrenzen; dies ist gegeben, wenn der Vermögenswert separierbar ist, d.h. veräußert, getauscht oder Dritten zur Nutzung überlassen werden kann, oder aus vertraglichen bzw. gesetzlichen Rechten abgeleitet ist[235].

Verfügungsmacht durch das bilanzierende Unternehmen, d.h. das Unternehmen muss den Nutzen aus dem Vermögenswert ziehen und andere von der Nutzung ausschließen können; dies ist immer gegeben bei Vorhandensein durchsetzbarer Rechte, wobei dies keine notwendige Bedingung ist[236]; der vorhandene Mitarbeiter-

[235] Vgl. IAS 38.12.

[236] Vgl. IAS 38.13.

stamm steht regelmäßig nicht in der Verfügungsmacht des Unternehmens, daher sind Ausgaben in die Human Ressource Potenziale des Unternehmens regelmäßig keine immateriellen Vermögenswerte sondern Aufwand[237].

Vorhandensein künftigen ökonomischen Nutzens; dieser kann sowohl in prognostizierten Cash-Inflows durch Verkauf oder Vereinnahmung von Nutzungsentgelten als auch in reduzierten Cash-Outflows, also durch Nutzung von Einsparpotenzialen und Synergieeffekten und anderen Vorteilen aus der internen Nutzung bestehen[238].

10.2 Ansatz immaterieller Vermögenswerte

10.2.1 Allgemeine Ansatzvoraussetzungen

Wie andere Vermögenswerte ist auch ein immaterieller Vermögenswert nur dann zu aktivieren, wenn[239]:

- es *wahrscheinlich* ist, dass der künftige wirtschaftliche Nutzen, der diesem Vermögenswert zuzuordnen ist, dem Unternehmen zufließen wird, und wenn
- die Kosten für den immateriellen Vermögenswert *verlässlich gemessen* werden können.

Bei entgeltlichem Erwerb gelten diese Ansatzkriterien regelmäßig als erfüllt unabhängig davon, ob der immaterielle Vermögenswert einzeln erworben oder im Rahmen eines Unternehmenserwerbs zugegangen ist. Ansatzverbote bestehen dagegen für

- immaterielle Güter, die nicht der Definition des IAS 38.8 entsprechen[240],
- Ausgaben die zu einem selbst geschaffenen Firmenwert führen (originärer Firmenwert)[241],
- Forschungsausgaben[242],

[237] Vgl. IAS 38.15.

[238] Vgl. IAS 38.17.

[239] Vgl. IAS 38.21.

[240] Vgl. IAS 38.10 und 38.18a.

[241] Vgl. IAS 38.48.

- Ausgaben für selbst geschaffene Markennamen, Drucktitel, Verlagsrechte, Kundenlisten sowie ihrem Wesen nach ähnlichen Sachverhalten[243],
- Ausgaben, die nicht zu den Anschaffungs- oder Herstellungskosten für immaterielle Güter zählen, selbst wenn diese die Ansatzkriterien nach IAS 38.18-67 erfüllen,[244]
- Ausgaben für immaterielle Güter, die im Rahmen eines Unternehmenszusammenschlusses erworben wurden und nicht die Ansatzkriterien nach IAS 38.18-67 erfüllen; diese Ausgaben fließen in den derivativen Firmenwert ein[245],
- Ausgaben für die Gründung, Ingangsetzung und Erweiterung des Geschäftsbetriebs[246],
- Ausgaben für Aus- und Weiterbildungsaktivitäten[247],
- Ausgaben für Werbekampagnen und Maßnahmen, die der Verkaufsförderung dienen[248],
- Ausgaben für die Verlegung und Reorganisation des gesamten Unternehmens oder eines seiner Teile[249],
- Ausgaben für immaterielle Vermögenswerte, die in früheren Perioden bereits als Aufwand erfasst wurden[250],
- Nachträgliche Ausgaben für Markennamen, Drucktitel, Kundenlisten und ihrem Wesen nach ähnliche Werte.[251]

10.2.2 Spezielle Ansatzvoraussetzungen

10.2.2.1 Selbst geschaffene immaterielle Vermögenswerte

Sondervorschriften gelten für die Aktivierung selbst erstellter immaterieller Vermögenswerte. Die Erstellungsphase selbst erstellter immate-

---

242 Vgl. IAS 38.54.

243 Vgl. IAS 38.63.

244 Vgl. IAS 38.68 (a).

245 Vgl. IAS 38.68 (b) i.V.m. IAS 38.10.

246 Vgl. IAS 38.69 (a).

247 Vgl. IAS 38.69 (b).

248 Vgl. IAS 38.69 (c).

249 Vgl. IAS 38.69 (d).

250 Vgl. IAS 38.71.

251 Vgl. IAS 38.20.

rieller Vermögenswerte ist zunächst in eine Forschungs- und in eine Entwicklungsphase einzuteilen. Die Ausgaben in der Forschungsphase sind grundsätzlich erfolgswirksam als Aufwand zu behandeln[252]. Ist das Projekt dokumentierter Weise in der Entwicklungsphase angelangt[253], die sich regelmäßig an die Forschungsphase anschließt, so ist zu prüfen, ob die sechs Kriterien des IAS 38.57 kumulativ erfüllt sind. Ist dies der Fall, ist eine Aktivierung geboten, im anderen Fall ist weiterhin eine erfolgswirksame Aufwandsverrechnung der Ausgaben angezeigt[254]. Ein generelles **Ansatzverbot** besteht für selbst geschaffene Marken, Drucktitel, Verlagsrechte, Kundenlisten und ähnliche Sachverhalte[255].

Definition

„**Forschung**" ist nach IAS 38.8 definiert als eine eigenständige und planmäßige Suche mit dem Ziel, neue wissenschaftliche oder technische Erkenntnisse zu erlangen.

Unter „**Entwicklung**" wird demgegenüber die Anwendung von Forschungsergebnissen oder anderem Wissen auf einen Plan oder die Konzeption für ein neues Produkt oder wesentlich verbesserte Materialien, Werkzeuge, Prozesse, Systeme oder Dienstleistungen, bevor ihr kommerzieller Einsatz beginnt, verstanden[256].

Merke

Die für eine Aktivierung eines selbsterstellten immateriellen Vermögenswerts nachzuweisenden Kriterien sind[257]:

- Technische Realisierbarkeit der Fertigstellung des immateriellen Vermögenswerts, damit dieser zur internen Nutzung oder zum Verkauf zur Verfügung stehen wird,

252 Vgl. IAS 38.54.

253 Bei der Einteilung in einer Forschungs- und eine Entwicklungsphase handelt es sich um eine zeitlich sequenzielle Abgrenzung.

254 Vgl. IAS 38.68.

255 Vgl. IAS 38.63-64.

256 Vgl. IAS 38.8.

257 Vgl. IAS 38.57.

- Absicht, den immateriellen Vermögenswert fertig zu stellen sowie ihn anschließend zu nutzen oder zu verkaufen,
- Fähigkeit, den immateriellen Vermögenswert zu nutzen oder zu verkaufen,
- Darstellung, wie der immaterielle Vermögenswert einen voraussichtlichen künftigen wirtschaftlichen Nutzen erzielen wird; nachgewiesen werden muss von dem Unternehmen u.a. die Existenz eines Marktes für die Produkte des immateriellen Vermögenswerts oder den immateriellen Vermögenswert an sich oder, falls er intern genutzt werden soll, der sich hieraus ergebende Nutzen des immateriellen Vermögenswerts,
- Verfügbarkeit adäquater technischer, finanzieller und sonstiger Ressourcen, um die Entwicklung abschließen und den immateriellen Vermögenswert nutzen oder verkaufen zu können, und
- Fähigkeit, die dem immateriellen Vermögenswert während seiner Entwicklung zurechenbaren Ausgaben verlässlich zu ermitteln.

Falls Forschungs- und Entwicklungsphase nicht separiert werden und die Projektkosten nicht von sonstigen Gemeinkosten abgegrenzt werden können, ist eine Aktivierung ausgeschlossen.[258]

Auch dürfen Ausgaben, die zunächst als Aufwand erfasst worden sind, in späteren Perioden nicht in den Herstellungskosten eines selbst erstellten immateriellen Vermögenswertes nachaktiviert werden.

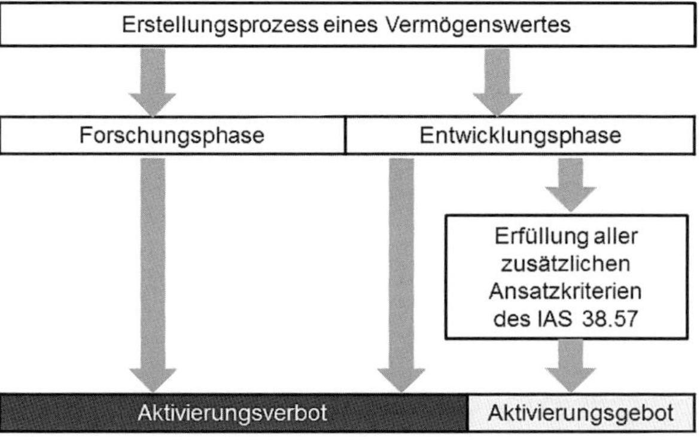

[258] Vgl. IAS 38.53.

10.2.2.2 Im Rahmen eines Unternehmenszusammenschlusses erworbene immaterielle Vermögenswerte

Nach IFRS 3.45 sind alle im Rahmen eines Unternehmenszusammenschlusses erworbene immaterielle Vermögenswerte gesondert auszuweisen, wenn sie die Aktivierungsvoraussetzungen (Definitions- und Ansatzkriterien) für immaterielle Vermögenswerte nach IAS 38 erfüllen. Abweichend von den allgemeinen Ansatzkriterien wird das Ansatzkriterium „wahrscheinlicher wirtschaftlicher Nutzenzufluss" grundsätzlich als erfüllt angesehen. Der Nachweis, dass der Nutzenzufluss „more likely than not" ist, braucht nicht erbracht zu werden, vielmehr genügt es, wenn der Wert des immateriellen Vermögenswertes zuverlässig bestimmt werden kann. Diese Bestimmung erfolgt regelmäßig durch den Erwartungswert aufgrund von Schätzungen des zuständigen Managements.

Nach IAS 38.33 sind auch die im Rahmen von Business Combinations erworbenen, noch nicht abgeschlossenen Forschungs- und Entwicklungsprojekte in der Bilanz anzusetzen, wenn sie die Ansatzkriterien immaterieller Vermögenswerte erfüllen. Dies ist der Fall, wenn sie

- zuverlässig bewertbar sind,
- die Definitionskriterien eines Vermögenswertes erfüllen und
- identifiziert, d. h.
  - vom Goodwill separiert werden können (Separability Criterion), oder
  - auf vertraglichen bzw. sonstigen rechtlichen Grundlagen basieren (Contractual-Legal Criterion)[259].

Merke

Somit gilt:

- Ausgaben für laufende Forschungs- und Entwicklungsprojekte, die im Rahmen eines Unternehmenszusammenschlusses erworben werden, sind zu aktivieren.
- Ausgaben nach oder außerhalb einer Business Combination, die als Forschungskosten identifiziert werden, sind als Aufwand zu verrechnen.

---

[259] Vgl. IAS 38.34.

- Ausgaben nach oder außerhalb einer Business Combination, die als Entwicklungskosten identifiziert werden, für welche aber nicht alle zusätzlichen Aktivierungskriterien des IAS 38.57 erfüllt sind, sind als Aufwand zu verrechnen.
- Ausgaben nach oder außerhalb einer Business Combination, die als Entwicklungskosten identifiziert werden, für welche alle zusätzlichen Aktivierungskriterien des IAS 38.57 einschlägig sind, sind zu aktivieren.
- All jene im Rahmen eines Unternehmenszusammenschlusses erworbenen immateriellen Güter, die nicht identifizierbar sind oder deren Fair Value nicht zuverlässig ermittelt werden kann, gehen in den derivativen Firmenwert (Goodwill) ein.

10.2.2.3 Derivativer Firmenwert

Hinweis

Der derivative Firmenwert entsteht nach IFRS 3.32 als Unterschiedsbetrag aus der Zuordnung der Anschaffungskosten des Unternehmenszusammenschlusses auf die identifizierbaren Vermögenswerte des akquirierten Unternehmens abzüglich der übernommenen Schulden und Eventualverbindlichkeiten, sofern diese die Ansatzkriterien in IFRS 3.10-14 erfüllen.

Merke

Entsteht durch die von IFRS 3.32 geforderte Kaufpreisallokation ein positiver Unterschiedsbetrag (Goodwill), muss dieser Betrag gem. IFRS 3.32 als Vermögenswert aktiviert werden.

Nach IFRS 3.19 besteht für den Fall, dass bei einem Unternehmenszusammenschluss nicht alle Anteile an dem neu erworbenen Tochterunternehmen erworben wurden, somit nicht-beherrschende Anteile (non-controlling interests) anzusetzen sind, ein Wahlrecht, diese nichtbeherrschenden Anteile entweder mit ihrem

- beizulegenden Zeitwert (Fair Value, Anteil am Unternehmenswert) oder mit ihrem

- proportionalen Anteil an den zum beizulegenden Zeitwert neubewerteten identifizierbaren Vermögenswerten und Schulden des erworbenen Unternehmens (Anteil am erworbenen Nettovermögen)

zu bewerten.

Dieses Wahlrecht kann bei jedem Unternehmenszusammenschluss gesondert ausgeübt werden[260]. Dementsprechend spricht man im ersten Fall von der Full-Goodwill-Methode, im zweiten Fall von der Partial-Goodwill-Methode.

Merke

Der Goodwill errechnet sich somit nach folgendem Schema[261]:

	Die übertragene Gegenleistung zum Erwerb der Beteiligungs-Tranche, die die Control-Position ermöglicht
+	Betrag der nicht-beherrschenden Anteile, bewertet entweder zum anteiligen Unternehmenswert (Full Goodwill) oder zum anteiligen Nettovermögen (Partial Goodwill)
+	Beizulegender Zeitwert der im Erwerbszeitpunkt bereits vom Erwerber gehaltenen Anteile (vor dem Kontrollerwerb erworbene Tranchen von Anteilen an dem erworbenen Unternehmen) bei sukzessivem Unternehmenserwerb
-	Netto-Betrag der identifizierbaren erworbenen Vermögenswerte und übernommenen Schulden (Fair Value-bewertetes Nettovermögen)
=	Goodwill

Im Fall eines negativen Unterschiedsbetrages (negativer Goodwill) muss der Erwerber im Rahmen einer Neubewertung sowohl die Anschaffungskosten, d. h. die für den Erwerb der Beteiligung hingegebene Gegenleistung, als auch Ansatz und Bewertung aller identifizierbaren Vermögenswerte, Schulden und Eventualverbindlichkeiten überprüfen (reassessment[262]). Ein nach dieser Überprüfung verbleibender negativer Unterschiedsbetrag ist sofort erfolgswirksam als Gewinn aus dem Erwerb (gain on a bargain purchase) zu vereinnahmen[263].

---

260 Vgl. IFRS 3.19.

261 Vgl. IFRS 3.32.

262 Vgl. IFRS 3.36.

263 Vgl. IFRS 3.34.

10.3 Abgang immaterieller Vermögenswerte

Immaterielle Vermögenswerte sind als Abgang zu erfassen und damit auszubuchen, wenn das Unternehmen die wirtschaftliche Verfügungsmacht aufgibt, z.B. durch Verkauf oder wenn ihre weitere Nutzung und eine anschließende Veräußerung keine wirtschaftlichen Vorteile mehr erwarten lassen[264]. Hierbei entstehende Gewinne oder Verluste sind erfolgswirksam zu erfassen[265].

10.4 Bewertung immaterieller Vermögenswerte

10.4.1 Erstbewertung

Hinweis

Aktivierungspflichtige immaterielle Vermögenswerte sind bei Erlangung des wirtschaftlichen Eigentums mit den Anschaffungs- oder Herstellungskosten anzusetzen[266]. Im Rahmen von Unternehmenserwerben zugegangene immaterielle Vermögenswerte sind im Erwerbszeitpunkt mit ihrem beizulegenden Zeitwert anzusetzen.[267] Sind die erworbenen immateriellen Vermögenswerte zum Zwecke der Weiterveräußerung erworben, erfolgt ihre Bewertung zu Einzelveräußerungspreisen (Fair Value less Cost to Sell).[268]

Zu den Bestandteilen der Anschaffungskosten und ihrer Abgrenzung von laufendem Aufwand vgl. IAS 38.25-32. Herstellungskosten sind die Ausgaben für einen selbst erstellten immateriellen Vermögenswert ab dem Zeitpunkt, in dem erstmals die Aktivierungskriterien erfüllt sind[269]. Es handelt sich dabei um alle (Einzel-und Gemein)Kosten für die Herstellung des immateriellen Vermögenswertes ab dem Beginn der Entwicklungsphase, sofern die Ansatzkriterien nach IAS 38.57 er-

---

264 Vgl. IAS 38.112.

265 Vgl. IAS 38.113.

266 Vgl. IAS 38.24 sowie Kapitel 10.2.2.2.

267 Vgl. IAS 38.33.

268 Vgl. IFRS 5.16, IFRS 3.31.

269 Vgl. IAS 38.65.

füllt sind, bis zu dessen Betriebsbereitschaft.[270] Vertriebs- und allgemeine Verwaltungskosten sowie Anlaufverluste sind nicht als Bestandteile der Herstellungskosten zu aktivieren sondern als laufender Aufwand zu behandeln.[271] Im Falle eines Unternehmenserwerbs sind alle Ausgaben zur Erlangung der Beherrschung des Zielunternehmens zu aktivieren, entweder als (immaterielle) Vermögenswerte abzüglich Schulden einschließlich Eventualverbindlichkeiten (Nettovermögen), sofern die entsprechenden Ansatzkriterien erfüllt sind, oder als derivativer Geschäfts- oder Firmenwert[272]. Ausgenommen sind die im Zusammenhang mit dem Unternehmenserwerb entstehenden Kosten[273]; sie sind erfolgswirksam zu erfassen.[274]

Für die Aktivierung von Fremdkapitalkosten während der Erstellungsphase immaterieller Vermögenswerte gilt IAS 23 entsprechend.[275]

10.4.2 Folgebewertung

Für die Folgebewertung von immateriellen Vermögenswerten sind zwei Unterscheidungen notwendig:

- Bestimmbare bzw. nicht bestimmbare Nutzungsdauer, und
- Methode der fortgeführten Anschaffungskosten (Anschaffungskostenmodell) oder Neubewertungsmodell[276].

Unterscheidung: bestimmbare bzw. nicht bestimmbare Nutzungsdauer

Hinweis

Immaterielle Vermögenswerte mit einer bestimmbaren Nutzungsdauer sind planmäßig abzuschreiben[277], wobei im Falle von

---

270 Vgl. IAS 38.66.

271 Vgl. IAS 38.67.

272 Vgl. IAS 38.68.

273 Z.B. Beraterhonorare, Ausgaben für Prüfungs- und Bewertungsleistungen etc.

274 Vgl. IAS 38.53.

275 Qualifizierte immaterielle Vermögenswerte sind nach IAS 23.7 ausdrücklich in den Anwendungsbereich von IAS 23 einbezogen.

276 Vgl. IAS 38.72 ff.

277 Vgl. IAS 38.97 ff.

Wertminderungsindikatoren Werthaltigkeitstests durchzuführen und ggf. erfolgswirksame außerplanmäßige Abschreibungen (Impairment Losses) vorzunehmen sind[278].

Für die Bestimmung der Nutzungsdauer gelten die allgemeinen Grundsätze. Ob die Nutzungsdauer eines Rechtes länger oder kürzer bemessen wird als das Recht zur Verfügung steht, richtet sich nach der Einschätzung durch das bilanzierende Unternehmen. Eine längere Nutzungsdauer als die Verfügbarkeit eines Rechts darf nur dann für die Bemessung der planmäßigen Abschreibung unterstellt werden, wenn es Verlängerungsoptionen gibt, das Unternehmen diese auch ohne nennenswerte Kosten ausüben kann und dies auch tun will.[279]

Die planmäßigen Abschreibungen beginnen ab dem Zeitpunkt, zu dem der immaterielle Vermögenswert nutzungsbereit ist, d.h. er an dem Ort ist und sich in dem Zustand befindet, der für die von der Unternehmensleitung beabsichtigte Nutzung notwendig ist. Die planmäßigen Abschreibungen enden nach der vollständigen Abschreibung des Buchwertes oder mit dem Abgang des Vermögenswerts oder seiner vorzeitigen Umklassifizierung als zur Veräußerung gehalten[280].

Die planmäßige Abschreibung hat grundsätzlich bis auf den Betrag von Null zu erfolgen. Ausnahmen liegen vor, wenn[281]:

- es eine Verpflichtung einer dritten Partei gibt, den Vermögenswert am Ende seiner Nutzungsdauer zu erwerben oder
- ein aktiver Markt existiert, ein positiver, betragsmäßig bedeutsamer Restwert auf diesem Markt bestimmt werden kann und es darüber hinaus wahrscheinlich ist, dass ein solcher Markt nach Ablauf der Nutzungsdauer noch existiert.

Die Nutzungsdauer eines immateriellen Vermögenswerts und die Abschreibungsmethode sind am Ende jeder Periode zu überprüfen. Ergeben sich wesentliche Abweichungen von den ursprünglichen Einschätzungen, so sind die Abschreibungsbeträge der laufenden und der künftigen Perioden entsprechend anzupassen. Die vorzunehmenden Anpas-

---

[278] Vgl. IAS 36.7 ff.

[279] Vgl. IAS 38.94.

[280] Vgl. IFRS 5.15-16.

[281] Vgl. IAS 38.100

sungen sind damit prospektiv als Änderung einer Schätzung zu behandeln[282]. Analog ist die Beurteilung in jedem Geschäftsjahr zu überprüfen, ob bei einem immateriellen Vermögenswert eine unbestimmbare Nutzungsdauer vorliegt[283].

Immaterielle Vermögenswerte mit einer nicht bestimmbaren Nutzungsdauer sind jährlich mindestens einmal, ggf. zusätzlich im Falle von Wertminderungsindikatoren, auf ihre Werthaltigkeit zu testen und ggf. außerplanmäßig abzuschreiben[284]. Eine planmäßige Abschreibung findet mangels bestimmbarer (Rest-)Nutzungsdauer nicht statt. Beispiele für sogenannte „Impairment Only Intangible Assets“ sind derivative Firmenwerte und erworbene Marken.

Unterscheidung: Methode der fortgeführten Anschaffungskosten (Anschaffungskostenmodell) oder Neubewertungsmodell[285]

Dieses Wahlrecht entspricht prinzipiell dem Wahlrecht für die Folgebewertung von Sachanlagen[286], allerdings ist der Anwendungsbereich des Neubewertungsmodells an die Voraussetzung geknüpft, dass der beizulegende Zeitwert des immateriellen Vermögenswertes aus einem aktiven Markt ableitbar ist.[287] Das Anwendungswahlrecht bezüglich der beiden Methoden zur Folgebewertung von immateriellen Vermögenswerten ist für die jeweilige Anlagenklasse einheitlich auszuüben um ein Cherry-Picking zu vermeiden[288].

Eine Klasse bilden solche immateriellen Vermögenswerte, die hinsichtlich ihrer Art und Verwendung ähnlich sind[289]. Sofern für einzelne immaterielle Vermögenswerte einer Anlagenklasse, die grundsätzlich nach dem Neubewertungsmodell bewertet wird, kein zuverlässig ermittelbarer beizulegender Zeitwert, der aus einem aktiven Markt abgeleitet ist, bestimmt werden kann, ist für sie nicht das Neubewertungs-

---

[282] Vgl. IAS 38.104 i.V.m. IAS 8.32.

[283] Vgl. IAS 38.109.

[284] Vgl. IAS 36.10, IAS 36.24.

[285] Vgl. IAS 38.72 ff.

[286] Vgl. IAS 16.29-42.

[287] Vgl. IAS 38.75.

[288] Vgl. IAS 38.72.

[289] Vgl. IAS 38.73.

sondern das Kostenmodell anzuwenden[290]. Dies gilt auch, wenn ein immaterieller Vermögenswert zunächst nach dem Neubewertungsmodell bewertet wurde, nach Wegfall des aktiven Marktes aber die Folgebewertung nach diesem Modell nicht mehr zur Verfügung steht.

Bei Anwendung des Anschaffungskostenmodells bilden die (fortgeführten) Anschaffungs- oder Herstellungskosten die Obergrenze der Bewertung, z.B. bei Wertaufholungen. Bei bestimmbarer Nutzungsdauer finden planmäßige Abschreibungen statt, ggf. ergänzt um außerplanmäßige Abschreibungen, die im Rahmen von Impairmenttests ermittelt und erfolgswirksam verrechnet werden. Bei Wegfall der Gründe für außerplanmäßige Abschreibungen ist eine Wertaufholung durchzuführen, deren Obergrenze die (fortgeführten) Anschaffungs- oder Herstellungskosten darstellen. Dies gilt analog bei Impairment Only Intangible Assets. Bei ihnen bilden die Anschaffungs- oder Herstellungskosten die Obergrenze der Bewertung. Eine Ausnahme bildet der derivative Firmenwert. Für ihn ist eine nachträgliche Wertaufholung nicht zulässig[291].

Bei Anwendung des Neubewertungsmodells, das in der Praxis wenig Verbreitung findet, sind in regelmäßigen Zeitabständen Neubewertungen (Fair Value-Bewertungen) des immateriellen Vermögenswertes vorzunehmen. Dabei werden Wertänderungen oberhalb der fortgeführten Anschaffungs- oder Herstellungskosten erfolgsneutral gegen eine Neubewertungsrücklage verrechnet, Wertänderungen unterhalb der fortgeführten Anschaffungs- oder Herstellungskosten werden erfolgswirksam in der GuV-Rechnung ausgewiesen. Dies gilt analog bei Impairment Only Intangible Assets. Bei ihnen bilden die Anschaffungs- oder Herstellungskosten die „Grenzlinie“: Wertänderungen oberhalb der Anschaffungs- oder Herstellungskosten werden erfolgsneutral gegen die Neubewertungsrücklage gebucht, Wertänderungen unterhalb der Anschaffungs- oder Herstellungskosten dagegen erfolgswirksam in der GuV-Rechnung erfasst.

Bei Anwendung des Neubewertungsmodells bildet der Fair Value die Obergrenze im Falle von Wertaufholungen, eine wertmäßige Beschränkung auf die (fortgeführten) Anschaffungs- oder Herstellungskosten findet nicht statt. Zu beachten ist nur das Gegenkonto der Wertänderung, ob erfolgswirksam als Wertaufholungsertrag (unterhalb der

---

290 Vgl. IAS 38.82.

291 Vgl. IAS 36.124.

(fortgeführten) Anschaffungs- oder Herstellungskosten) bzw. die Neubewertungsrücklage (oberhalb der (fortgeführten) Anschaffungs- oder Herstellungskosten).

Im Rahmen eines Impairmenttests[292] wird der Buchwert des immateriellen Vermögenswertes mit dem erzielbaren Betrag verglichen. Dieser ist der höhere Wert aus Verkaufspreis (Fair Value less Cost to Sell) und Nutzungswert (Value in Use). Ist ein solcher nicht individuell für den einzelnen Vermögenswert bestimmbar, wie z.B. beim derivativen Firmenwert, so hat der Impairmenttest auf Basis zahlungsmittelgenerierender Einheiten zu erfolgen.[293]

10.5 Auswirkungen der Bilanzierung von immateriellen Vermögenswerten auf Bilanzpolitik und Bilanzanalyse

Die im Vergleich zur HGB-Bilanzierung erweiterten Aktivierungsmöglichkeiten immaterieller Vermögenswerte

- führen zu einer teilweisen Aufdeckung stiller Reserven,
- erhöhen die Bedeutung einer Analyse der Werthaltigkeit der ausgewiesenen Intangible Assets,
- lassen methodische Fragen betreffend Fair-Value-Ermittlung, Nutzungsdauerschätzung und Abschreibungsmethoden in Erscheinung treten,
- verstärken den bilanzpolitischen Spielraum sowohl beim Ansatz als auch bei der Bewertung.

Höhere ausgewiesene immaterielle Vermögenswerte führen somit zu einem

- höheren Eigenkapital,
- höheren Jahresergebnis im Zeitpunkt der Erstellung der immateriellen Vermögenswerte,
- niedrigeren Jahresergebnis in den nachfolgenden Perioden mit einem entsprechenden Einfluss auf die latenten Steuerabgrenzungen.

---

292 Vgl. hierzu im Einzelnen IAS 36.

293 Vgl. hierzu Kapitel 7.

Die Aktivierungsfähigkeit von Entwicklungskosten kann besonders in forschungsintensiven Branchen zu Veränderungen im Ausweis führen; wegen der subjektiv interpretierbaren Ansatzkriterien kann es in ertragsstarken Perioden zur Bildung stiller Rücklagen und in ertragsschwachen Perioden zum Ausweis nicht-werthaltiger Assets kommen.

Bilanzanalytische Implikationen resultieren aus nachfolgenden Problemfeldern.

- Die Aktivierung sowie die potenzielle Anwendung der Neubewertungsmethode lässt zusätzliche Anpassungsmaßnahmen im Rahmen der Strukturbilanzerstellung notwendig werden, um die zwischenbetriebliche Vergleichbarkeit mit anderen Unternehmen herzustellen.
- Die Goodwillbehandlung nach dem Impairment Only-Approach lässt wegen der Vielzahl bilanzpolitischer Einflussmöglichkeiten wenig Aussagen über die Werthaltigkeit der Cash Generating Units und des Goodwill zu. Dies
  - erschwert die Vergleichbarkeit gegenüber Vorjahren (Zeitvergleich) bzw. Unternehmen mit planmäßiger Goodwillabschreibung (Betriebsvergleich),
  - erhöht das Ergebnis und das Eigenkapital, wenn ein Impairmenttest negativ ausgefallen ist, also eine Goodwillabschreibung unterbleibt, und
  - birgt die Gefahr der Aktivierung originärer Goodwills.
- Höhere immaterielle Vermögenswerte haben
  - einen positiven Einfluss auf die Anlagenintensität,
  - einen negativen Einfluss auf die Sachanlagenintensität, da das Gesamtvermögen stärker steigt als das Sachanlagevermögen wegen weiterer Aktivierungen bei immateriellen Assets,
  - einen positiven Einfluss auf die Investitions- und die Wachstumsquote, da höhere Nettoinvestitionen ausgewiesen werden aufgrund der erweiterten Aktivierungsmöglichkeit immaterieller Assets, einer möglichen Bewertung über den Anschaffungs- oder Herstellungskosten und aufgrund der Tatsache, dass die Anschaffungs- oder Herstellungskosten immer zu Vollkosten angesetzt werden müssen.

10.6 Kontrollfragen

Aufgabe 1

Der IFR Solar AG fallen bis zum Bilanzstichtag (31.12.2018) wesentliche Forschungs- und Entwicklungskosten im Rahmen der Erfindung neuer Materialien für Silizium-Wafer an.

Mit dem neuen Material soll eine nachweisbar bestehende Marktlücke beseitigt werden.

Die IFR Solar AG verfügt über eine adäquate Kostenrechnung, um die mit den Entwicklungen verbundenen Ausgaben verlässlich zu schätzen.

Zudem sind ausreichend technische und finanzielle Ressourcen vorhanden, um die Entwicklung abzuschließen.

Bezogen auf die Erfindung neuen Materials fielen Kosten i.H.v. 650.000 € an. Bis zum 31.12.2018 lagen noch keine abschließenden Tests in Bezug auf die Realisierbarkeit vor.

Am 15.04.2019 beantragt die IFR Solar AG nach erfolgreichen Tests das Patent für das neue Material. Bis dahin wurden 20.000 € für die Entwicklung aufgewendet. Der Jahresabschluss 2018 wurde am 15.03.2019 veröffentlicht.

Nachdem weitere 250.000 € in Testläufe investiert wurden, konnte die kommerzielle Produktion am 01.10.2019 beginnen.

Die Planungen der IFR Solar AG gehen von einer 10 jährigen Nutzungsmöglichkeit des Patents aus.

Aufgabe:

Erläutern Sie die buchhalterische Behandlung in den Jahren 2018 und 2019!

Lösung zu Aufgabe 1:

2018:

In 2018 ist die Voraussetzung der technischen Realisierbarkeit des neuen Materials noch nicht erfüllt. Somit sind sämtliche Kosten aus 2018 als Aufwand zu erfassen.

2019:

Mit Nachweis der technischen Realisierbarkeit sind alle Voraussetzungen für die Aktivierung des Patents erfüllt (IAS 38.57).

Die IFR Solar AG hat sämtliche Herstellungskosten zu aktivieren (270.000 €). Vertriebskosten und Kosten des Vorjahres unterliegen dabei einem Aktivierungsverbot.

Buchungen zum 31.12.2019:

Patente	270.000 €	an	diverse Aufwandskonten	270.000 €
Abschreibungen	6.750 €	an	Patente	6.750 €

Aufgabe 2

Bei der IFR Solar AG fallen im Geschäftsjahr 2018 folgende Ausgaben für die Entwicklung eines Produkts an; mit der kommerziellen Produktion wird voraussichtlich erst 2019 begonnen.

Aufgewendete Ausgaben (in TEUR)	Datum	Gesamtaufwand	nicht direkt zurechenbare GK	sonst. direkt zurechenbare Kosten	Personal	Material-/ Dienstleistungen
Grundlagenforschung	15.01.	500	35	70	165	230
Suche nach Anwendungsbereichen	10.02.	20	0	0	15	5
Entwicklung eines Produktionsverfahrens	06.03.	175	20	12	68	75
Administrative Ausgaben	17.04.	12	12	0	0	0
Entwurf von Werkzeugen	12.05.	43	5	3	10	25
Konstruktion und Herstellung einer Pilotanlage	22.06.	220	20	50	70	80
Anpassung des Produktionsverfahrens	01.07.	35	5	5	15	10
Ausgaben für Patentierung	24.08.	62	0	10	20	32
Ausgaben für Durchsetzung des Patentrechts	16.10.	30	0	10	0	20
Gesamtsumme		1.097	97	160	363	477

Aufgabe:

Wie sind die Ausgaben im Jahresabschluss zum 31. Dezember 2018 zu erfassen?

Lösung zu Aufgabe 2:

Es ist fraglich, ob die sechs in IAS 38.57 angeführten Kriterien bereits mit der Entwicklung eines Produktionsverfahrens am 06.03. 2018 oder erst mit Konstruktion und Herstellung einer Pilotanlage am 22.06.2018 erfüllt sind.

Da das Produktionsverfahren nach Herstellung der Pilotanlage nochmals angepasst wurde, ist es wahrscheinlich, dass die Ansatzvoraussetzungen nach IAS 38.57 erst mit der Konstruktion und Herstellung einer Pilotanlage erfüllt sind.

Zugleich kann auch argumentiert werden, dass die Konstruktion und Herstellung einer Pilotanlage den Nachweis für die technische Realisierbarkeit erbringt.

Somit ist eine gewisse Grauzone bzgl. der Erfüllung der Aktivierungsvoraussetzungen auszumachen, die letztendliche Aktivierung bedarf im Regelfall einer Einzelfallbetrachtung.

Im Folgenden wird von einer Erfüllung sämtlicher Aktivierungsvoraussetzungen ab dem 22.06.2018 ausgegangen

Aufgabe 3

Am Bilanzstichtag 31.12.2019 sind die folgenden Kosten der IFR Solar AG auf ihre Aktivierungsfähigkeit zu untersuchen:

Organisationskosten	2.000 €
interne Forschungskosten	3.000 €
intern generierte Kundenlisten	2.500 €
entgeltlich erworbene Kundenlisten	1.500 €
Entwicklungskosten für ein neues Produkt	15.000 €

Das Unternehmen schätzt die Nutzungsdauern aller Kundenlisten auf fünf Jahre, die Nutzungsdauer der intern vorgenommenen Forschungsaktivitäten auf zehn Jahre sowie die der Organisationsaktivitäten auf sieben Jahre. Die neu entwickelten Produkte haben einen Lebenszyklus von voraussichtlich fünf Jahren.

Von den Entwicklungskosten für das neue Produkt verspricht sich die IFR Solar AG einen Umsatz von 800.000 € in den nächsten drei Jahren.

Aufgabe:

Welche der oben genannten Kosten können aktiviert werden?

Lösung zu Aufgabe 3:

Bei jedem erworbenen Vermögenswert ist zu prüfen, ob

- er identifizierbar ist,
- Verfügungsmacht besteht,
- ein künftiger wirtschaftlicher Nutzen erzielt wird
- dieser nicht monetär ist und
- ohne physische Substanz

Organisationskosten sind nicht identifizierbar, da sie nicht separierbar sind. Die Organisation kann nicht getrennt vom Unternehmen, sondern nur mit diesem zusammen veräußert werden. Die Organisationskosten erhöhen daher eventuell den originären Goodwill des Unternehmens. Es fehlt damit an der abstrakten Bilanzierbarkeit.

Für **Forschungskosten** besteht ein Aktivierungsverbot (IAS 38.54).

Selbst generierte **Kundenlisten** sind identifizierbar, da sie veräußerbar sind. An diesen besteht auch Verfügungsmacht der IFR Solar AG. Ein Kundenstamm sichert künftige Einnahmen. Eine Kundenliste ist nicht monetär und ohne physische Substanz, da das Medium, auf dem sich die Liste befindet, von untergeordneter Bedeutung ist. Die Kundenliste erfüllt damit die Kriterien der abstrakten Bilanzierungsfähigkeit. Darüber hinaus generiert die Kundenliste einen zukünftigen Nutzen, da sie zukünftige Umsätze garantiert. Die Herstellungskosten konnten mit 2.500 € genau ermittelt werden. Demnach erfüllt die Kundenliste auch die Voraussetzungen der konkreten Bilanzierungsfähigkeit. IAS 38.63 verbietet jedoch die Aktivierung selbst erstellter Kundenlisten.

Erworbene Kundenlisten erfüllen, wie oben genannt, die Voraussetzungen der abstrakten sowie der konkreten Bilanzierungsfähigkeit. Sie werden über die geplante Nutzungsdauer abgeschrieben.

Entwicklungskosten werden gem. IAS 38.57 aktiviert, und über die geplante Nutzungsdauer abgeschrieben.

Aufgabe 4

Der IFR Solar AG sind im Jahr 2018 Kosten für folgende Sachverhalte angefallen:

Ausgaben für die Gründung einer Betriebsstätte 48.000 €
Die Gesellschaft erhofft sich durch die Präsenz an dem neuen Standort ein Umsatzplus i.H.v. 300.000 € in den nächsten drei Jahren.

Erworbene Kundenlisten 36.000 €
Die IFR Solar AG schätzt die Nutzungsdauer der Kundenliste auf fünf Jahre.

Ausgaben für eine Werbekampagne 95.000 €
Ende November hat die Gesellschaft eine Werbekampagne für ihr neues Solarmodul `easy´ gestartet. Die Gesellschaft erhofft sich hierdurch neue Kundengruppen erschließen zu können und rechnet mit einer direkten Umsatzerhöhung von 50.000 € je Monat für die nächsten 12 Monate.

Der IFR Solar AG sind im Jahr 2018 Kosten für folgende Sachverhalte angefallen (Fortsetzung):

Ausgaben für ein F&E-Projekt 73.000 €
Die angefallen Ausgaben sind insgesamt direkt dem Projekt zuzu-

ordnen. Eine Aufteilung in Forschungs- und Entwicklungsphase ist nicht möglich bzw. wurde nicht vorgenommen.

Aufgabe:

Welche dieser Sachverhalte müssen als immaterielle Vermögenswerte aktiviert werden?

Lösung zu Aufgabe 4:

IAS 38 beinhaltet explizite Aktivierungsverbote u.a. für:

- Gründungs- und Anlaufkosten (IAS 38.69 a)
- Ausgaben für Werbekampagnen (IAS 38.69 c)

Die Ausgaben für die erworbenen Kundenlisten erfüllen die abstrakte und die konkrete Bilanzierungsfähigkeit und müssen aktiviert werden. Die Kundenlisten sind über die voraussichtliche wirtschaftliche Nutzungsdauer abzuschreiben.

Können bei einem F&E-Projekt Forschungs- und Entwicklungsphase nicht eindeutig getrennt werden, sind sämtliche Kosten der Forschungsphase zuzurechnen und sämtliche Ausgaben direkt bei Anfall als Aufwand zu behandeln (IAS 38.53).

Aufgabe 5

Die Forschungs- und Entwicklungsabteilung der IFR Solar AG entwickelt seit Juli 2017 eine Substanz zur Beschichtung der Glasoberflächen von Solarmodulen. Durch die Substanz werden Leistungseinbußen durch Verschmutzung der Glasoberfläche verhindert und somit der Wirkungsgrad der Module gesteigert. Am 01.05.2018 wird der IFR Solar AG ein Patent für die Substanz erteilt. Zu diesem Zeitpunkt wurden auch die Bedingungen nach IAS 38.57 komplett erfüllt. Die Gesellschaft beabsichtigt ihre Solarmodule erstmals ab dem 01.09.2018 – nach Abschluss der Entwicklung - mit der neuen Substanz zu beschichten.

Trotz des längeren Patentschutzes, geht die IFR Solar AG nur von einem dreijährigen wirtschaftlichen Vorteil durch die neue Beschichtung der Solarmodule aus.

Folgende zurechenbare Kosten sind angefallen:

01.07.2017-31.12.2017	Forschungskosten	120.000 €
01.01.2018-30.04.2018	Einzelkosten der Entwicklung	45.000 €
01.05.2018-31.08.2018	Einzelkosten der Entwicklung	35.000 €

01.01.2018-30.04.2018	Gemeinkosten der Entwicklung	65.000 €
01.05.2018-31.08.2018	Gemeinkosten der Entwicklung	40.000 €

Aufgabe:

Welche der oben genannten Kosten können aktiviert werden und wie hoch ist der Bilanzansatz des Patents zum 31.12.2018?

Lösung zu Aufgabe 5:

Für Forschungskosten besteht nach IAS 38.54 ein Aktivierungsverbot nach IFRS. Die angefallenen Forschungskosten (01.07.2017-31.12. 2017) i.H.v. 120.000 € sind bei Anfall als Aufwand zu erfassen.

Sämtliche direkt zurechenbaren Entwicklungskosten sind erst ab Erfüllung der Bedingungen von IAS 38.57 zu aktivieren. Deswegen darf die IFR Solar AG lediglich die Entwicklungskosten aktivieren, die zwischen dem 01.05.2018 und dem 31.08.2018 angefallen sind. Der Wertansatz des Patents beläuft sich somit zum 01.09.08 75.000 €.

Das Patent wird ab dem 01.09.2018 in der Produktion eingesetzt und ab diesem Zeitpunkt abgeschrieben (75.000 × 4/36 = 8.333). Somit ergibt sich ein Restbuchwert des Patents zum 31.12.2018 i.H.v. 66.667 €.

Aufgabe 6

Die IFR Solar AG erwarb Ende Dezember 2018 eine Lizenz über ein neuartiges Fertigungsverfahren für 85.000 €, welche die Gesellschaft im Rahmen der 2018 beginnenden zweijährigen Entwicklung von neuen hocheffektiven Solarkollektoren nutzen möchte. Der Marktwert der Lizenz liegt am 31.12.2018 bei 97.000 € und am 31.12.2019 bei 45.000 €.

Aufgabe:

Erläutern Sie die buchhalterische Behandlung in den Jahren 2018 und 2019! Gehen Sie dabei davon aus das die IFR Solar AG die Neubewertungsmethode anwendet und die Lizenz über die voraussichtliche Nutzungsdauer abschreibt.

Lösung zu Aufgabe 6:

2018:

Buchung bei Erwerb der Lizenz im Dezember 2018:

Lizenzen	85.000 €	an	Bank	85.000 €

Neubewertung der Lizenz zum 31.12.2018 da Angabe gemäß die Voraussetzungen zur Anwendung des Neubewertungsmodells (IAS 38.75) vorliegen. Die Wertsteigerung ist direkt im Eigenkapital in der sogenannten Neubewertungsrücklage (IAS 38.85) zu erfassen:

Lizenzen	12.000 €	an	Neubewertungsrücklage	12.000 €

Planmäßige Abschreibung erst bei Nutzungsbeginn in 2019

2019:

Erfassung der planmäßigen Abschreibung i.H.v. 48.500 (= 97.000/2) zum 31.12.2019:

Abschreibung	48.500 €	an	Lizenzen

Für die Vereinnahmung der Neubewertungsrücklage besteht gem. IAS 38.87 ein Wahlrecht; diese ist entweder erst bei Abgang oder ratierlich über die Nutzungsdauer des Vermögenswertes in die Gewinnrücklagen umzubuchen.

Buchung bei ratierlicher Vereinnahmung zum 31.12.2019:

Neubewertungsrücklage	6.000 €	an	Gewinnrücklagen	6.000 €

Erfassung der Verringerung des Buchwertes durch die Neubewertung zum 31.12.2019 vorrangig unter der Position Neubewertungsrücklage – soweit der Betrag der Neubewertungsrücklage nicht überstiegen wird (IAS 38.86):

Neubewertungsrücklage	3.500 €	an	Lizenzen	3.500 €

Aufgabe 7

Die A-GmbH verstärkt ihre Anstrengungen zu Produktinnovationen. Daher entschließt sie sich, einen neuen Werkstoff zur Wärmedämmung zu schaffen. Die Grundvoraussetzungen und technischen Eigenschaften müssen zuerst erforscht werden. Hierzu werden im Jahr 01 Ausgaben von 2.800.000 €, im Jahr 02 Ausgaben von 1.200.000 € getätigt. Ab 01.06.02 werden Tests unter realistischen Umweltbedingungen durchgeführt, um die Wärmedämmung zu erproben. Die Ausgaben hierzu belaufen sich auf 1.100.000 € im Jahr 02 und 900.000 € im Jahr 03. Der neue Werkstoff kann ab Beginn 04 kommerziell genutzt werden. Die Nutzungsdauer wird auf 5 Jahre geschätzt. In den Jahren 04-08 werden Umsätze von jeweils 700.000 € erzielt.

Aufgaben

Zeigen Sie, welche Ausgaben als Aufwand erfasst und welche aktiviert werden müssen.

Beschreiben Sie die Wirkungsweise des „Matching Principles“ anhand dieses Beispiels.

Lösung zu Aufgabe 7

a)

	Jahr 01	Jahr 02	Jahr 03	
Forschung	2.800.000	1.200.000		Aufwand
Entwicklung		1.100.000	900.000	Aktivum

b)

Das Matching Principle besagt, dass

- der Aufwand in derselben Periode bzw. in denselben Perioden auszuweisen ist wie die zugehörigen Erträge,
- wenn aus einem Projekt kein Verlust erwartet werden kann, auch zu keinem Zeitpunkt ein Verlust ausgewiesen werden darf.

Das Matching Principle ist im Zusammenhang mit immateriellen Vermögenswerten nicht umgesetzt, sofern es sich um Forschungskosten handelt. Sie sind als Aufwand in der GuV-Rechnung auszuweisen in Perioden, in denen noch keine dem Projekt zurechenbaren Erträge vorliegen können. Dies lässt sich begründen aus der fehlenden Konkretisierung und Zurechenbarkeit von Aufwendungen auf Projekte mit erwarteten Erträgen sowie aus der fehlenden Abgrenzbarkeit dieser „Projekt“-Aufwendungen gegenüber laufenden Aufwendungen.

Das Matching Principle ist allerdings im Zusammenhang mit immateriellen Vermögenswerten umgesetzt, sofern es sich um Entwicklungskosten handelt. Sie werden in der Entwicklungsphase, in der noch keine dem Projekt zurechenbaren Erträge vorliegen, aktiviert und damit erfolgsrechnerisch neutralisiert und gelangen während der kommerziellen Nutzungsphase, in der das Projekt zurechenbare Erträge erbringt, über die Abschreibungen in die GuV-Rechnung.

Periode 1

- Aufwand an Zahlungsmittel 2.800.000
- Periodenverlust in Höhe von 2.800.000

Periode 2

- Aufwand an Zahlungsmittel 2.300.000
- Anlagevermögen an Aktivierte Eigenleistung 1.100.000
- Periodenverlust in Höhe von 1.200.000 (Forschungskosten)
- Entwicklungskosten werden aktiviert und damit neutralisiert

Periode 3

- Aufwand an Zahlungsmittel 900.000
- Anlagevermögen an Aktivierte Eigenleistung 900.000
- Erfolgsneutralität (Entwicklungskosten)

Perioden 4-8

- Zahlungsmittel an Umsatz 700.000
- Abschreibung an Anlagevermögen 400.000
  (2.000.000 : 5 = 400.000)

Da das Projekt Abschreibungen von insgesamt 5 × 400.000 = 2.000.000 und Umsätze in Höhe von 5 × 700.000 = 3.500.000 erbringt, handelt es sich um ein „Gewinnprojekt", sofern es sich um die Entwicklungskosten handelt. Daher ist auch in der Entwicklungsphase kein Verlust auszuweisen. Der Gewinn wird in den fünf Perioden der kommerziellen Nutzungsphase des Projekts (Perioden 4-8) in Höhe von 5 × (700.000 – 400.000) = 5 × 300.000 = 1.500.000 ausgewiesen.

Jahr	01	02	03	04	05	06	07	08	Summe
Ertrag	0	1.100.000	900.000	700.000	700.000	700.000	700.000	700.000	5.500.000
Aufwand	2.800.000	2.300.000	900.000	400.000	400.000	400.000	400.000	400.000	8.000.000
Gewinn/ Verlust	- 2.800.000	- 1.200.000	0	+300.000	+300.000	+300.000	+300.000	+300.000	-4.000.000 +1.500.000 =- 2.500.000

Der Verlust von 4.000.000 bezieht sich auf die Forschungsphase, für die das Matching Principle nicht gilt. Die Erfolgsneutralität von 2.000.000 bezieht sich auf die Entwicklungsphase. Der Gewinn von 1.500.000 bezieht sich auf die kommerzielle Nutzungsphase.

11 Bilanzielle Behandlung von Finanzinstrumenten nach IFRS 9

11.1 Vorbemerkungen

Zunächst definiert und spezifiziert der Standard IAS 32 den Begriff des „Finanzinstruments“. IFRS 9 hingegen enthält die Vorschriften für Klassifizierung, Ansatz und Bewertung (einschließlich der Impairment-Untersuchungen für Finanzinstrumente) sowie Ausbuchung von Finanzinstrumenten. Daneben regelt er die bilanzielle Abbildung von Sicherungsbilanzierungen sog. „Hedge Accounting“. IFRS 7 beinhaltet die für Finanzinstrumente geltenden Regelungen zu den Anhangangaben.

11.2 Definition und Kategorisierung von Finanzinstrumenten

11.2.1 Allgemeines

Unter einem Finanzinstrument versteht man einen Vertrag, der gleichzeitig bei einem Vertragspartner zu einem finanziellen Vermögenswert und beim anderen Vertragspartner zu einer finanziellen Schuld oder einem Eigenkapitalinstrument führt[294]. Je nach Ausprägung handelt es sich somit bei einem Finanzinstrument um

- finanzielle Vermögenswerte (Financial Assets),
- finanzielle Verbindlichkeiten (Financial Liabilities) oder
- Eigenkapitalinstrumente (Equity Instruments).

Finanzinstrumente grenzen sich von Sachvermögenswerten und -schulden sowie von Sach- oder Dienstleistungsansprüchen bzw. -verpflichtungen dadurch ab, dass im letzteren Fall eine betriebliche Leistungserstellung zugrunde liegt, während bei Finanzinstrumenten Cashflows aus dem Austausch von Zahlungsmitteln oder sonstiger finanzieller Aktiva generiert werden können. Der Schriftform bedürfen die den Finanzinstrumenten zugrundeliegenden Verträge nach IAS 32.12 nicht.

---

[294] Vgl. IAS 32.11.

Folgende Einteilung von Finanzinstrumenten ist nach IAS 32 üblich:

- In Abhängigkeit von der Rechtsstellung, die der Inhaber des Finanzinstruments einnimmt, wird zwischen **eigen- und fremdkapitalbezogene Finanzinstrumente** unterschieden.
- In Abhängigkeit davon, ob die Ansprüche fest vereinbart oder vom Eintritt bestimmter Bedingungen abhängen bzw. durch eine einseitige Willenserklärung einer Vertragspartei ausgelöst werden können, wird zwischen **unbedingten und bedingen Finanzinstrumenten** unterschieden.
- Des Weiteren wird zwischen **originären und derivativen Finanzinstrumenten** differenziert;
  - Originäre Finanzinstrumente sind solche, deren Wert sich als Preis unmittelbar durch Angebot und Nachfrage auf aktiven Märkten bzw. durch Verhandlungsprozesse ermitteln lässt, ohne eine zwingende Korrelation mit der Wertentwicklung anderer Finanzinstrumente aufzuweisen.
  - Derivative Finanzinstrumente sind finanzwirtschaftliche Termingeschäfte, die sich auf ein originäres Finanzinstrument (Kassainstrument) beziehen und deren Wert vom Wert einer Referenzgröße abhängt. Die Kassainstrumente werden dabei als Underlying bezeichnet, von denen die Termininstrumente abgeleitet sind.

Unter **finanziellen Vermögenswerten** werden nach IAS 32.11 u.a. die folgenden Sachverhalte verstanden:

- Kassenbestände,
- das vertraglich vereinbarte Recht, flüssige Mittel oder andere finanzielle Vermögenswerte von einem anderen Unternehmen zu erhalten,
- das vertraglich vereinbarte Recht, Finanzinstrumente mit einem anderen Unternehmen unter potenziell vorteilhaften Bedingungen austauschen zu können, oder
- ein als Aktivum gehaltenes Eigenkapitalinstrument eines anderen Unternehmens.

Finanzielle Schulden werden im Wesentlichen spiegelbildlich zu den finanziellen Vermögenswerten definiert. Sie umfassen nach IAS 32.11 vertragliche Verpflichtungen[295],

---

[295] Man spricht von Rückzahlungsverpflichtungen.

- flüssige Mittel oder einen anderen finanziellen Vermögenswert an ein anderes Unternehmen abzugeben oder
- Finanzinstrumente mit einem anderen Unternehmen unter potenziell nachteiligen Bedingungen austauschen zu müssen.

Eigenkapitalinstrumente sind nach IAS 32.11

- Verträge, die einen Residualanspruch an den Vermögenswerten eines Unternehmens nach Abzug aller Schulden begründen (z.B. Aktien, Vorzugsaktien, GmbH-Anteil) sowie
- Verpflichtungen eines Unternehmens, aufgrund eines Bezugs- oder Optionsrechts einem Dritten ein Eigenkapitalinstrument gegen Zahlung einer Optionsprämie zu überlassen.

In Anlehnung an IAS 32.A16 spricht man von **Derivaten** bei Finanzinstrumenten,

- deren Wert sich infolge der Änderung eines Basisobjekts, z.B. eines bestimmten Zinssatzes, Wertpapier- oder Wechselkurses, Rohstoffpreises, Preis- oder Zinsindexes, Bonitätsratings oder Kreditindexes verändert,
- die im Vergleich zu anders gearteten Verträgen, welche ähnlich auf Marktveränderungen reagieren, keine oder nur eine geringe anfängliche Nettoinvestition notwendig machen und
- die an einem in der Zukunft liegenden Termin beglichen werden.

Derivate können eingesetzt werden zur

- Spekulation, durch Schaffung offener, risikobehafteter Positionen im Kassa- und Terminbereich (Trading),
- Nutzung von Preisdifferenzen zwischen Kassa- und Terminmärkten (Arbitraging) oder
- Absicherung von Grundgeschäften (Underlyings) gegen nachteilige Entwicklungen von Warenpreisen, Währungskursen, Zinssätzen, Aktienkursen o.Ä. (Hedging). Dann handelt es sich um eine Hedge-Beziehung, die unter den Voraussetzungen des IFRS 9.6 im Rechnungswesen nachzuvollziehen ist (Hedge Accounting).

Ist ein derivatives Finanzinstrument Bestandteil eines anderen Kontraktes, spricht man von einem **eingebetteten Derivat** (vgl. IAS 32.29).

Diese eingebetteten Derivate sind grundsätzlich vom Basisvertrag zu trennen und gemäß den Vorschriften des IFRS 9 zu behandeln, wenn der Basisvertrag nicht unter IFRS 9 fällt (IFRS 9.4.3.3). Ausnahmsweise braucht keine Separierung des eingebetteten Derivats zu erfolgen, wenn die wirtschaftlichen Merkmale und Risiken des eingebetteten Derivats eng mit den wirtschaftlichen Merkmalen und Risiken des Basisvertrages verbunden sind (closely connected, IFRS 9 B4.3.8) oder der Basisvertrag seinerseits „at Fair Value through P&L“ bewertet wird (IFRS 9.4.3.3 (c)) oder der Basisvertrag in den Anwendungsbereich des IFRS 9 fällt (IFRS 9.4.3.2):

Die Klassifizierung von finanziellen Vermögenswerten kann vorab nachfolgendem Schema entnommen werden[296]:

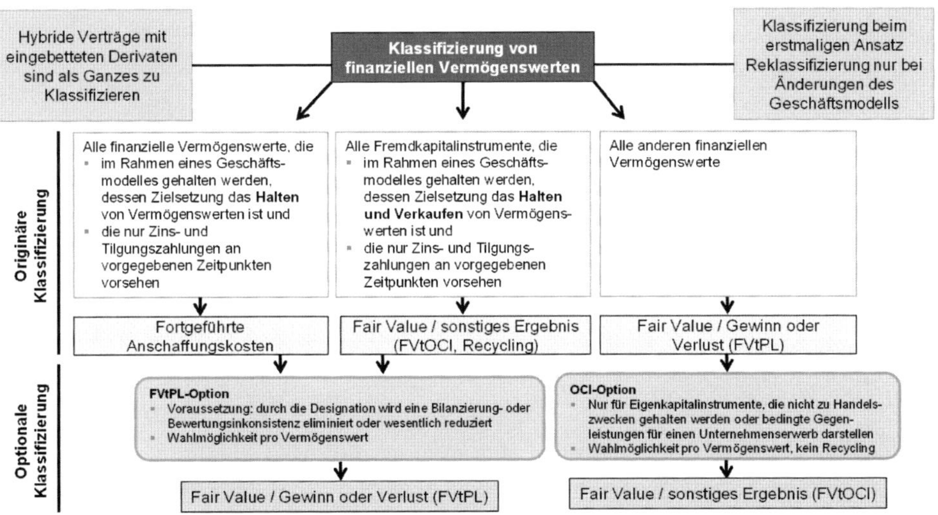

Die Klassifizierung von finanziellen Verbindlichkeiten kann vorab nachfolgendem Schema entnommen werden[297]:

---

296 Vgl. in Anlehnung an KPMG (Hrsg.): IFRS visuell, Stuttgart 2019 S. 152.

297 Vgl. in Anlehnung an KPMG (Hrsg.): IFRS visuell, Stuttgart 2019 S. 158.

Klassifizierung von finanziellen Verbindlichkeiten				
Alle finanzielle Verbindlichkeiten, die nicht in eine andere Kategorie gehören	Finanzielle Verbindlichkeiten, die zu Handelszwecken gehalten werden: - Erworben mit der Absicht, sie kurzfristig zu verkaufen - Teil eines Portfolios, das zusammen gemanagt wird und kurzfristig veräußert werden soll, oder - Derivate (die nicht Teil einer Absicherung sind	Verbindlichkeiten - aus übertragenen, aber nicht ausgebuchten finanziellen Vermögenswerten und - aus einem anhaltenden Engagement (continuing involvment)	- Finanzgarantien - Verpflichtungen, zinsgünstige Darlehen zu vergeben	Bedingte Gegenleistungen für einen Unternehmenserwerb nach IFRS 3
Fortgeführte Anschaffungskosten	Fair Value (FVtPL)	Gegenleistung bzw. Nettobuchwertansatz	IFRS 15 / IFRS 9.5.5	Fair Value (FVtPL)
Fair Value Option Wesentliche Reduktion von Bilanzierungs- oder Bewertungsinkonsistenzen	→ Fair Value (FVtPL)			

11.2.2 Abgrenzung von Eigen- und Fremdkapital

Eigen- und Fremdkapital unterscheiden sich in mehrerlei Hinsicht.

Eigenkapital	Fremdkapital
vorrangige Haftung	nachrangige Haftung
substanzieller Anspruch	nomineller Anspruch
Residualanspruch	vereinbarte Vergütung
unbefristet	befristet
Mitarbeit/Mitwirkung	keine Mitarbeit/Mitwirkung
Anteil am Liquidationserlös	nomineller Rückzahlungsanspruch

Selten sind die Merkmale einer Finanzierung eindeutig und mit allen relevanten Merkmalen auf das Eigenkapital oder auf das Fremdkapital bezogen. Es existieren zahlreiche Mischformen, die Elemente von beiden Rechtsstellungen aufweisen. Man spricht dann von mezzaninen Finanzierungen bzw. von sog. zusammengesetzten Finanzinstrumenten (IAS 32.28). Ein typisches Beispiel für ein zusammengesetztes Finanzinstrument ist eine Wandelschuldverschreibung.

Im IFRS-Abschluss sind die Formen der Mittelherkunft jedoch entweder als Eigenkapital oder als Fremdkapital zu qualifizieren. Dabei kommt es auf den wirtschaftlichen Gehalt und die Definitionsmerkmale für Eigen- und Fremdkapital nach IAS 32 und nicht auf die rechtliche Gestaltung oder gar begriffliche Bezeichnung der jeweiligen Finanzinstrumente an. Zusammengesetzte Finanzinstrumente sind für IFRS-Bilanzierungszwecke in ihre Fremdkapital- und ihre Eigenkapitalkomponente aufzuspalten. Diese Komponenten sind anschließend nach den für sie vorgeschriebenen Bilanzierungsvorschriften abzubilden (IAS 32.28).

Das alle anderen überragende Unterscheidungskriterium zwischen Eigen- und Fremdkapital ist, ob eine Rückzahlungsverpflichtung für das überlassene Kapital besteht. Ist dies der Fall, handelt es sich grundsätzlich um Fremdkapital.

Ein Finanzinstrument ist dann und nur dann als Eigenkapital zu qualifizieren und demzufolge auch zu bilanzieren, wenn es keine vertragliche Verpflichtung zur Lieferung von liquiden Mitteln oder von anderen finanziellen Vermögenswerten oder zum Tausch von finanziellen Vermögenswerten oder Schulden zu Konditionen, die für das emittierende Unternehmen potenziell unvorteilhaft sind, enthält.[298]

Umgekehrt stellt ein Finanzinstrument Fremdkapital dar und ist demzufolge auch als solches zu bilanzieren, wenn die vertragliche Verpflichtung besteht, Geldmittel oder andere finanzielle Vermögenswerte an ein anderes Unternehmen zu leisten oder finanzielle Vermögenswerte oder finanzielle Verbindlichkeiten zu potenziell ungünstigen Konditionen zu tauschen.

Sondervorschriften bestehen für Finanzinstrumente, die eigentlich die Definitionsmerkmale von finanziellen Verbindlichkeiten enthalten, aber als sogenannte „kündbare Instrumente, puttable instruments“ gelten.

Sowohl das Eigenkapital von Personengesellschaften als auch das von Genossenschaften ist kündbar, d.h. der Kapitalgeber kann durch einseitige Willenserklärung die Auszahlung seiner Einlage bzw. seines Kapitalanteils oder eines Teils davon verlangen (§ 122 HGB, § 65 GenG). Die Einlagen in diese Rechtsformen sind abweichend von der allgemeinen Definition, die für den Eigenkapitalausweis eine Rückzahlungsverpflichtung des bilanzierenden Unternehmens (Emittenten) ausschließt, dennoch als Eigenkapital zu qualifizieren, wenn kumulativ folgende Voraussetzungen erfüllt sind[299]:

---

298 Im HGB-Abschluss ist das alles überragende Merkmal von Eigenkapital darin zu sehen, dass es den Gläubigern gegenüber vorrangig haftet.

299 Vgl. IAS 32.16A.

- beteiligungsproportionaler Anspruch des Kapitalgebers am Nettovermögen im Falle der Liquidation,
- nachrangigste Klasse von Finanzinstrumenten, d.h. keine Vorzugsrechte, die andere Finanzinstrumente der nachrangigsten Klasse nicht haben,
- gleiche Ausstattung aller Finanzinstrumente der nachrangigsten Klasse, d.h. das Kündigungsrecht muss sich auf alle Instrumente beziehen und die Ermittlung des Rücknahmepreises bzw. der Abfindung muss für alle Finanzinstrumente der nachrangigsten Klasse erfüllt sein,
- das Finanzinstrument darf außer der Verpflichtung des Emittenten, das Instrument zurückzukaufen oder zurückzunehmen keine weiteren Zahlungsverpflichtungen enthalten,
- der erwartete Zahlungsstrom des jeweiligen kündbaren Finanzinstruments basiert im Wesentlichen auf dem Jahresergebnis, der Änderung des Nettovermögens oder der Änderung des Unternehmenswertes.

Ferner darf der Emittent keine weiteren Finanzinstrumente oder Verträge halten, deren gesamter Cashflow vom Jahresergebnis, von Veränderungen des Nettovermögens oder Veränderungen des bilanziellen und nicht bilanziellen Reinvermögens (Unternehmenswert) abhängt. Auch dürfen diese Finanzinstrumente und Verträge die Restrendite der puttable instruments weder erheblich beschränken noch festlegen.[300]

11.2.3 Kontrollfragen zur Abgrenzung von Eigen- und Fremdkapital

[1] Was sind die entscheidenden Kriterien eines Eigenkapitalinstruments bzw. einer finanziellen Schuld nach IAS 32?

[2] Wozu führt die Ausgabe einer Put-Option an die Anteilseigner des bilanzierenden Unternehmens hinsichtlich der Klassifizierung der Anteile als Eigen- oder Fremdkapital?

[3] Nennen Sie ein Beispiel für eine indirekte Verpflichtung einen Anspruch in Zahlungsmitteln oder anderen finanziellen Vermögenswerten zu befriedigen.

---

[300] Vgl. IAS 32.16B.

[4] Wann kann selbst ohne Rückzahlungsverpflichtung hinsichtlich des Nominalbetrags eines Finanzinstruments eine finanzielle Schuld vorliegen?

[5] Welchem „Problem" sehen sich deutsche Personengesellschaften hinsichtlich der Abgrenzung von Eigenkapital und Fremdkapital gegenüber? Wie entsteht dieses Problem?

[6] Für welche Arten von Finanzinstrumenten existieren Ausnahmeregelungen in IAS 32, die zu einer Klassifizierung als Eigenkapitalinstrument führen, obwohl die entsprechenden Instrumente die allgemeinen Definitionsmerkmale für finanzielle Schulden erfüllen?

[7] Welches sind die Bedingungen für die Inanspruchnahme der in der vorangegangenen Frage angesprochenen Ausnahmeregelung?

11.3 Ansatz von Finanzinstrumenten

Die bilanzielle Erfassung von Finanzinstrumenten ist in IFRS 9 geregelt, welcher prinzipenbasierte Regelungen insbesondere für Ansatz, Bewertung und Abgang vorsieht.

Financial assets sowie financial liabilities sind grundsätzlich zu dem Zeitpunkt in der Bilanz des berichtenden Unternehmens anzusetzen, wenn das Unternehmen in das vertragliche Verhältnis des Finanzinstruments eintritt. Um zu verhindern, dass ein zu übertragender Vermögenswert als Verkauf bilanziert oder bestimmte finanzielle Vermögenswerte ausgebucht werden, sind nach IFRS 9.B3.1.1 und IFRS 9. B3.3.2.14 u.a. bestimmte derivative Finanzinstrumente hiervon ausgenommen.

Ein Unternehmen darf einen finanziellen Vermögenswert nur dann ausbuchen, wenn

- sein vertragliches Anrecht auf Zahlungsströme ausläuft oder
- es den finanziellen Vermögenswert überträgt und die Übertragung die Ausbuchungsbedingungen erfüllt.[301]

Ein Unternehmen darf eine finanzielle Verbindlichkeit (oder einen Teil derselben) nur dann aus seiner Bilanz ausbuchen, wenn diese getilgt ist

---

301 Vgl. IFRS 9.3.2.3, die Übertragungsbedingungen, die zur Ausbuchung führen finden sich in IFRS 9.3.2.4-3.2.6. und stehen in Zusammenhang mit Factoring-Verträgen.

– d.h. die im Vertrag genannten Verpflichtungen erfüllt oder aufgehoben sind oder auslaufen.[302]

11.4 Klassifizierung und Bewertung

11.4.1 Erstbewertung

Die erstmalige Bewertung eines Finanzinstruments erfolgt nach IFRS 9.5.1.1 zum beizulegenden Zeitwert, welcher nach den Vorschriften von IFRS 13 zu bestimmen ist. Dies gilt für finanzielle Vermögenswerte, Schulden und Eigenkapitalinstrumente gleichermaßen.

11.4.2 Exkurs: Fair Value-Bewertung nach IFRS 13

Die Vorgaben zur Bestimmung und Ermittlung des beizulegenden Zeitwerts finden sich in IFRS 13. Um eine einheitliche und standardübergreifende Fair Value-Bewertung zu gewährleisten, fallen sämtliche bilanzierungspflichtigen Sachverhalte in seinen Anwendungsbereich, sofern sich ein anderer IFRS-Standard auf die Zeitwertbewertung nach IFRS 13 bezieht. Partiell finden sich eigene Bewertungsvorschriften (lex specialis) bspw. für Vorräte IAS 2, Leasingtransaktionen IFRS 16 oder auch anteilsbasierte Vergütungen IFRS 2, für die IFRS 13 nicht oder modifiziert anzuwenden ist (lex generalis, vgl. auch IFRS 13.6).

Definition

Nach IFRS 13.9 ist der **Fair Value** der Preis, zu dem ein Vermögenswert im Rahmen einer marktüblichen und geordneten Geschäftstransaktion zwischen zwei Marktteilnehmern am Bewertungsstichtag veräußert wird oder eine Schuld zu übertragen ist.

Der beizulegende Zeitwert ist somit ein hypothetischer Abgangspreis, welcher marktseitig zu bestimmen ist und der unter spezifischen Transaktionsbedingungen zustande kommt. Nach IFRS 13.11 sind hierbei auch die wertbestimmenden Merkmale wie Zustand, Alter, Nutzungsbeschränkungen etc. des Bewertungsobjekts zu berücksichtigen. Des Weiteren sind Marktteilnehmer zu unterstellen, die voneinander unabhängig, sachverständig sowie transaktionswillig und transaktionsfähig sind.

---

[302] Vgl. IFRS 9.3.3.1.

Eine marktübliche Transaktion liegt vor, wenn für den Vermögenswert oder die Schuld ein sog. Hauptmarkt existiert. Dies ist der Markt, auf dem die höchsten Umsätze generiert, die größte Transaktionshäufigkeit stattfindet und der durch das Unternehmen für gewöhnlich genutzt wird. Ist ein Hauptmarkt nicht gegeben, ist der sog. vorteilhafteste Markt für das zu bewertende Objekt zu bestimmen. Auf diesem können die höchsten Preise für das Bewertungsobjekt erzielt werden. Fehlt auch ein vorteilhaftester Markt, so ist der Sachverhalt nach anerkannten Bewertungstechniken zu bewerten. Hierbei ist die Bewertungstechnik anzuwenden, die einen maximalen Informationsnutzen generiert, die objektiv nachvollziehbar und grundsätzlich frei von subjektiven Bewertungsmerkmalen ist.

Des Weiteren ist bei der Bewertung die sog. Fair Value-Hierarchie zu beachten, die die Bewertungsparameter (Informationen, Daten, Annahmen etc.) in verschiedene Qualitätsebenen einteilt. Die Eingruppierung richtet sich dabei vor allem nach den Qualitätsmerkmalen Objektivität und Marktnähe der verwendeten Bewertungsparameter. IFRS 13 differenziert die folgenden drei Hauptebenen:

- **Ebene 1:** Unveränderte Marktpreis für identische Vermögenswerte und Schulden an einem aktiven Markt, zu dem das berichtende Unternehmen Zugang hat (IFRS 13.76)
- **Ebene 2:** Neben Ebene 1 sind hier u.a.
  - unveränderte Marktpreise ähnlicher Vermögenswerte/Schulden auf aktiven Märkten,
  - unveränderte Marktpreise ähnlicher Vermögenswerte/Schulden auf inaktiven Märkten,
  - angepasste Marktwerte unter Berücksichtigung direkt beobachtbarer Bewertungsparameter,
  - angepasste Marktwerte unter Berücksichtigung indirekt beobachtbarer Bewertungsparameter

  der Bewertung zugrunde zu legen.
- **Ebene 3:** Neben Ebene 1 und 2 werden hier auch nicht beobachtbare Parameter berücksichtigt. Dabei sind vorab die Daten heranzuziehen, die ein fremder Dritter ebenfalls besitzt und bei der Bewertung verwenden würde. Zuletzt werden dann die Bewertungsparameter einbezogen, die für andere Marktteilnehmer nicht erkennbar sind (internal management assumption).

Die Bewertungstechniken werden wie folgt eingeteilt:

- **Marktbasierte Verfahren:** hier werden Marktpreise und weitere relevante Marktinformationen ähnlicher oder identischer Vermögenswerte und Schulden verwendet.
- **Einkommensbasierte Verfahren:** hier werden diskontierte Einkommensrückflüsse in Form von Cashflows oder Erträgen für die Bewertung verwendet.
- **Kostenbasierte Verfahren:** hier werden gegenwärtig zu entrichtende Wiederbeschaffungskosten der Bewertung zugrunde gelegt.

Es ist einzelfallspezifisch die Bewertungstechnik auszuwählen und einheitlich anzuwenden, die für den zu bewertenden Sachverhalt sachgerecht ist. Die Bewertungstechniken können auch kombiniert werden.

Zeitwerthierarchie			
Die Anwendbarkeit der Bewertungsverfahren ergibt sich als praktische Konsequenz aus der festgelegten Hierarchie der Inputfaktoren			
	Ebene 1	Ebene 2	Ebene 3
Anwendbare Bewertungs-verfahren	• marktpreisorientierte Verfahren	• marktpreisorientiertes Verfahren • kapitalwertorientiertes Verfahren • kostenorientiertes Verfahren	• kapitalwertorientiertes Verfahren • kostenorientiertes Verfahren

Die Bewertung eines Finanzinstruments zum beizulegenden Zeitwert (Fair Value) sagt nichts über das Gegenkonto für die Aufnahme der Wertänderungen aus. Man unterscheidet hierbei

- die erfolgswirksame Erfassung der Fair Value-Änderungen,
- die erfolgsneutrale Erfassung der Fair Value-Änderungen mit Recycling, d.h. die Wertänderungen werden gegen das Eigenkapital, regelmäßig die Neubewertungsrücklage, gebucht und bei Eintritt bestimmter Bedingungen, regelmäßig bei Ausbuchung des Finanzinstruments, die Neubewertungsrücklage in das Ergebnis umgegliedert,
- die erfolgsneutrale Erfassung der Fair Value-Änderungen ohne Recycling, d.h. die Wertänderungen werden gegen das Eigenkapital, regelmäßig die Neubewertungsrücklage gebucht und bei Ausbuchung des Finanzinstruments wird die Neubewertungsrücklage gegen die Anderen Gewinnrücklagen umgebucht und damit aufgelöst, ohne die GuV-Rechnung zu berühren.

11.4.3 Folgebewertung

11.4.3.1 Klassifikation in Gruppen

Die Folgebewertung ist davon abhängig, wie das Finanzinstrument am Tag des Ansatzes gem. IFRS 9.4.1 erstmalig klassifiziert wurde. IFRS 9 sieht hierfür drei Kategorien für finanzielle Vermögenswerte vor:

- Amortised cost – bewertet zu fortgeführten Anschaffungskosten,
- At Fair Value through OCI – bewertet zum Fair Value mit erfolgsneutraler Erfassung der Wertänderungen,
  - mit Recycling und
  - ohne Recycling
- At Fair Value through profit or loss – bewertet zum Fair Value mit erfolgswirksamer Erfassung der Wertänderungen.

Für die Zuordnung zu den jeweiligen Gruppen ist entscheidend, um welche Art von finanziellem Vermögenswert es sich handelt und welche Zielsetzung das Management mit ihm verfolgt (Spekulation/-Trading, Vereinnahmung von Zins- und Tilgungszahlungen, vorzeitiger Verkauf in Abhängigkeit von Marktbedingungen).

11.4.3.2 Fortgeführte Anschaffungskosten

Die Gruppe „bewertet zu fortgeführten Anschaffungskosten“ ist nach IFRS 9 dann angesprochen, wenn das Finanzinstrument in einem Geschäftsmodell gehalten wird, dessen ausschließliches Ziel darin besteht, die vertraglich vereinbarten Cashflows zu den hierfür vorgesehenen Terminen zu vereinnahmen. Somit ist zum einen das Geschäftsmodell und zum anderen die dem Finanzinstrument inhärenten vertraglich fixierten Zahlungsströme, die ausschließlich in Zins- und Tilgungsleistungen bestehen dürfen, zu untersuchen. Es handelt sich in diesem Fall um Gläubigerpositionen.

Es handelt sich somit ausschließlich um verbriefte oder unverbriefte Forderungen. Die zu fortgeführten Anschaffungskosten bewerteten finanziellen Vermögenswerte müssen nicht notwendigerweise bis zur Endfälligkeit gehalten werden (IFRS 9 B4.1.3). Ein vorzeitiger Verkauf z.B. bei gestiegenem Kreditrisiko oder zur Reduzierung von Klumpenrisiken (z.B. im Rahmen von Kreditportfolios) ist unschädlich.

Die Erstbewertung bei Zugang der finanziellen Vermögenswerte erfolgt zum Fair Value zuzüglich Transaktionskosten (IFRS 9.5.1.1). Die fortgeführten Anschaffungskosten (gross carrying amount) der finanziellen Vermögenswerte sowie die durch die Aufzinsung entstehenden Zinserträge werden mittels der Effektivzinsmethode ermittelt (IFRS 9.5.4.1).

Auch wenn das Geschäftsmodell- und das Cashflow-Kriterium erfüllt sind, ist eine freiwillige Zuordnung in die Fair Value-Kategorie „through profit or loss" möglich. Dies ist allerdings nur bei Zugang und nicht zu einem späteren Zeitpunkt während der Haltedauer und auch nur um eine Bewertungsinkongruenz (accounting mismatch) zu beseitigen oder signifikant zu verringern (IFRS 9.4.1.5) möglich.

11.4.3.3 Erfolgswirksam zum Fair Value

Werden Finanzinstrumente in der Absicht gehalten, kurzfristige Gewinne und Wertsteigerungen zu erzielen, so sind sie in die Kategorie „at Fair Value through Profit or Loss" zu kategorisieren. Ferner können unabhängig von dieser Zielsetzung alle Finanzinstrumente dieser Kategorie zugewiesen werden, wenn dies im Zugangszeitpunkt freiwillig designiert und dokumentiert geschieht. Schließlich sind alle Derivate dieser Kategorie zuzuweisen, sofern sie nicht in Sicherungsbeziehungen (Hedge Accounting) eingebunden sind.

11.4.3.4 Erfolgsneutral zum Fair Value

Finanzielle Vermögenswerte bewertet zum „Fair Value through OCI" liegen vor, wenn sie im Rahmen eines Geschäftsmodells gehalten werden, dessen Ziel die Vereinnahmung vertraglicher Cashflows oder der Verkauf ist und die vertraglichen Konditionen an festgelegten Terminen zu Cashflows führen, die ausschließlich Tilgung- und Zinszahlungen darstellen (IFRS 9.4.1.2A).

Es handelt sich somit auch hier ausschließlich um verbriefte oder unverbriefte Forderungen (Gläubigerposition). Ein Geschäftsmodell mit Verkaufsabsicht liegt z.B. vor, wenn Verkäufe das tägliche Liquiditätsmanagement sicherstellen oder sie eine Mindestrendite sichern oder die Bedienung entsprechender Verbindlichkeiten ermöglichen sollen (IFRS 9 B4.1.4A). Im Gegensatz zu „finanziellen Vermögenswerten bewertet zu fortgeführten Anschaffungskosten" (financial assets at amortised cost) werden bei „financial assets at Fair Value through OCI" Verkäufe häufiger und in größerem Volumen getätigt (IFRS 9 B4.1.4B).

Wertschwankungen aus Fair Value-Änderungen (Gains and Losses) dieser Kategorie von finanziellen Vermögenswerten werden erfolgsneutral im OCI erfasst. Dazu gehören jedoch nicht (IFRS 9.5.7.10) Zinserträge, die sich aus der Aufzinsung im Rahmen der Anwendung der Effektivzinsmethode ergeben, bonitätsbedingte Wertänderungen (Impairment gains/losses aus der expected credit loss-Betrachtung) oder Effekte aus der Währungsumrechnung. Es besteht eine Pflicht zum Recycling der im OCI „geparkten" Beträge bei Verkauf (oder auch Umklassifizierung) der finanziellen Vermögenswerte in die GuV-Rechnung. Damit wird über die Gesamthaltezeit der Instrumente der identische GuV-Effekt wie bei „financial assets at amortised cost" (IFRS 9.5.7.10 und 9.5.7.11) erzielt.

Eine freiwillige Zuordnung in die Fair Value-Kategorie through profit or loss ist auch hier grundsätzlich möglich, allerdings nur bei Zugang und nicht zu einem späteren Zeitpunkt während der Haltedauer und auch nur um ein accounting mismatch zu beseitigen oder signifikant zu verringern (IFRS 9.4.1.5).

Eine optionale Erweiterung des Anwendungsbereichs der Kategorie „Finanzielle Vermögenswerte bewertet zum Fair Value through OCI" besteht in Form der freiwilligen Designation von EK-Instrumenten (z.B. Aktien) in die Kategorie „Fair Value through OCI". Dabei handelt es sich um die unwiderrufliche Möglichkeit der Zuordnung für Eigenkapital-Instrumente, die nicht zum Handel gehalten werden (IFRS 9.4.1.4 und 9.5.7.5), die Wertänderungen anstelle durch die GuV-Rechnung zu buchen im OCI zu erfassen. In diesem Fall besteht keine Möglichkeit zum Recycling der im OCI erfassten Beträge beim Verkauf der Eigenkapital-Instrumente. (IFRS 9.5.7.1 (b) und B5.7.1). In diesem Fall bleiben alle Wertänderungen selbst beim Abgang des finanziellen Vermögenswertes aus der GuV-Rechnung fern. Der im OCI „geparkte" Betrag wird bei Ausbuchung des finanziellen Vermögenswertes in die anderen Gewinnrücklagen überführt.

11.5 Bewertung von finanziellen Schulden

Finanzielle Schulden (Financial Liabilities) werden regelmäßig „at amortised cost" bewertet. Das heißt, bei Aufnahme der Schulden werden diese mit ihrem Fair Value minus Transaktionskosten angesetzt (IFRS 9.5.1.1). Besteht ein betragsmäßiger Unterschied zwischen dem Aufnahmebetrag und dem Rückzahlungsbetrag der Schuld, so ist dieser Unterschied über die Laufzeit der Verbindlichkeit nach der Effektivzinsmethode zu verteilen (amortisieren). Die fortgeführten Anschaffungskosten (amortised cost) der financial liabilities sowie die mit ihrer

Aufzinsung zusammenhängenden Zinsaufwendungen werden mittels der Effektivzinsmethode ermittelt (IFRS 9.5.3.1 und IFRS 9 App. A Def. „amortised cost of a financial liability").

Ausnahmsweise können finanzielle Schulden erfolgswirksam über die GuV bewertet werden Die Zuordnung der financial liabilities at Fair Value through Profit or Loss ist vorgeschrieben oder möglich wenn die finanziellen Schulden zu Handelszwecken gehalten werden oder bei Derivaten mit negativem Marktwert, in den Sonderfällen des IFRS 9.4.2.1 (b) bis (d). Ferner ist die Zuordnung zur Kategorie „at Fair Value through Profit or Loss" bei Ausübung der Fair Value-Option des IFRS 9.4.2.2 möglich, wenn dadurch eine Reduzierung oder Vermeidung eines accounting mismatch erreicht werden kann oder es sich um eine Gruppe von financial liabilties bzw. eine Gruppe von financial assets and liabilities handelt, die auf Fair Value-Basis gemanaged wird.

Zu beachten ist, dass Fair Value-Änderungseffekte, die auf die Veränderung des Kreditrisikos (Rating) des Emittenten (= Bilanzierenden) zurückzuführen sind, im OCI erfasst werden (own credit risk; IFRS 9.5.7.7 (a)). Es gibt in diesem Fall kein Recycling beim Abgang der finanziellen Verbindlichkeit in die GuV-Rechnung (IFRS 9.5.7.1.(c) und B5.7.9). Eine Ausnahme gilt nur dann, wenn die Erfassung dieser Fair Value-Änderungseffekte im OCI zu einem accounting mismatch führen oder diesen vergrößern würden. In diesem Fall sind dann die Fair Value-Änderungen doch in der GuV zu erfassen (IFRS 9.5.7.8).

11.6 Umwidmung und Ausbuchung

Eine Umwidmung zwischen den drei Gruppen ist nur bei einer Änderung des jeweiligen Geschäftsmodells zulässig und verpflichtend.

Grundlegende Bedingung für eine Veränderung des Geschäftsmodells ist, dass die zuständigen Unternehmensinstanzen Schritte zur Änderung des Geschäftsmodells bzgl. der Steuerung des Finanzinstruments ergriffen und zum Zeitpunkt der Umklassifizierung beschlossen haben und diese Änderung gegenüber externen Dritten nachweisbar ist. Dies kann bspw. ausgelöst werden durch:

- interne oder externe Veränderungen der Geschäftstätigkeit mit erheblicher Bedeutung oder
- Änderungen in den Anlagerichtlinien des Unternehmens, die das Finanzinstrument nicht erfüllt (z.B. Bonitätsverschlechterung des Portfolios).

Ist eine Geschäftsmodelländerung zu bejahen, sind sämtliche Finanzinstrumente dieser Gruppe prospektiv ab dem Zeitpunkt der Änderung umzuklassifzieren. Eine Umgliederung aus „erfolgswirksam zum Fair Value bewertet" in „zu fortgeführten Anschaffungskosten bewertet" ist jedoch nicht zulässig.

Die Übertragung eines finanziellen Vermögenswerts oder die Begleichung einer finanziellen Schuld, können die übertragende bzw. begleichende Partei dazu berechtigen, den finanziellen Vermögenswert bzw. die finanzielle Schuld auszubuchen. Hierfür sind die betroffenen Vermögenswerte und Schulden hinsichtlich der Zulässigkeit und des auszubuchenden Werts jeweils getrennt zu beurteilen. Auch die Ausbuchung von Teilen eines Vermögenswerts oder einer Schuld ist möglich.

Finanzielle Vermögenswerte sind nach IFRS 9.3.2.3 auszubuchen, wenn das Unternehmen

- seine vertraglichen Rechte an den Cashflows verliert bzw. diese auslaufen oder
- es den finanziellen Vermögenswert überträgt und die Übertragung die Ausbuchungsvoraussetzungen von IFRS 9.3.2.6 erfüllt.

Aufgrund der Vielzahl an möglichen Fallvarianten sieht IFRS 9 in Anhang B3.2.1 ff. u.a. ein Prüfschema sowie verschiedene Fallkonstruktionen für die Ausbuchung von finanziellen Vermögenswerten vor.

Finanzielle Schulden sind vom Unternehmen auszubuchen, wenn es die Verpflichtung tilgt. Die Tilgung kann dabei grundsätzlich in der Erfüllung, Aufhebung, im Auslaufen oder Erlass bestehen. Auch für die Ausbuchung finanzieller Schulden sieht IFRS 9 in Anhang B.3.3.1 weiterführende Erläuterungen vor.

11.7 Impairment bei Finanzinstrumenten

Nach IFRS 9.5.5 muss zu jedem Bilanzstichtag überprüft werden, ob eine bonitätsbedingte Wertberichtigung (loss allowance) bei finanziellen Vermögenswerten, die zu fortgeführten Anschaffungskosten („financial assets at amortised cost") bewertet werden sowie für finanzielle Vermögenswerte, die zum Fair Value through OCI bewertet werden („financial assets at Fair Value through OCI"), angezeigt ist. Hierfür sieht IFRS 9 nachfolgendes Schema vor[303]:

---

[303] Vgl. in Anlehnung an KPMG (Hrsg.); IFRS visuell, Stuttgart 2019, S, 155

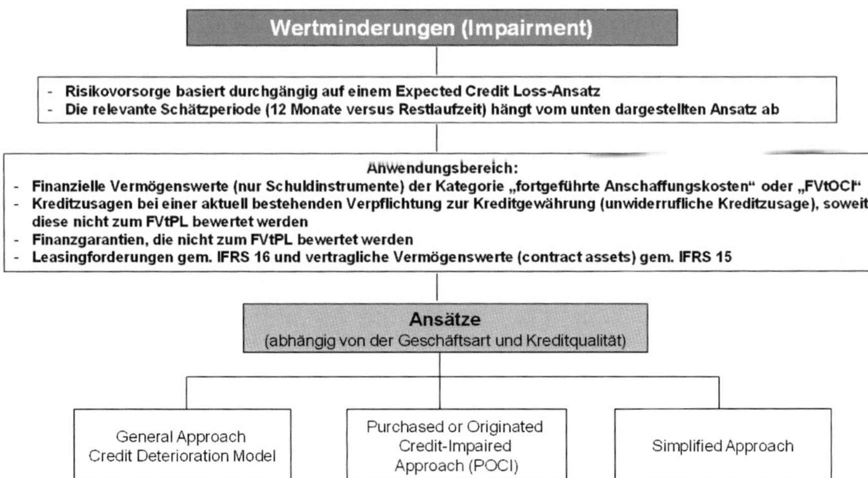

Die bonitätsbedingte Wertberichtigung ist erfolgswirksam zu bilden und gegebenenfalls fortzuführen. Sie darf nicht im OCI erfasst werden, wie andere nicht-bonitätsbedingte Wertänderungen (IFRS 9.5.5.2 und 9.5.7.10).

Es gilt ein dreistufiges Prüfschema anzuwenden.

- Bei Zugang eines finanziellen Vermögenswertes wird grundsätzlich davon ausgegangen, dass eine Einstufung in Stufe 1 angemessen ist und das ursprüngliche Kreditrisiko in die Zinsen und/oder den Rückzahlungsbetrag eingepreist ist. In Stufe 1 bemisst sich die „loss allowance" in Höhe des „erwarteten 12-Monats-Verlusts" als Barwert der erwarteten Zahlungsausfälle, die aus möglichen Ausfallereignissen innerhalb der nächsten 12 Monate nach dem Abschlussstichtag resultieren (IFRS 9.5.5.5). Die Stufe 1 ist auch an späteren Bilanzstichtagen anzuwenden, wenn sich seit dem Zugang des finanziellen Vermögenswertes keine signifikante Verschlechterung der Kreditqualität ergeben hat (IFRS 9.5.5.5) oder ein Rating im Investment Grade Bereich gegeben ist (IFRS 9 B5.2.23). Eine Neueinstufung ist zu einem späteren Zeitpunkt immer dann vorzunehmen, wenn sich die Kreditqualität des finanziellen Vermögenswertes gegenüber der Ausgangssituation signifikant verschlechtert hat.
- Die Stufe 2 liegt vor und ist insoweit der bonitätsinduzierten Bewertung des finanziellen Vermögenswertes zugrunde zu legen, wenn
  - sich die Kreditqualität seit Zugang signifikant verschlechtert hat (IFRS 9.5.5.3) oder

- bei einem Rating unterhalb von Investment Grade (IFRS 9 B5.5.17 (c) bis (e)), oder
- bei einem Zahlungsverzug über 30 Tage (widerlegbare Vermutung, IFRS 9.5.5.11).

Aus Vereinfachungsgründen (IFRS 9.5.5.15) muss die Stufe 2 grundsätzlich angewendet werden

- für Forderungen aus Lieferungen und Leistungen (IFRS 15),
- bei „contract assets“ im Sinne von IFRS 15, sowie
- bei Leasingforderungen eines Leasinggebers nach IFRS 16.

  In Stufe 2 bemisst sich die „loss allowance“ in Höhe der gesamten, über die Restlaufzeit des finanziellen Vermögenswertes erwarteten Verluste als Barwert der erwarteten Zahlungsausfälle infolge aller möglichen Ausfallereignisse über die Restlaufzeit („lifetime“) des Finanzinstruments (IFRS 9.5.5.3).

- Die Stufe 3 des für Impairments auf Finanzinstrumente vorgeschriebenen Prüf- und Prozessschemas liegt vor, wenn ein oder mehrere Ereignisse eingetreten sind, die einen negativen Einfluss auf die erwarteten zukünftigen Cashflows haben. D.h., wenn ein Verlust im Sinne eines „incurred loss“ (IFRS 9 Appendix A Def. „credit impaired financial asset“) tatsächlich eingetreten ist. Die Höhe der „loss allowance“ bemisst sich in Stufe 3 analog der Stufe 2 in Höhe der „lifetime expected losses“.[304]

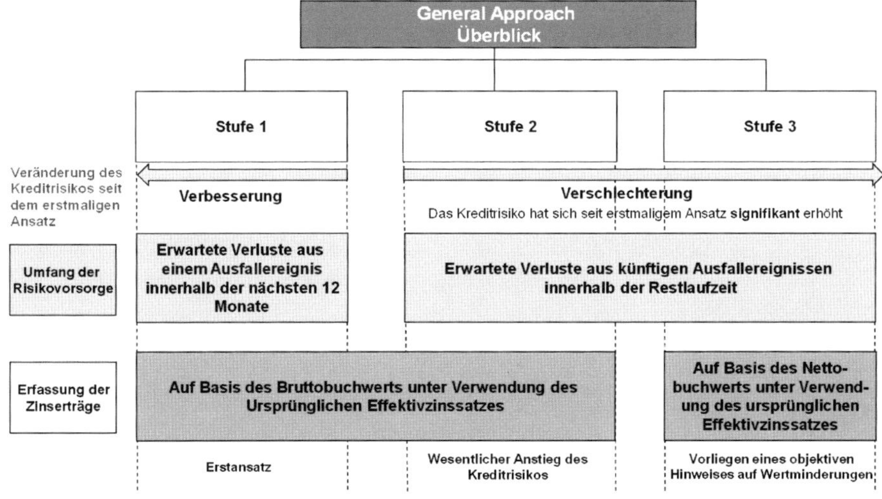

304 Vgl. in Anlehnung an KPMG (Hrsg.); IFRS visuell, Stuttgart 2019, S, 156

Gemäß IFRS 9 weist ein finanzieller Vermögenswert objektive Hinweise auf Wertminderung auf, wenn ein oder mehrere Ereignisse stattgefunden haben, die eine signifikante Auswirkung auf die erwarteten zukünftigen Zahlungsströme des finanziellen Vermögenswerts aufzeigen.

Dazu gehören beobachtbare Daten, welche dem Inhaber des Instruments über die folgenden Ereignisse bekannt geworden sind:

- Erhebliche finanzielle Schwierigkeiten des Emittenten oder des Schuldners;
- ein Vertragsbruch wie beispielsweise ein Ausfall oder Verzug von Zins- oder Tilgungszahlungen;
- Zugeständnisse, die der Kreditgeber dem Kreditnehmer aus wirtschaftlichen oder vertraglichen Gründen im Zusammenhang mit finanziellen Schwierigkeiten des Kreditnehmers macht, ansonsten aber nicht gewähren würde;
- eine erhöhte Wahrscheinlichkeit, dass der Kreditnehmer in Insolvenz oder ein sonstiges Sanierungsverfahren geht;
- das durch finanzielle Schwierigkeiten bedingte Verschwinden eines aktiven Markts für diesen finanziellen Vermögenswert;
- der Erwerb oder die Ausgabe eines finanziellen Vermögenswerts mit einem hohen Disagio, das die angefallenen Kreditausfälle widerspiegelt.

11.8 Grundzüge des Hedge Accounting

11.8.1 Allgemeines zum Hedge Accounting nach IFRS 9

Beim Hedging geht es um die Absicherung von Risiken durch Gegengeschäfte, d.h. Geschäfte mit entgegen gesetztem Risikoverlauf. Das Hedge Accounting bestimmt die Voraussetzungen, unter denen die Risikoabsicherung im Rechnungswesen nachvollzogen werden kann.

Kennzeichen für das Hedge Accounting nach IFRS 9 ggü. IAS 39 sind

- die enge Verbindung zum unternehmensspezifischen Risikomanagement,
- der erweiterte Kreis von Grundgeschäften (hedged items),
- der erweiterte Kreis von Sicherungsinstrumenten (hedging instruments),

- der Verzicht auf den retrospektiven Effektivitätstest und die Beschränkung auf den prospektiven Effektivitätstest,
- die Neueinführung des Begriffs der Rekalibrierung,
- das Verbot der freiwilligen Beendigung von Hedge-Beziehungen.

Nach IFRS 9.6.1 ff sind die Sondervorschriften über das Hedge Accounting (IFRS 9.6.1 ff.) anzuwenden, wenn ein Hedge designiert und dokumentiert wird.

Dabei unterscheidet IFRS 9 drei Kategorien von Hedge-Beziehungen:

- fair value hedges,
- Cashflow hedges,
- hedges of a net investment in a foreign operation (z.B. ausländisches Tochterunternehmen im Konzernverbund).

Als Sicherungsinstrumente im Rahmen des Hedge Accountings kommen derivative Finanzinstrumente (IFRS 9.6.2.1) oder nicht derivative finanzielle Vermögenswerte oder finanzielle Schulden, die „at Fair Value through P&L“ bilanziert werden, in Betracht (IFRS 9.6.2.2).

Gesichert werden können (IFRS 9.6.3.1) bilanzierte Vermögenswerte oder Schulden, nicht bilanzierte feste Verpflichtungen „firm commitments“, mit hoher Wahrscheinlichkeit eintretende künftige Transaktionen („highly probable forecast transactions“) oder „net investments in a foreign operation“. Es kann sich hierbei um einzelne Posten, eine Gruppe von Posten oder eine Komponente eines Postens oder einer Gruppe von Posten handeln.

Besondere Designationsmöglichkeiten bestehen für Eigenkapitalinstrumente, für welche die OCI-Option ausgeübt wird und Derivate, auch wenn sie nur einen Teil einer Gruppe darstellen.

Es können bei finanziellen und nicht-finanziellen Grundgeschäften auch nur einzelne Risikokomponenten designiert werden, sofern die Risikokomponenten gesondert identifizierbar und bewertbar sind.

Werden nur Teile eines Grundgeschäfts als Hedged Item designiert, so gilt der Layer-Approach für die Absicherung eines relativen oder absoluten Teils des Grundgeschäfts. Schließlich besteht eine aggregierte Designationsmöglichkeit für die Gruppendesignation von Brutto- und Nettopositionen. Auch können Derivate und erwartete Transaktionen Teil der Gruppe sein.

Nachfolgende Abbildung gibt die kumulativ zu erfüllenden Voraussetzungen für das Hedge Accounting wieder.[305]

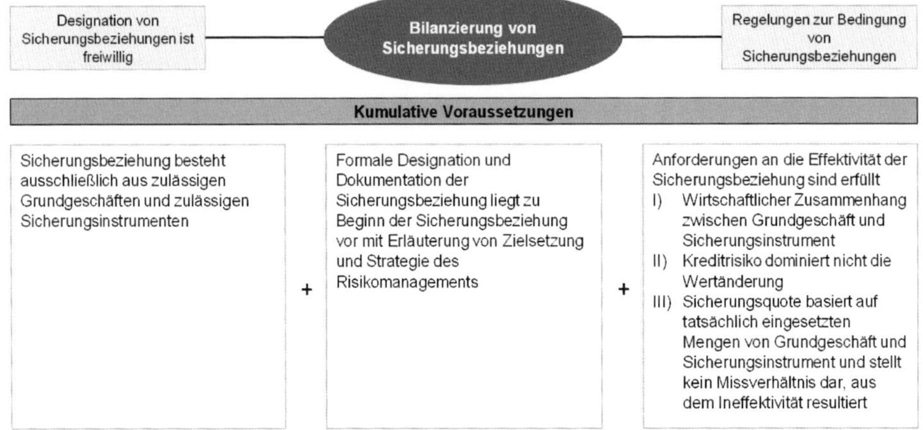

11.8.1.1 Fair Value Hedge

Als **Fair Value Hedge** bezeichnet man die Absicherung eines bilanzierten assets oder einer bilanzierten liability sowie einer festen Verpflichtung (unrecognised firm commitment, z.B. Contract Asset gemäß IFRS 15) gegen Marktwertveränderungen, die aus einem spezifischen Risiko resultieren. Beispiele können sein:

- die Umwandlung eines festverzinslichen in ein variabel verzinsliches Darlehen durch Abschluss eines Zinsswaps,
- die Absicherung von Vorräten gegen Preisverfall durch Abschluss eines Terminverkaufsgeschäftes,
- die Sicherung eines fest kontrahierten, zukünftigen Kauf- oder Verkaufsgeschäftes mittels Termingeschäfts gegen Währungsrisiken oder
- die Sicherung eines Eigenkapitalinstruments, das „at Fair Value through OCI“ bilanziert wird, gegen sinkenden Marktwert durch Erwerb einer Put-Option; in diesem Fall wird die Wertschwankung des Derivats (Put-Option) im OCI und nicht in der GuV erfasst (IFRS 9.6.5.8 (a)).

[305] Vgl. in Anlehnung an KPMG (Hrsg.): IFRS visuell, Stuttgart 2019 S. 160.

Beim Fair Value Hedge wird sowohl das Grundgeschäft als auch das Derivat bilanziert (Derivate gelten nach IFRS 9 nicht als schwebende Geschäfte, sondern als Financial Instruments) und (grundsätzlich) erfolgswirksam zum Fair Value bewertet. (IFRS 9.6.5.8 (a)). Die Fair Value-Änderungen des Derivates gehen vollumfänglich in die GuV-Rechnung, die FairValue-Änderungen des Grundgeschäfts gehen in die GuV-Rechnung, sofern sie sich auf das gesicherte Risiko beziehen. Dies gilt grundsätzlich auch für „financial assets at Fair Value through OCI", nicht aber für Eigenkapitalinstrumente „at Fair Value through OCI"; die Fair Value-Änderungen dieser Finanzinstrumente werden im OCI erfasst. Die Fair Value-Änderungen, die sich nicht auf das gesicherte Risiko beziehen, werden so behandelt, wie wenn es sich nicht um einen Hedge handeln würde.[306]

	Absicherung des Fair Values		
	EK-Instrument, für das die FVtOCI-Option ausgeübt wurde	**Nicht bilanzierte fest Verpflichtungen**	**Alle anderen Grundgeschäfte**
Grund-geschäft	Bewertung zum Fair Value	Erfassung der Wertänderungen der gesicherten Komponente als Vermögenswert/Schuld	Anpassung des Buchwerts um Wertänderungen der gesicherten Komponente
	Erfassung im sonstigen Ergebnis	Erfassung im Gewinn oder Verlust	Erfassung im Gewinn oder Verlust
Sicherungs-instrument	**Bewertung zum Fair Value**	**Bewertung zum Fair Value**	**Bewertung zum Fair Value**
	Erfassung im sonstigen Ergebnis	Erfassung im Gewinn oder Verlust	Erfassung im Gewinn oder Verlust

Für Fair Value Hedges gelten einige Besonderheiten:

- Bei Eigenkapitalinstrumenten, die „at Fair Value through OCI" bilanziert werden, werden die Fair Value-Änderungen sowohl des Eigenkapitalinstruments wie auch des Hedge-Derivats im OCI erfasst (IFRS 9.6.5.8 (a) und (b)).
- Bei nicht bilanzierten festen Verpflichtungen (Unrecognised firm commitments) werden die kumulierten Fair Value-Änderungen des unrecognised firm commitment als (contract) asset oder (contract) liabilitiy bilanziert (IFRS 9.6.5.8 (b)).
- Bei Financial Assets „at Fair Value through OCI" werden die Fair Value-Änderungen sowohl des Derivats wie auch des abgesicherten

306 Vgl. in Anlehnung KPMG (Hrsg.): IFRS visuell, Stuttgart 2019 S. 161.

financial assets „at Fair Value through OCI" in der GuV-Rechnung erfasst (IFRS 9.6.5.8 (b)).

Beispiel zum Fair Value Hedge Accounting

Ein Unternehmen reicht am 01.12.01 eine Forderung über 100.000 Schweizer Franken (CHF) aus mit einer Laufzeit von 6 Monaten. Der CHF-Kurs beträgt am 01.12.01 0,90 € (1 CHF kostet 0,90 €). Zur Absicherung des Fremdwährungsrisikos erwirbt es zeitgleich dazu ein Devisentermingeschäft über den gleichen Betrag und mit derselben Laufzeit, der gesicherte Kurs beträgt 0,90 €. Die Derivategebühr beträgt 330 €. Der Kurs des CHF zum 31.12.01 beträgt 0,94 €, der Wert des Devisentermingeschäfts sinkt auf -4.020 €. Am 31.03.02, dem nächsten (Quartals)Stichtag, beträgt der Kurs des CHF 0,87 €. Der Börsenkurs des Devisentermingeschäfts beträgt 3.040 €. Am 01.06.02 wird die Forderung zum gesicherten Kurs gutgeschrieben.

a) Wie sind zum 01.12.01 der Zugang der Forderung und der Erwerb des Devisentermingeschäfts einschließlich der Derivategebühr zu buchen?

b) Wie lauten die Buchungen (einschließlich Derivategebühr) zum 31.12.01, 31.03.02 und 01.06.02 unter der Voraussetzung, dass es sich um einen Hedge handelt?

Lösungsskizze

zu a)

Unterstellt die formalen und inhaltlichen Voraussetzungen für einen Fair Value Hedge sind erfüllt, dann lauten die Buchungen zu den jeweiligen Zeitpunkten wie folgt.

1.12.01	Forderungen an Zahlungsmittel			90.000
	Aufwand an Zahlungsmittel			330

zu b)

31.12.01	Forderungen an Ertrag			4.000
	Aufwand an Finanzinstrument			4.020
	RAP an Aufwand (5/6 von 330)			275
31.3.02	Abschreibungen an Forderungen			7.000
	Finanzinstrument an Ertrag			7.060
	Aufwand an RAP (3 × 55)			165
1.6.02	Zahlungsmittel	90.000		
	Aufwand	40		
			an Forderungen	87.000
			an Finanzinstrument	3.040
	Aufwand an RAP (2 × 55)			110

11.8.1.2 Cashflow Value Hedge

Bei Cashflow Hedges geht es um die Absicherung von spezifischen Risiken, die sich auf Veränderungen des Cashflows aus einem bilanzierten asset, oder liability, eines firm commitment (nur bei Absicherung von Währungsrisiken bei Vorräten und Anlagegütern (IFRS 9.6.5.4)) oder einer hoch wahrscheinlichen forecast transaction beziehen.

Beispiele können sein

- die Umwandlung einer variabel verzinslichen in eine festverzinsliche Anleihe durch Abschluss eines Zinsswaps oder
- die Absicherung eines geplanten Kaufs oder Verkaufs von Vorräten/Anlagegütern gegen Währungsrisiken mittels eines Fremdwährungs-Termingeschäfts.

Beim Cashflow Hedge wird das derivative Finanzinstrument mit dem Fair Value bewertet. Die FairValue-Änderungen werden, sofern sie sich

- auf das gesicherte Risiko beziehen („der effektive Teil") im OCI, bzw.
- nicht auf das gesicherte Risiko beziehen („der ineffektive Teil") in der GuV-Rechnung

erfasst.

Im OCI wird der niedrigere Wert aus den kumulierten Fair Value-Änderungen des Derivates und den kumulierten Fair Value-Änderungen des gesicherten Grundgeschäfts erfasst (IFRS 9.6.5.11 (a) (i) und (ii)).

Die in der Cashflow Bewertungsrücklage (OCI) erfassten Beträge werden entweder

- Teil der Anschaffungskosten eines Vermögenswertes oder einer Schuld (IFRS 9.6.5.11 (d) (i)) oder
- recycelt durch Erfassung als Ertrag oder Aufwand in der GuV, wenn und soweit die gesicherte Transaktion ergebniswirksam wird (IFRS 9.6.5.11 (d) (ii)).

	Absicherung des Cashflow	
Grundgeschäft	▪ Erwartete künftige Transaktion wird zu einem nicht-finanziellen Vermögenswert ▪ Erwartete künftige Transaktion für einen nicht-finanziellen Vermögenswert/Schuld wird zu einer festen Verpflichtung, deren FV abgesichert wird	Alle anderen Grundgeschäfte
	Im sonstigen Ergebnis erfasste Wertänderung des Sicherungsinstruments wird zum Bestandteil der AK des Vermögenswerts/der Schuld	Im sonstigen Ergebnis erfasste Wertänderungen des Sicherungsinstruments ist in den Perioden in die GuV umzubuchen, in denen die gesicherten Cashflows den Gewinn oder Verlust beeinflussen.
Sicherungsinstrument	**Bewertung zum Fair Value**	
	Effektiver Teil	
	Erfassung im sonstigen Ergebnis	
	Ineffektiver Teil	
	Erfassung im Gewinn oder Verlust	

Beispiel zum Cashflow Hedge

Es besteht seit 01.12.01 die feste Kaufabsicht, 100 Mengeneinheiten einer Ware zum Preis am 01.12.01 von 310 € pro Stück zu erwerben. Die Transaktion soll am 10.04.02 erfolgen. Die C-AG sichert diesen Preis durch einen Terminkauf ab. Der Marktpreis der Ware beträgt am Bilanzstichtag 31.12.01 290 € pro Stück und am 31.03.02 330 € pro Stück. Die Ware wird wie geplant am 10.04.02 erworben und am 15.04.02 zum Preis von 390 € weiterveräußert.

Stellen Sie die Buchungen für den beschriebenen Sachverhalt zum 01.12.01, zum 31.12.01, zum 31.03.02, zum 10.04.02 und zum 15.04.02 auf (8 Punkte).

Lösungsskizze

Unterstellt die formalen und inhaltlichen Voraussetzungen für einen Cashflow Hedge sind erfüllt, dann lauten die Buchungen zu den jeweiligen Zeitpunkten wie folgt:

31.12.01 Neubewertungsrücklage an Finanzinstrument
20 × 100 = 2.000

31.03.02 Finanzinstrument an Neubewertungsrücklage
40 × 100 = 4.000

10.04.02 Ware 330 × 100 = 33.000 an Zahlungsmittel
310 × 100 = 31.000
Finanzinstrument 2.000

Recycling Neubewertungsrücklage an Ertrag		2.000
05.04.02	Zahlungsmittel an Umsatz 390 × 100 =	39.000
	Wareneinsatz an Ware 330 × 100 =	33.000

GuV-Rechnung 04.02

Wareneinsatz	33.000	Umsatz	39.000
Gewinn	8.000	Ertrag	2.000

Der Gewinn von 8.000 € lässt sich verproben als Differenz zwischen dem Umsatz von 39.000 und dem gesicherten Preis der Ware von 31.000.

11.8.1.3 Hedge of a Net Investment in a Foreign Operation

Hierbei handelt es sich nach IFRS 9.6.5.13-14 um die Absicherung der Eigenkapitalausstattung eines ausländischen Geschäftsbetriebs in Fremdwährung. Das Vorgehen ist sehr ähnlich dem des Cashflow Hedges. Die Wertänderungen des Derivates werden – sofern es sich um den wirksamen Teil der Absicherung handelt – im OCI (Währungsausgleichsposten nach IAS 21) erfolgsneutral „geparkt“, bis der ausländische Geschäftsbetrieb ganz oder teilweise veräußert wird. Dann wird der kumulierte Betrag aus dem Währungsausgleichsposten in die GuV-Rechnung umgebucht („recycled“).

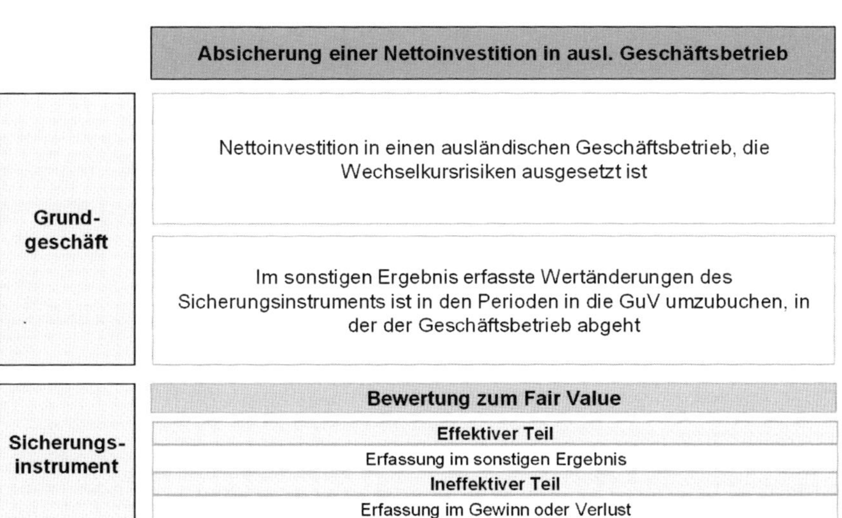

11.8.2 Allgemeine Voraussetzungen für das Hedge Accounting nach IFRS 9

Voraussetzungen für die Anwendung der Sondervorschriften für das Hedge Accounting sind eine formale Dokumentation der Sicherungsbeziehung sowie der Ziele und Strategien der Absicherung zu Beginn der Sicherungsbeziehung incl. Identifikation bzw. Dokumentation des Grund- und Sicherungsgeschäfts, des abgesicherten Risikos und der Vorgehensweise zur Bestimmung der Effektivität des Hedges, sowie eine Sicherstellung der Hedge-Effektivität.

Die Hedge-Effektivität ist gegeben, wenn eine wirtschaftliche Beziehung zwischen Hedging-Instrument und abgesichertem Posten (hedged item) gegeben ist und Kreditrisikoeffekte nicht die FairValue-Änderungen dominieren, die sich aus der wirtschaftlichen Beziehung zwischen Hedge-Instrument und abgesichertem Posten ergeben und die Sicherungsquote (Relation der Menge des Hedging Instruments zur Menge des Grundgeschäfts) der Relation aus tatsächlich abgesicherter Menge des Grundgeschäfts und hierfür tatsächlich verwendeter Menge des Sicherungsinstruments entspricht (Hedge Ratio).

Bei eintretender Hedge-Ineffektivität ist eine Anpassung der Mengen von Grundgeschäft und Sicherungsinstrument für Zwecke des Hedge Accounting erforderlich, das sogenannte „rebalancing“ (IFRS 9.6.5.5).

Ist das Sicherungsinstrument abgegangen, so ist die Sicherungsbeziehung beendet. Alsdann gilt:

- sind die qualitativen Merkmale der Sicherungsbeziehung weiterhin erfüllt, wird die Hedge-Beziehung unverändert fortgesetzt,
- sind die qualitativen Merkmale der Sicherungsbeziehung nicht mehr erfüllt, obwohl die Risikomanagement-Zielsetzung unverändert Gültigkeit besitzt, und liegt der Grund dafür in der Hedge Ratio, so ist eine Anpassung der Absicherungsmengen vorzunehmen (Rekalibrierung, rebalancing).

Es ist ausschließlich ein prospektiver Effektivitätstest erforderlich, ein retrospektiver Effektivitätstest ist entbehrlich.

Eine Beendigung von Hedge Accounting ist nur dann prospektiv vorzunehmen, wenn die Sicherungsbeziehung (oder Teile davon) nicht länger den qualitativen Anforderungen genügt (nach Durchführung einer eventuell vorzunehmenden Rekalibrierung). Dies beinhaltet Fälle, in denen das Sicherungsinstrument ausläuft oder veräußert, beendet oder ausgeübt wird. Die Beendigung von Hedge Accounting kann entweder die Sicherungsbeziehung insgesamt oder Teile davon betreffen. In letzterem Fall wird die Sicherungsbeziehung für den verbleibenden Teil fortgeführt (IFRS 9.6.5.6).

Eine freiwillige Beendigung durch Zurückziehen der Designation ist hingegen nicht möglich.

11.8.3 Anhangangaben zum Hedge Accounting

Mit Inkrafttreten von IFRS 9 wurden einige der Vorschriften in IFRS 7 Finanzinstrumente: Angaben geändert bzw. erweitert. Es gibt außerdem zusätzliche Angaben zu Eigenkapitalinstrumenten, die als „im sonstigen Gesamtergebnis zum beizulegenden Zeitwert zu bewerten" designiert wurden (at Fair Value through OCI-Option) sowie Angaben zu Risikomanagementtätigkeiten und bilanziellen Sicherungsbeziehungen sowie Angaben zum Ausfallrisikomanagement und Wertminderungen.

11.9 Übergangsregelungen mit der erstmaligen Anwendung von IFRS 9

Folgende Vorschriften sind beim Übergang zum Hedge Accounting nach IFRS 9 zu beachten:

- Die endgültigen Regelungen zur Bilanzierung allgemeiner Sicherungsbeziehungen wurden am 19.11.2013 veröffentlicht.
- Die Bilanzierung dynamischer Sicherungsbeziehungen (Macro Hedging) wird als separates Teilprojekt des IASB geführt und wurde von der Verabschiedung und Umsetzung des IFRS 9 abgetrennt (carve out).
- Bis zum Abschluss des Macro Hedging-Projekts existieren folgende Wahlrechte:
  - Bilanzierung allgemeiner Sicherungsbeziehungen nach IFRS 9 bei Anwendung der Vorschriften zum Macro Hedging nach IAS 39 (IFRS 9.6.1.3) oder
  - Bilanzierung sämtlicher Sicherungsbeziehungen nach den Vorschriften von IAS 39 (IFRS 9.7.2.21 und IFRS 9 BC6.41).

Grundsätzlich ist eine prospektive Anwendung von IFRS 9 vorgeschrieben mit folgenden Ausnahmen:

- Es besteht eine Pflicht zur retrospektiven Anwendung bei der Bilanzierung des Zeitwerts von Optionen, bei denen nur der innere Wert als Sicherungsinstrument designiert wurde, und
- es existiert ein einheitlich auszuübendes Wahlrecht zur retrospektiven Anwendung bei der Bilanzicrung von Termingeschäften, bei denen nur die Kassakomponente als Sicherungsinstrument designiert wurde.

11.10 Auswirkungen der Bilanzierung von Finanzinstrumenten nach IFRS 9 auf Bilanzpolitik und Bilanzanalyse

Bilanzpolitische Freiräume ergeben sich im Zusammenhang mit Finanzinstrumenten aus

- der Zuordnung der Wertpapiere zu den jeweiligen Kategorien mit Auswirkungen auf die Bewertung und die Behandlung von Wertänderungsdifferenzen,
- der Bestimmung des Fair Values, speziell bei nicht-börsennotierten Finanzinstrumenten,
- der Bestimmung und Abgrenzung von Hedgeeinheiten mit entsprechender kompensatorischer Wirkung auf die Bilanzierung.

Bilanzanalytisch ist zu beachten: Die Fair Value-Bewertung bei Wertpapieren und Derivaten

- führt zur teilweisen oder vollständigen Aufdeckung stiller Reserven und zum Ausweis unrealisierter Gewinne, was allerdings durch den Ansatz latenter Steuerabgrenzungen wieder relativiert wird,
- überträgt die Volatilität der Kapitalmärkte in den Bilanz- und Erfolgsausweis der Unternehmen,
- führt zu einem höheren Ausweis der Finanzaktiva und somit zu einem höheren Eigenkapital,
- führt zu Abgrenzungsfragen bei der Kategorisierung der Wertpapiere,
- lässt methodische Fragen nach der Fair Value-Ermittlung in Erscheinung treten und führt zu einer kritischen Analyse der angewandten Bewertungsmethoden und -modelle für nicht-börsengängige Derivate (Black-Scholes-Modell etc.).

11.11 Kontrollfragen

[1] Was versteht man unter finanziellen Vermögenswerten und finanziellen Schulden?

[2] Was ist maßgeblich für den erstmaligen Ansatz eines finanziellen Vermögenswerts?

[3] Beschreiben Sie das Haltemodell und das Cashflow-Kriterium.

[4] Wie erfolgt die Zugangs- und die Folgebewertung von finanziellen Vermögenswerten?

[5] Wie wird eine Impairment-Untersuchung unter IFRS 9 vorgenommen?

[6] Wann ist ein Abgang eines finanziellen Vermögenswerts zu erfassen?

[7] Nennen Sie die Ansatzkriterien für finanzielle Schulden.

[8] Unter welchen Voraussetzungen sind finanzielle Schulden auszubuchen?

[9] Was ist ein Sicherungsgeschäft, aus welchen Bestandteilen besteht es und wie ist deren Verhältnis zueinander?

[10] Was ist das Grundanliegen von „Hedge Accounting“?

[11] Welche Arten von Hedge Accounting werden unterschieden?

[12] Ein Unternehmen sichert den Wert seiner Vorräte ab. Welche Art einer Sicherungsbeziehung liegt vor?

[13] Erläutern Sie die Bilanzierung eines Cashflow Hedges.

[14] Erläutern die Bilanzierung eines Fair Value Hedges.

[15] Welches ist der Gegenstand eines „Hedge of a net investment in a foreign entity“?

12 Bilanzielle Behandlung von Vorräten nach IAS 2

12.1 Vorbemerkungen

Die Bilanzierung des Vorratsvermögens ist im Standard IAS 2 geregelt. Dabei sind insbesondere die Abgrenzungen des Vorratsvermögens zu den Sachanlagen (IAS 16) sowie zu den Investment-Immobilien (IAS 40) problembehaftet. Die Abgrenzung erfolgt anhand konstitutiver Merkmale des Vorratsvermögens in IAS 2.6.

Definition

Vorräte umfassen nach IAS 2.6 Vermögenswerte, die

- zum Verkauf im regelmäßigen Geschäftsverkehr gehalten werden,
- sich in der Produktion bzw. Herstellung für einen Verkauf im normalen Geschäftsgang befinden oder
- als Roh-, Hilfs- und Betriebsstoffe im Rahmen der Produktion bzw. Herstellung respektive bei der Erbringung der Dienstleistung verbraucht werden.

Hinweis

Das Vorratsvermögen, das nach IAS 1.66 dem kurzfristigen Vermögen zugewiesen wird, umfasst somit insbesondere:

- fertige Erzeugnisse und Waren (Finished Goods),
- unfertige Erzeugnisse/unfertige Leistungen (Work in Process),
- Rohstoffe (Raw Material),
- Hilfs- und Betriebsstoffe (Supplies).

Eine weitergehende bilanzielle Untergliederung, die branchen- bzw. unternehmensspezifisch notwendig sein kann, ist ebenfalls möglich. Werden die Vorräte bilanziell ausschließlich in einem Gesamtbetrag dargestellt, ist ihre Zusammensetzung im Anhang zu erläutern (IAS 2.36b).

Kosten die dem Unternehmen bei der Erfüllung eines Vertrags mit einem Kunden entstehen, welche nicht zu einer Entstehung von Vorratsvermögen führen, unterfallen nicht dem Anwendungsbereich von IAS 2. Ihre bilanzielle Behandlung erfolgt nach IFRS 15. Ebenso sind nach IAS 2.2 Finanzinstrumente und biologische Vermögenswerte im Zusammenhang mit landwirtschaftlichen Erzeugnissen aus dem Anwendungsbereich von IAS 2 ausgenommen.

12.2 Ansatz von Vorräten

IAS 2 enthält keine expliziten Ansatzvorschriften für das Vorratsvermögen. Es gelten somit die allgemeinen Ansatzvoraussetzungen des IFRS-Rahmenkonzepts[307].

Demnach sind Vorräte in der Bilanz anzusetzen, wenn

- ein mit ihnen verbundener wirtschaftlicher Nutzen dem Unternehmen wahrscheinlich zufließen wird und
- die Anschaffungs- oder Herstellungskosten der Vorratspositionen verlässlich ermittelt werden können.

12.3 Bewertung von Vorräten

12.3.1 Erstbewertung

Vorratsbestände werden nach IAS 2.9 i.V.m. IAS 2.1 grundsätzlich mit ihren Anschaffungs- oder Herstellungskosten bewertet. Dabei ist von einem enggefassten produktionsbezogenen Vollkostenansatz auszugehen.

Nach IAS 2.10 und IAS 2.15 umfassen die Anschaffungs- oder Herstellungskosten somit sämtliche angefallenen Kosten, die aufgewendet wurden, um den Vermögenswert in den momentanen Zustand zu versetzen und ihn an den derzeitigen Ort zu bringen. Weitergehende Wertabschläge, wie bspw. nach steuerrechtlichen Vorschriften, sind nach IFRS nicht zulässig.

---

307 Vgl. Kapitel 2.4.

Die Anschaffungskosten sind nachfolgendem Schema zu ermitteln:

	Anschaffungspreis	Kaufpreis ohne Umsatzsteuer (sofern der Erwerber vorsteuerabzugsberechtigt ist)
+	Anschaffungsneben-kosten	sämtliche dem Anschaffungsvorgang direkt zurechenbare Kosten (z.B. Transportkosten, Zölle, Steuern etc.)
./.	Anschaffungspreis-minderungen	Sämtliche direkt zurechenbare Nachlässe (z.B. Rabatte, Skonti, Boni etc.)
+	sonstige Kosten	Kosten die notwendig sind, die Vorräte an ihren vorgesehenen Einsatzort zu bringen (z.B. interne Spedition etc.)
=	**Anschaffungskosten**	

Die Herstellungskosten sind wie folgt zu ermitteln:

Herstellungskosten nach IFRS, HGB und EStG	**IFRS**	**HGB**	**EStG**
Einzelkosten			
Materialeinzelkosten	Pflicht	Pflicht	Pflicht
Fertigungseinzelkosten	Pflicht	Pflicht	Pflicht
Sondereinzelkosten der Fertigung	Pflicht	Pflicht	Pflicht
Gemeinkosten			
Materialgemeinkosten	Pflicht	Pflicht	Pflicht
Fertigungsgemeinkosten	Pflicht	Pflicht	Pflicht
Werteverzehr des Anlagevermögens	Pflicht	Pflicht	Pflicht
Verwaltungskosten des Material- und Fertigungsbereichs	Pflicht	Pflicht	Pflicht
Allgemeine Verwaltungskosten	anteilige Pflicht*	Wahlrecht	Wahlrecht
Kosten für freiwillige soziale Leistungen	anteilige Pflicht*	Wahlrecht	Wahlrecht
Kosten für soziale Einrichtungen	anteilige Pflicht*	Wahlrecht	Wahlrecht
Kosten für betriebliche Altersvorsorge	anteilige Pflicht*	Wahlrecht	Wahlrecht
Fremdkapitalkosten	Pflicht bei qualifiying assets	Wahlrecht unter bestimmten Voraussetzungen	Wahlrecht unter bestimmten Voraussetzungen
Forschungs- und Entwicklungskosten			
Grundlagenforschung	Verbot	Verbot	Verbot
Entwicklungskosten	Pflicht	Wahlrecht	Verbot
Vertriebskosten			
Vertriebskosten	Verbot	Verbot	Verbot
* Anteilige Pflicht, sofern die Kosten dem Produktionsbereich zugeordnet werden können (produktionsbezogener Vollkostenansatz).			

Als Zuschlagsbasis für die Zurechnung anteiliger Gemeinkosten fungiert grundsätzlich die betriebliche Normalbeschäftigung.

Diese ist ebenfalls dann anzuwenden, wenn der Beschäftigungsgrad einer Periode wesentlich unterhalb der Normalbeschäftigung liegt. Eine Zurechnung auf Basis von Unterbeschäftigungen würde in diesem

Fall den Wertansatz der hergestellten Vorräte unzweckmäßigerweise erhöhen. Liegt die Beschäftigung hingegen wesentlich über der betrieblichen Normalauslastung, erfolgt die Kostenzurechnung gemäß IAS 2.13 auf Grundlage des aktuellen Beschäftigungsgrads.

Nach IAS 2.16 gehören folgende Kosten nicht zu den Anschaffungs- oder Herstellungskosten:

- Vertriebskosten,
- Verwaltungsgemeinkosten, die nicht notwendig sind, um die Vorräte in den aktuellen Zustand zu versetzen oder sie an den momentanen (bzw. vorgesehenen) Ort zu bringen,
- Lagerungskosten, die für den Produktionsprozess nicht erforderlich sind, und
- unüblich hohe Kosten (bspw. Ausschussquoten, die das übliche Ausmaß übersteigen).

Bewertungsverfahren

Die Erstbewertung der Vorräte kann nach der Standardkostenmethode (IAS 2.21) oder der retrograden Methode (IAS 2.22) erfolgen.

Erste Methode ermittelt die Herstellungskosten als Standardkosten auf Basis des üblichen Materialeinsatzes sowie der üblichen Löhne und unterstellt hierbei eine normale Leistungsfähigkeit und Beschäftigungsauslastung.

Die retrograde Methode ermittelt die Anschaffungs- oder Herstellungskosten ausgehend von den jeweiligen Verkaufspreisen der Leistungen, indem sie von diesen eine Bruttogewinnspanne abzieht. Die verbleibende Differenz stellt die Anschaffungs- bzw. Herstellungskosten dar.

Beispiel

Die A-AG handelt die Waregruppe B. Im Geschäftsjahr 01 wurden für € 20.000,00 Waren gekauft und ein Erlös von € 8.000,00 erzielt. Sofern der komplette Wareneinsatz abgesetzt worden wäre, hätte die A-AG Erlöse in Höhe von € 35.000,00 erzielt. Wie ist der auf Lager liegende Warenbestand der Warengruppe B zum 31.12.01 nach der retrograden Ermittlungsmethode zu bewerten?

Lösung:

Der Verkaufspreis des nicht veräußerten Teils der Warengruppe B beträgt € 27.000,00. Von diesen ist die Bruttogewinnspanne abzuziehen.

Verhältnis Anschaffungskosten zu Verkaufserlösen =
€ 20.000,00 / € 35.000,00 = 57,0%

Bruttogewinnspanne = 100,0% - 57,0% = 43,0%

Bewertung des Vorrats:

Vorratsvermögen zu Verkaufspreisen	€ 27.000,00
./. Bruttogewinnspanne (43,0%)	€ 11.610,00
= Vorratsvermögen	€ 15.390,00

12.3.2 Folgebewertung

Die Folgebewertung erfolgt mit dem niedrigeren Betrag aus Anschaffungs- oder Herstellungskosten und dem Nettoveräußerungspreis (Lower-of-Cost-or-Net-Realizable-Value). Es ist somit zu prüfen, ob eine Abwertung auf den niedrigeren Net Realizable Value erforderlich ist (IAS 2.28 ff.).

Niedrigerer Wert aus		
Anschaffungs- oder Herstellungskosten	und	geschätzter Veräußerungspreis ./. geschätzte Veräußerungskosten = Nettoveräußerungspreis

Der Nettoveräußerungspreis entspricht dem geschätzten Verkaufspreis, der im Rahmen des normalen Geschäftsgangs erzielt werden kann, abzüglich der geschätzten, bis zu diesem Zeitpunkt noch anfallenden, Fertigstellungs- und Verkaufskosten. Hier sind ausschließlich absatzmarktbezogene Wertabschläge zulässig. Nur wenn am Abschlussstichtag hinreichend konkrete Verluste aus Absatzmöglichkeiten und Absatzpreisen oder der Entwicklung der Kosten bis zum Absatz erkennbar sind, sind Wertabschläge möglich. Gesunkene Wiederbeschaffungskosten haben für einen Abschlag auf die Vorratsbestände keine Auswirkung, es sei denn sie haben erwartete, hinreichend bekannte und sichere Auswirkungen auf den Absatzpreis. Wertabschläge sind grundsätzlich für jedes Vorratsgut einzeln zu bestimmen.

Roh-, Hilfs- und Betriebsstoffe, die für die Herstellung von Erzeugnissen bestimmt sind, welche voraussichtlich nicht unter ihren Anschaffungs- oder Herstellungskosten veräußert werden, sind nicht auf einen niedrigeren Wert abzuwerten (IAS 2.29).

Beispiel

Die X AG fertigt im Geschäftsjahr 01 1.500 Bohrmaschinen des Typs A und weist diese im Vorratsvermögen unter der Position Fertigerzeugnisse aus. Die Herstellungskosten pro Stück betragen € 55,00. Zum Jahresabschlussstichtag 31.12.01 wird ein Verkaufspreis in Höhe von € 51,00 geschätzt. Des Weiteren ist bekannt, dass für den Transport der Bohrmaschinen zum Einzelhändler noch Transportkosten in Höhe von € 2,50 anfallen.

Wie ist der Bestand an Bohrmaschinen zum 31.12.01 zu bewerten?

Lösung:

Ermittlung des Nettoveräußerungspreises

Geschätzter Verkaufspreis	€ 51,00
./. Transportkosten	€ 2,50
= Nettoveräußerungspreis	€ 48,50

Herstellungskosten € 55,00 > Nettoveräußerungspreis € 48,50

Die Bohrmaschinen sind um € 6,50 pro Stück abzuwerten. Der Abwertungsbedarf beträgt somit € 9.750,00 (€ 6,50 × 1.500 Stk.).

Buchung:

Abschreibung an Fertige Erzeugnisse € 9.750,00

Eine Zusammenfassung ähnlicher oder miteinander zusammenhängender Vorräte ist für die Folgebewertung nur zulässig, wenn die Vorräte

- derselben Produktlinie angehören,
- einen ähnlichen Zweck oder Endverbleib haben,
- in demselben geographischen Gebiet produziert und vermarktet werden und
- praktisch nicht unabhängig von anderen Gegenständen aus dieser Produktlinie bewertet werden können.

Fallen die Gründe für Wertminderungen früherer Jahre weg, so ist nach IAS 2.30 eine Wertaufholung bis höchstens zu den Anschaffungs- oder Herstellungskosten vorzunehmen.

12.3.3 Bewertungsvereinfachungsverfahren

Grundsätzlich gilt nach den Vorschriften der IFRS-Rechnungslegung der Einzelbewertungsgrundsatz. Aus Gründen der Vereinfachung und Wesentlichkeit stehen folgende Bewertungsvereinfachungsverfahren zur Wahl:

- gewogener Durchschnitt,
- First in First out (FIFO)

Im IFRS-Abschluss *nicht* zulässig sind

- Last in First out (LIFO) und
- Festbewertung.

12.4 Auswirkungen der Bilanzierung von Vorratsvermögen auf Bilanzpolitik und Bilanzanalyse

Bilanzpolitische Gestaltungsspielräume bei Vorräten ergeben sich

- aus den Ermessensspielräumen (produktionsbezogener Vollkostenansatz unter Berücksichtigung der Beschäftigungsauslastung) im Rahmen des Herstellungskostenbegriffs,
- aus der Auswahl der Bewertungsvereinfachungsverfahren und
- aus den Beurteilungsspielräumen im Rahmen der Folgebewertung nach der Lower-of-Cost-or-Net-Realizable-Value-Methode.

Nach den Vorschriften der IFRS werden Vorräte tendenziell höher bewertet als nach HGB, da

- die Herstellungskosten nur zu (enggefassten) Vollkosten anzusetzen sind,
- das Lifo-Verfahren, welches bei steigenden Preisen zu stillen Rücklagen führt, nach IFRS nicht zulässig ist und
- stille Reserven durch Wertaufholungen weitgehend aufgedeckt werden.

Eine höhere Vorratsbewertung führt dabei zum Ausweis

- einer höheren Haftungsmasse,

- einer geringeren Umschlagshäufigkeit,
- eines höheren Eigenkapitals und
- einer höheren Vorratsintensität.

12.5 Kontrollfragen

[1] Nennen Sie drei Beispiele für Vorratsvermögen gem. IAS 2.

[2] Mit welchem Wertansatz erfolgt bei Vorräten die Zugangsbewertung?

[3] Für welche Kosten besteht ein Einbeziehungsverbot hinsichtlich der Herstellungskosten?

[4] Nennen Sie den Bewertungsgrundsatz für die Folgebewertung von Vorräten.

[5] Welche Verbrauchsfolgeverfahren sind nach IAS 2 zulässig? Sind weitere Bewertungsvereinfachungsverfahren vorgesehen?

[6] Welches ist der Vergleichsmaßstab für den Niederstwerttest von Vorräten zu jedem Abschlussstichtag?

[7] Wie ist der Nettoveräußerungswert nach IAS 2 zu ermitteln?

[8] Gibt es Ausnahmen vom Grundsatz der absatzmarktorientierten Bewertung? Welche?

[9] Unter welchen Voraussetzungen ist bei Vermögenswerten des Vorratsvermögens eine Wertaufholung vorzunehmen?

13 Erlösrealisation aus Verträgen mit Kunden nach IFRS 15

13.1 Vorbemerkungen

IFRS 15 ist für Berichtsjahre seit dem 01.01.2018 anzuwenden. Der Standard ersetzte die Umsatzrealisations- sowie diese flankierenden Standards und Interpretationen IAS 11 (Fertigungsaufträge), IAS 18 (Erlöse), IFRIC 13 (Kundenbindungsprogramme), IFRIC 15 (Vereinbarungen über die Errichtung von Immobilien), IFRIC 18 (Übertragungen von Vermögenswerten von Kunden) und SIC 31 (Erträge – Tausch von Werbeleistungen).

Aus dem Anwendungsbereich von IFRS 15 ausgenommen sind hingegen Leasingverhältnissen nach IFRS 16, Finanzinstrumente nach IFRS 9, Konzernabschlüsse nach IFRS 10, gemeinsame Vereinbarungen nach IFRS 11, Einzelabschlüsse nach IAS 27, Anteile an assoziierten Unternehmen und Joint Ventures nach IAS 28 sowie Versicherungsverträge nach IFRS 4 bzw. IFRS 17 sowie bestimmte nicht-monetäre Tauschgeschäfte z.B. über Rohöl[308].

13.2 Zielsetzung

Durch IFRS 15 wurde ein einheitliches Konzept für die Realisierung von Umsätzen aus Verträgen mit Kunden im Rahmen von IFRS-Abschlüssen geschaffen.

Fällt nur ein Teil des Vertrags mit einem Kunden in den Anwendungsbereich von IFRS 15, so hat eine Separierung der Vertragsbestandteile zu erfolgen, wenn dies in dem anderen Standard vorgeschrieben ist, andernfalls ist der gesamte Vertrag nach IFRS 15 zu bilanzieren.

---

[308] Vgl. IFRS 15.5.

13.3 Das 5-Stufen Modell

13.3.1 Überblick

Der Standard sieht ein fünfstufiges Prüfungsmodell vor, das folgende Arbeitsschritte umfasst:

Schritt 1	Schritt 2		Schritt 3	Schritt 4		Schritt 5	
Identifizierung des Vertrags mit einem Kunden	Identifizierung der vertraglichen Leistungsverpflichtungen		Bestimmung der Gegenleistung	Aufteilung der Gegenleistung auf Leistungsverpflichtungen		Erfassung der Umsatzerlöse bei Erfüllung einer Leistungsverpflichtung durch das Unternehmen	
	Leistung 1	Leistung 2		Gegenleistung 1	Gegenleistung 2	Kontrolle als entscheidendes Kriterium	
						Umsatz 1	Umsatz 2

13.3.2 Identifizierung des Vertrags/der Verträge mit dem Kunden (Schritt 1)

Ein Vertrag mit einem Kunden liegt nach IFRS 15 nur dann vor, wenn sämtliche der nachfolgenden Bedingungen gegeben sind:

- die Zustimmungen der Vertragsparteien zum jeweiligen Vertrag liegen vor; sie haben sich zur gegenseitigen Leistungserbringung verpflichtet,
- der Lieferant kann die Rechte jeder Vertragspartei hinsichtlich der zu übertragenden Güter/ Leistungen identifizieren,
- der Lieferant kann die Zahlungsbedingungen für die zu übertragenden Güter/Leistungen identifizieren,
- der Vertrag besitzt wirtschaftliche Substanz und
- es ist wahrscheinlich, dass der Lieferant seine künftige Forderung gegen den Kunden tatsächlich eintreiben kann.[309]

Ein Vertrag liegt demzufolge nicht vor, wenn jede Partei den Vertrag jederzeit ohne Leistung einer Entschädigung kündigen kann[310]. Bei der rechtlichen oder wirtschaftlichen Beurteilung von Verträgen gilt der

[309] Vgl. IFRS 15.9.

[310] Vgl. 15.12.

Grundsatz der wirtschaftlichen Betrachtungsweise. Verträge können somit auch zusammengefasst werden, wenn sie eine wirtschaftliche Einheit bilden. Mögliche Vertragsänderungen werden dann als separater Vertrag behandelt, wenn eine zusätzliche Leistungsverpflichtung damit verbunden ist.

Zwei oder mehrere Verträge werden zusammengefasst, wenn

- ein annähernd zeitgleicher Vertragsabschluss mit derselben Partei vorliegt und
- ein einheitliches geschäftliches Ziel mit ihnen verfolgt wird oder
- die Gegenleistungen miteinander verknüpft sind, z.B. in Form einer Subventionierung der einen Leistung mit der anderen.

13.3.3 Identifizierung separater Leistungsverpflichtungen (Schritt 2)

Leistungen bzw. Leistungsbündel, die Vertragsgegenstand sind, sind anhand der Prüfkriterien von IFRS 15.29 auf ihre Abgrenzbarkeit hin zu untersuchen. Sofern sie nicht trennbar sind, sind sie Teil eines Leistungspaketes. Mehrere Verträge mit einem Kunden sind gemäß IFRS 15.17 (a) bis (c) zu einem gemeinsamen Vertrag zusammenzufassen, wenn:

- die Verträge als Paket mit einem gemeinsamen wirtschaftlichen Ziel ausgehandelt wurden,

  Beispiel: Verträge über den Bau eines betriebsbereiten Hotels in Form von einzelnen Verträgen über den Bau des Gebäudes, über die Lieferung der Möbel, über die Lieferung der technischen Ausstattungen, über die Durchführung der Schulung des Personals etc.

oder

- der Preis des einen Vertrags vom Preis eines anderen Vertrags abhängt

oder

- die Güter oder Leistungen der einzelnen Verträge in Wirklichkeit nur eine einzige Leistungsverpflichtung darstellen.

  Beispiel: Einzelverträge über den Bau eines Schiffes in Etappen bzw. Meilensteinen.

Beim Abschluss eines Vertrages muss der Lieferant die einzeln unterscheidbaren Leistungsverpflichtungen identifizieren können. Eine Leistungsverpflichtung ist immer abgrenzbar („distinct"), wenn (IFRS 15.27):

- der Kunde die Güter oder Leistungen selbständig bzw. einzeln nutzen kann (z.B. Verkauf eines Handys und Abschluss eines Mobilfunkvertrages) und
- das Leistungsversprechen des Lieferanten eigenständig abgrenzbar von anderen Leistungsversprechen desselben Lieferanten im selben Vertrag ist.

Dies ist gegeben, sofern der Kunde einzelne Güter/Leistungen von unterschiedlichen Lieferanten erhalten kann und hierdurch die Verwendbarkeit der einzelnen Güter/Leistungen nicht beeinträchtigt wird (IFRS 15.29 (c). Beispiel: Erwerb der Klimaanlage bei Lieferant A und Installation durch Lieferant B.

Dies ist nicht gegeben, sofern der Lieferant einen signifikanten Installations-/Integrations-Service hinsichtlich der verschiedenen Leistungsverpflichtungen erbringt (IFRS 15.29 (a)). Beispiel: Ein Lieferant muss eine komplexe Klimaanlage aufgrund vertraglicher Regeln auch installieren und nur er besitzt das dafür erforderliche Know-How.

Dabei ist zu untersuchen, ob einzeln unterscheidbare Güter oder Dienstleistungen identifiziert werden können. Ist dies nicht der Fall, so muss geprüft werden, ob ein Leistungsbündel identifiziert werden kann. Ist auch dies nicht gegeben, sind die einzelnen Güter oder Dienstleistungen als einheitlicher Vertrag zu bilanzieren.

- Identifizierung von einzeln unterscheidbaren Gütern oder Dienstleistungen

  Güter/Leistungen sind unterscheidbar, wenn:

  - ein Kunde die Leistung allein oder zusammen mit ihm unmittelbar zur Verfügung stehenden Ressourcen nutzen kann (IFRS 15.27 (a)), und
  - das Leistungsversprechen separat identifizierbar von anderen Leistungsversprechen im Kontrakt ist (IFRS 15.27 (b))
    - In diesem Fall sind die einzelnen Güter / Leistungen als separate Leistungsverpflichtungen zu bilanzieren.
- Identifizierung von Leistungsbündeln
  - Nicht unterscheidbare Güter/Dienstleistungen sind zusammenzufassen, bis ein unterscheidbares/trennbares Leistungsbündel vorliegt (IFRS 15.30).

In vielen Fällen bedeutet dies, dass der Lieferant alle in einem Vertrag spezifizierten Güter/Leistungen als eine einheitliche Leistungsverpflichtung behandeln muss. In diesem Fall ist das Leistungsbündel als eine einzige Leistungsverpflichtung zu erfassen.

Beispiel 1

Ein Generalunternehmer baut für Kunden ein schlüsselfertiges Kohlekraftwerk, bestehend aus diversen einzelnen Komponenten: Ofen, Kohlenförderanlage, Transportbänder, Abgasreinigungsanlage etc.

Sind diese Einzelleistungen unterscheidbar (distinct) oder als zusammenzufassendes Leistungsbündel anzusehen?

Lösung:

Abstrakt könnte der Kunde die einzelnen Komponenten allein oder mit ihm unmittelbar zur Verfügung stehenden Ressourcen nutzen (IFRS 15.27(a).

Konkret wird vertraglich ein Kraftwerk (also ein Gut) geschuldet (IFRS 15.27(b); die darin involvierten einzelnen Güter und Dienstleistungen sind nicht unterscheidbar. Das leistende Unternehmen erbringt die wesentlichen Dienstleistungen in Bezug auf die Bündelung der einzelnen Komponenten (IFRS 15.29(a)).

Beispiel 2

Ein Aufzughersteller bietet neben Aufzügen und deren Montage auch Wartungsleistungen an. Der Kunde kann die Wartungsleistung auch von anderen Anbietern beziehen. Es liegt allerdings ein Vertrag mit dem Kunden über das Komplettpaket vor, das alle vorgenannten Leistungen beinhaltet.

Lösung:

Der Aufzug sowie die (Standard-)Montage und Wartung sind unterscheidbar (IFRS 15.27) und daher gesonderte Leistungsverpflichtungen. Abstrakt kann der Kunde alle Komponenten einzeln bzw. mit anderen unmittelbar verfügbaren Ressourcen nutzen (IFRS 15.27(a)). Konkret sind die Leistungen nicht hochgradig mit anderen Leistungen aus dem Vertrag verbunden bzw. von diesen abhängig (IFRS 15.27(b) i.V.m. IFRS 15.29).

13.3.4 Bestimmung des Transaktionspreises (Schritt 3)

Die Vereinnahmung der Umsatzerlöse durch den Lieferanten erfolgt durch Zuordnung des Transaktionspreises zu den jeweils gesondert identifizierten Leistungsverpflichtungen vor, während und nach der Leistungserfüllung.[311]

Die Höhe der zu vereinnahmenden Umsatzerlöse wird durch nachfolgende Punkte beeinflusst:

- **Variable Vergütungsbestandteile:** Dies sind bspw. Skonti, Rabatte, Boni, Rückvergütungen, Werbekostenzuschüsse etc[312]. Die Gegenleistung ist ebenfalls variabel, wenn der Transaktionspreis vom Eintritt zukünftiger Ereignisse abhängig ist (z.B. von der Rückgabe des Produktes durch den Kunden, Erreichen bestimmter „Milestones" durch den Lieferanten). Dies wird durch den Lieferanten berücksichtigt, indem er die Umsatzerlöse entweder auf Basis
  - eines gewichteten Erwartungswerts (z.B. bei Massenlieferungen) oder
  - des Betrages mit der höchsten Wahrscheinlichkeit (bei einzelnen Gütern und Leistungen → Stückgut) erfasst.

  Konkretisierende Beispiele:
  - **Boni:** Muss der Lieferant davon ausgehen, dass er erhaltene Zahlungen teilweise z.B. in Form eines Bonus an den Kunden zurückerstatten muss, kürzt er die zu erfassenden Umsatzerlöse um eine entsprechende „refund liability".[313] Die Schätzung muss am Ende jeder Berichtsperiode aktualisiert werden.[314]
  - **Rückgaberechte:** Umsatzerlöse werden nur in der Höhe erfasst, wie der Lieferant erwartet, dass die verkauften Waren vom Kunden behalten werden. In Höhe der erwarteten Rückgaben, erfasst er eine „refund liability". Des Weiteren wird eine Korrektur der Cost of Goods Sold (CoGS) mittels Einbuchung eines assets für die Artikel, mit deren Rückgabe gerechnet wird, in Höhe der Herstellungskosten der Waren abzüglich der Wertminderung durch Gebrauch, vorgenommen.[315]

---

311 Vgl. IFRS 15.46.

312 Vgl. IFRS 15.50 ff.

313 Vgl. IFRS 15.55.

314 Vgl. IFRS 15.59.

315 Vgl. IFRS 15.B21 ff.

- **Garantien:** Bei handelsüblichen oder gesetzlichen Garantien wird eine Garantie-Rückstellung gem. IAS 37 gebildet[316]. Sofern die Garantie über die gewöhnlichen Gepflogenheiten hinausgeht (z.B. 5 Jahres Garantie bei PKW), stellt diese weitere Garantiezusage eine eigene unterscheidbare „Leistungsverpflichtung" dar. Auf diese entfällt ein Teil der Umsatzerlöse (Passivierung einer „contract liability").[317]

- **Zeitwert des Geldes**[318]: Dies ist für die Umsatzrealisierung relevant, wenn der Zeitraum zwischen Leistungs- und Zahlungszeitpunkt mehr als ein Jahr beträgt. Der Zinssatz wird hierbei entsprechend einem separaten Finanzierungsgeschäft ermittelt. Hierbei handelt es sich um einen individuellen Zinssatz unter Berücksichtigung der Bonität. Die Zinseffekte werden im Finanzergebnis ausgewiesen.
- **Vergütung in Form von Vermögenswerten**[319]: bezahlt der Kunde nicht mit Geld, sondern mit Gütern bzw. Dienstleistungen, sind die Umsatzerlöse des Lieferanten auf Basis des Fair Value der erhaltenen Güter / Dienstleistungen (Beispiel: Tauschgeschäfte) zu bemessen.
- **Zahlungen an einen Kunden**[320]: entsprechende Zahlungen stellen eine Minderung der Umsatzerlöse dar, sofern keine Güter oder Leistungen vom Kunden erworben werden.

  Beispiel: Ein Getränkeproduzent vereinbart mit einem Großhändler die Aufnahme eines neuen Getränkes in sein Produktsortiment. Hierfür zahlt der Produzent einmalig einen Werbekostenzuschuss in Höhe von € 1.000,00 an den Großhändler. Der Zuschuss mindert die Umsatzerlöse des Getränkeproduzenten. Wirtschaftlich betrachtet liegt ein Preisnachlass auf in Zukunft zu liefernde Getränke vor. Es handelt sich mithin weder um Umsatzkosten noch um Vertriebsaufwendungen. Es handelt sich um einen Preisnachlass für auf in Zukunft zu liefernde Getränken.
- **Berücksichtigung des Forderungsausfallrisikos**: der Transaktionspreis stellt den erwarteten Anspruch auf Gegenleistung aus dem

---

316 Vgl. IFRS 15.B30.

317 Vgl. IFRS 15.B28.

318 Vgl. IFRS 15.60 ff.

319 Vgl. IFRS 15.66 ff.

320 Vgl. IFRS 15.70 ff.

Vertrag dar (IFRS 15.47; in diesem ist das Forderungsausfallrisiko nicht berücksichtigt). Das Bonitätsrisikos des Kunden wird bei der Forderungsbewertung zum Transaktionszeitpunkt berücksichtigt und anschließend an allen Bilanzstichtagen auf Basis der sog. „lifetime expected credit losses" (verpflichtende Vereinfachungsregel für alle Forderungen aus Lieferungen u. Leistungen gem. IFRS 15).[321]

Beispiel 1

Der Abnehmer A erhält bei einem Stückpreis von 100 € einen Bonus von 10 € pro Stück, wenn mehr als 1.000 Stück erworben werden. Zum ersten Quartalsabschluss sind 75 Stück bezogen worden. Auf Basis der Erfahrungen mit dem Kunden und dem Produkt kann das Unternehmen davon ausgehen, dass die Bezugsschwelle nicht überschritten wird. Das Unternehmen realisiert Umsatzerlöse in Höhe von € 7.500.

In Q2 werden zusätzlich 500 Stück abgenommen und das Unternehmen geht jetzt davon aus, dass die Bezugsschwelle zum Jahresende überschritten wird. Damit werden für das zweite Quartal Umsatzerlöse von 44.250 € realisiert. Diese werden wie folgt ermittelt:

Stück	Preis (€)	Summe (€)
500	90	45.000
75	-10	-750
		44.250

Beispiel 2

Das Unternehmen A und der Kunde B schließen einen Vertrag über die Lieferung eines Produktes in zwei Jahren. B leistet dafür bei Vertragsschluss eine Anzahlung in Höhe von 1.000.000 €, die die Kosten des A zum Teil decken soll. Eine Alternative in der Verhandlung war die Zahlung in zwei Jahren in Höhe von 1.250.000 €. Die Umsatzrealisierung erfolgt bei Lieferung des Produktes. Der den Berechnungen nach IFRS 15 zugrunde liegende Refinanzierungssatz beträgt 6% p.a.

Wie ist die Finanzierungskomponente zu behandeln und wie lauten die Buchungen des A im Jahr 1 und im Jahr 2?

---

[321] Vgl. IFRS 9.5.5.15

Lösung:

Ob es sich um eine wesentliche Finanzierungskomponente handelt, hängt von der Länge des Zeitraums und der Höhe des relevanten Zinssatzes ab. Bei einer Anzahlung mit einer Laufzeit von mehr als 12 Monaten, ist der Betrag der Aufzinsung als Zinsaufwand zu behandeln. Als für die Berechnungen nach IFRS 15 relevante Zinssatz gilt jener, den das Unternehmen, das die Anzahlung (Finanzierung) erhält, für Fremdkapital zu zahlen hat.

Der als Umsatzerlös zu erfassende Betrag beträgt

$1.000.000 \times (1,06)^2 = 1.123.600$

Jahr 1	Bank Zinsaufwand Vertragsverbindlichkeit	1.000.000 60.000 1.060.000
Jahr 2	Vertragsverbindlichkeit Zinsaufwand Umsatzerlöse	1.060.000 63.600 1.123.600

13.3.5 Verteilung des Transaktionspreises auf die Leistungsverpflichtungen des Vertrags (Schritt 4)

Sind in einem Vertrag mehrere Leistungsverpflichtungen inkludiert, ist der gesamte Transaktionspreis proportional entsprechend den Einzelveräußerungspreisen der jeweiligen Einzelleistungen aufzuteilen (sog. „Relative Fair Value-Methode“)[322].

Die Residualmethode kann nur in Ausnahmefällen angewandt werden, wobei je nach Lage des Einzelfalls bestimmte Bestandteile und Rabatte nur einzelnen Leistungsverpflichtungen zugerechnet werden können. Die Problematik besteht in der Bestimmung der Einzelveräußerungspreise. Dies kann durch Schätzung der Marktpreise für vergleichbare Güter oder Dienstleistungen oder durch die Kostenaufschlagsmethode (erwartete Kosten zuzüglich angemessener Marge) erfolgen.

Beispiel

Ein Rabatt in Höhe von 40 T€ soll auf ein Leistungsbündel mit folgenden Einzelveräußerungspreisen aufgeteilt werden:

---

[322] Vgl. IFRS 15.76 ff.

Produkt A	T€	90
Produkt B	T€	110
Dienstleistung C	T€	200
	T€	400

Lösung:

Der Rabatt (10%) wird auf Basis der relativen Einzelveräußerungspreise aufgeteilt.

Produkt A	T€	9
Produkt B	T€	11
Dienstleistung C	T€	20
	T€	40

Abwandlung:

Es wird angenommen, dass die Produkte A und B nachweislich zusammen für T€ 160 verkauft werden, der Rabatt also ausschließlich den Produkten A und B zugeordnet wird.

Produkt A	T€	18
Produkt B	T€	22
Dienstleistung C		-
	T€	40

13.3.6 Erfassung von Umsatzerlösen bei erfüllter Leistungsverpflichtung (Schritt 5)

Umsatz ist zu realisieren, wenn der Lieferant eine Leistungsverpflichtung erfüllt, in dem er ein Gut bzw. eine Leistung an den Kunden übergibt. Eine Übergabe liegt vor, wenn der Kunde die Kontrolle (control) hierüber erlangt. Somit ist vorab zu prüfen, ob – dem Grunde nach – ein Übergang der Kontrolle vom Lieferanten auf den Kunden stattgefunden hat.

Beispiele, bei denen der Kontrollübergang problematisch sein kann:

- Der Lieferant hat mit dem Kunden vereinbart, das Gut nach einer bestimmten Zeit zurückzukaufen (Rückkaufvereinbarung) bzw. er hat das Recht zum Rückkauf (Call Option). Der Kunde erlangt keine Kontrolle über die Leistung. In solchen Fällen handelt sich nicht um einen Umsatzvorgang, sondern einen Leasing-Vertrag i.S.v. IFRS 16[323].

---

323 Vgl. IFRS 15.B64 ff.

- Auf Verlangen des Kunden muss der Lieferant das Gut zurückkaufen (Stillhalter Put-Option). Sofern es für den Kunden wirtschaftlich vorteilhaft ist, wird er die Option ausüben. In diesem Fall handelt es sich bei wirtschaftlicher Betrachtung ebenfalls um einen Leasing-Vertrag. Ist es für den Kunden jedoch nicht von Vorteil die Option auszuüben, wird die Transaktion wie ein Vertrag mit Rückgaberecht behandelt. D.h. in Höhe der erwarteten Rückgaben wird eine „refund liability“ passiviert und in Höhe des Wertes der erwarteten Retouren ein „asset“ aktiviert. Bei wirtschaftlicher Betrachtung handelt es sich hierbei nicht um einen Umsatz, sondern vielmehr um ein Finanzierungsgeschäft.

Die Kontrollerlangung durch den Kunden wird in den IFRS an zwei Sachverhalten illustriert[324]:

- Übergang der Kontrolle über einen Zeitraum → zeitraumbezogene Umsatzrealisierung („performance obligation satisfied over time“) *oder*
- Übergang der Kontrolle zu einem Zeitpunkt → zeitpunktbezogene Umsatzrealisierung („performance obligation satisfied at a point of time“).

Die zeitraumbezogene Umsatzrealisation ersetzt die Percentage of Completion-Methode nach IAS 11. Sie findet Anwendung, wenn ein Vermögenswert hergestellt oder bearbeitet wird, der Kunde die Verfügungsmacht besitzt bzw. sukzessive erlangt, es sich nicht um einen Vermögenswert mit Alternativnutzen handelt und entweder

- ein kontinuierlicher (stetiger) Nutzenzugang stattfindet, oder
- keine Wiederholung der erbrachten Leistung bei (fiktiver) Übertragung des Auftrags auf einen Dritten erforderlich ist oder
- rechtlich durchsetzbare Zahlungsansprüche für die erbrachten Leistungen bestehen.

Wird die Leistungsverpflichtung nicht „über einen spezifizierten Zeitraum“ („over time“, lex specialis) erfüllt, dann erfolgt die Umsatzrealisation zu einem gewissen Zeitpunkt „at a point of time“ (lex generalis). IFRS 15.35 beschreibt drei Fälle (Bedingungen) einer zeitraumbezogener Umsatzrealisation:

---

324 Vgl. IFRS 15.32.

- Der Kunde erhält und verbraucht den Nutzen der Leistung gleichzeitig mit der Leistungserbringung. Beispiel: Dienstleistungsverträge.
- Die erbrachte Leistung schafft oder verbessert einen Vermögenswert, den der Kunde kontrolliert. Beispiel: Errichtung eines Vermögenswertes auf dem Grund und Boden des Kunden.
- Die erbrachte Leistung kann durch den Lieferanten nicht alternativ genutzt werden und der Lieferant hat gegenüber dem Kunden ein durchsetzbares Recht auf Bezahlung der bislang erbrachten Leistung. Beispiel: Errichtung eines speziellen Vermögenswertes, den nur der Kunde nutzen kann.

Die vorgenannten Bedingungen müssen nicht kumulativ erfüllt sein. Es ist ausreichend, wenn eines der Merkmale vorliegt, um eine zeitraumbezogene Umsatzrealisierung zu ermöglichen.

Der Lieferant vereinnahmt die Umsatzerlöse im Zeitablauf im Verhältnis der anteiligen Erfüllung seiner Leistungsverpflichtung[325].

Dies erfordert die Messung des Leistungserbringungsfortschritts entsprechend output- oder inputorientierten Methoden. Beispiele für outputorientierte Messungen des Leistungsfortschritts (Indikatoren) sind:

- bewerteter Leistungsfortschritt,
- Meilensteine,
- produzierte Leistungseinheiten.

Beispiele für inputorientierte Indikatoren der Leistungsfortschrittsmessung sind:

- Kostenanfall (cost-to-cost-Methode – siehe nachfolgend),
- Materialverbrauch,
- Stundenanfall,
- Zeitablauf.

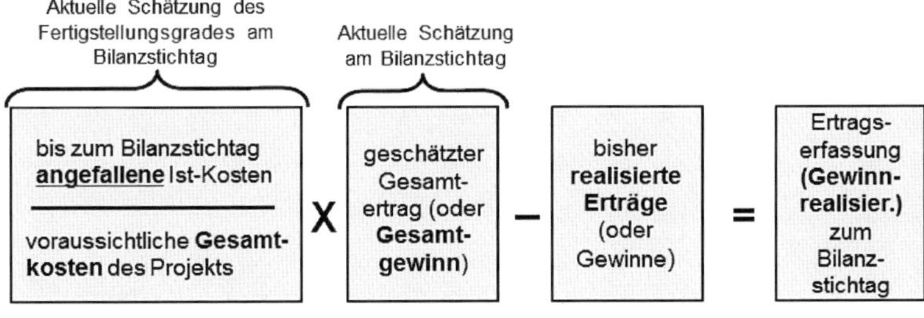

[325] Vgl. IFRS 15.39.

Die zeitpunktbezogene Umsatzrealisation erfordert die Bestimmung des Zeitpunkts des Kontrollübergangs. Indikatoren für erfolgten Kontrollübergang auf den Kunden sind:

- Zahlungsanspruch des Lieferanten gegenüber dem Kunden,
- Eigentumsübergang auf den Kunden,
- Besitzübergang auf den Kunden,
- Übergang Chancen und Risiken auf den Kunden oder
- Abnahme der Güter bzw. Leistungen durch den Kunden.

Beispiel 1

Es wird ein Vertrag mit einem Kunden über Reinigungsarbeiten in dessen Bürogebäude abgeschlossen. Es handelt sich um eine Leistungsverpflichtung mit einer Vertragslaufzeit von einem Jahr.

Lösung

Die Umsatzrealisierung hat zeitraumbezogen zu erfolgen. Der Kunde erhält den Nutzen aus der Dienstleistung gleichzeitig mit der Leistungserbringung.

Beispiel 2

Ein Generalunternehmer erbaut für einen Discounter ein schlüsselfertiges Bürogebäude auf einem vorab vom Kunden erworbenen Grundstück.

Lösung

Beim Bau des Bürogebäudes handelt es sich um eine Leistungsverpflichtung, da nur alle Einzelleistungen gemeinsam ein unterscheidbares Leistungsbündel darstellen.

Die Umsatzrealisierung hat zeitraumbezogen zu erfolgen, denn das Unternehmen schafft einen Vermögenswert, den der Kunde zu jedem Zeitpunkt kontrollieren kann. Die Objekterrichtung erfolgt auf dem Kundengrundstück, somit ist der zivilrechtliche Eigentumsübergang auf den Kunden (§ 94 Abs. 1 BGB) und damit die Kontrolle durch ihn gegeben.

Beispiel 3

Sachverhalt wie Beispiel 2, aber: das Gebäude wird auf dem Grundstück des Unternehmens errichtet. Der Eigentumsübergang erfolgt erst nach Fertigstellung des Bürogebäudes. Die Zahlungsmodalitäten sehen vor: eine Anzahlung bei Vertragsabschluss von 10% des Festpreises, einen Monat nach Baubeginn eine weitere Zahlung von 30% und mit der Übergabe erfolgt die Schlussrechnung. Es besteht somit kein jederzeit mit der Leistung korrespondierender Vergütungsanspruch des Unternehmens

Lösung

Die Umsatzrealisierung hat zeitpunktbezogen zu erfolgen. Die Kriterien des IFRS 15.35 sind insgesamt nicht gegeben.

13.4 Problembereiche der Umsatzrealisation

Hinsichtlich der Behandlung der Umsatzrealisation bestehen einige Sondervorschriften (vgl. IFRS 15 Anhang B).

- **Vertragskosten:** Diese sind grundsätzlich als Vermögenswert zu aktivieren, wenn es sich um Ausgaben handelt, die ohne den Vertrag nicht angefallen wären, Ressourcen geschaffen oder verbessert, die in Zukunft zur Erfüllung von Leistungsverpflichtungen genutzt und die Kosten voraussichtlich zurückgewonnen werden. Beispiel: Anbahnungskosten. Hat der Vertrag eine Laufzeit von weniger als einem Jahr, können sie direkt als Aufwand erfasst werden.
- **Belastende Verträge:** Sie kommen bei zeitraumbezogener Umsatzrealisierung von mehr als einem Jahr in Betracht. Hierbei ist der niedrigere Betrag aus direkten Erfüllungs- und Beendigungskosten mit dem zugewiesenen Transaktionspreis zu vergleichen. Die Prüfung erfolgt dabei auf Ebene der einzelnen, noch zu erfüllenden, Leistungsverpflichtungen und nicht auf Ebene des Gesamtvertrags. Kommt es zu einem Ungleichgewicht zwischen Leistung und Gegenleistung so ist, neben einer Wertberichtigung auf bereits aktivierte Vermögenswerte, eine Drohverlustrückstellung nach IAS 37.66-69 zu bilden. Diese ist separat auszuweisen und an jedem Stichtag neu zu bewerten.
- **Rückgaberechte:** Ein Rückgaberecht stellt regelmäßig keine separate Leistungsverpflichtung dar. Eine Umsatzrealisation findet nur für die Produkte statt, die voraussichtlich nicht durch den Kunden zurückgegeben werden. Ist eine Abgrenzung für zu erwartende Rückerstattungen nicht zuverlässig bestimmbar, erfolgt keine Umsatzrealisierung. Dies ist an jedem Stichtag zu überprüfen und ggf. über die Position Umsatzerlöse anzupassen. Der Rückforderungsan-

spruch für erwartete Rückgaben ist als Korrekturposten der Herstellungskosten des Umsatzes zu buchen. Der Ausweis erfolgt separat von der Rückstellung für zu erwartende Rückerstattungen. Die Bewertung ist mit dem ursprünglichen Buchwert der verkauften Erzeugnisse abzüglich erwarteter Rücknahmekosten vorzunehmen.

- **Gewährleistungszusagen und Garantien:** Hierbei ist zu differenzieren, ob es sich um eine separate Leistungsverpflichtung oder eine bloße Gewährleistungszusage handelt. Im ersten Falle erfolgt die Abgrenzung des auf die Garantiezusage entfallenden Umsatzerlöses. Eine Umsatzrealisierung erfolgt bei Leistungserbringung (Inanspruchnahme) oder bei Wegfall der Verpflichtung. Beispiel: vertraglich vereinbarte Zusatzgarantie. Geht die Garantie nicht über die Gewährleistung der vertraglich zugesagten Funktionsfähigkeit hinaus und ist für den Kunden somit kein separater Nutzen beinhaltet, handelt es sich um eine bloße Gewährleistungszusage, dass ein mangelfreier Gegenstand geliefert wird. Dabei handelt es sich nicht um eine separate Leistungsverpflichtung. Eine Umsatzrealisierung erfolgt in voller Höhe bei gleichzeitiger Erfassung der erwarteten Kosten durch eine Gewährleistungsrückstellung. Beispiel: gesetzliche Gewährleistungsverpflichtung.
- **Kundenoptionen auf zusätzliche Güter oder Dienstleistungen:** Wird dem Kunden eine Option auf den Erwerb weiterer Güter und Dienstleistungen eingeräumt, stellt diese Option ein materielles Recht dar, sofern der Kunde das Recht auf Erwerb weiterer Güter und Dienstleistungen nur aufgrund des Kaufs der betrachteten Güter und Dienstleistungen erhält und der Kunde die weiteren Güter und Dienstleistungen zu einem günstigeren Preis als dem generellen Einzelveräußerungspreis erwerben kann. Sofern die Option eine separate Leistungsverpflichtung darstellt, erfolgt eine Allokation des bezahlten Transaktionspreises sowie eine Abgrenzung des auf die Option entfallenden Umsatzerlöses. Liegt dagegen keine separate Gegenleistung vor, handelt es sich lediglich um ein allgemeines Verkaufsangebot ohne bilanzielle Auswirkungen.
- **Lizenzen und Nutzungsrechte:** Der Regelungsbereich umfasst die Gewährung des Rechts zur Verwendung von immateriellen Vermögenswerten (Intellectual Property), z.B. Software, Patente, Markennamen Franchiserechte oder Copyrights. Der Kunde erwirbt hierbei ein Nutzungsrecht, jedoch kein Eigentum. Eine Umsatzrealisierung erfolgt, sobald der Kunde die Kontrolle über das Nutzungsrecht er-

hält. Dies geschieht frühestens, sobald der Kunde das lizenzierte Intellectual Property für sich nutzen kann. Beispiel: bei Übergabe des Zugangscodes. Da der Anspruch auf umsatzabhängige Zahlungen nicht ausreichend sicher ist (sales-based licenses), erfolgt die Realisierung umsatzabhängiger Lizenzzahlungen erst mit Feststehen der vom Kunden tatsächlich getätigten Umsätze. Wenn die Lizenz ohne zusätzlich gewährte Leistungen für den Kunden nicht nutzbar ist, liegt eine kombinierte zeitraumbezogene Leistungsverpflichtung vor.

- **Prinzipal-Agenten-Beziehungen:** Besteht die Leistungsverpflichtung eines Lieferanten darin, das Gut selbst zu liefern oder die Dienstleistung selbst zu erbringen, tritt der Lieferant als sog. „Prinzipal" auf. Maßgeblicher Indikator dafür ist, dass das Unternehmen vor Übertragung der Leistung die Verfügungsgewalt, regelmäßig das Eigentum an dem Gut, selbst besitzt. Ein Prinzipal erfasst bei der Erfüllung seiner Leistungsverpflichtung in der Höhe Umsatzerlöse, die der Gegenleistung entspricht, welche er im Austausch für die Übertragung der betreffenden Güter oder Dienstleistungen erwartet. Besteht die Leistungsverpflichtung des Lieferanten ausschließlich darin, eine andere Partei mit der Lieferung des Guts oder der Erbringung der Dienstleistung zu beauftragen, ist das Unternehmen als Agent anzusehen. In einem solchen Fall erfasst der Lieferant die Gebühr oder Provision, die er im Austausch für die Beauftragung der anderen Partei mit der Lieferung seiner Güter oder der Erbringung seiner Dienstleistungen erwartet. Indikatoren für die Stellung als Agent sind:
  - die Verantwortung für die Vertragserfüllung liegt bei der anderen Partei (Prinzipal),
  - das Unternehmen (Agent) trägt kein Bestandsrisiko für die zu liefernden Produkte,
  - das Unternehmen (Agent) kann die Preisgestaltung nicht autonom bestimmen,
  - die Vergütung des Lieferanten (Agent) besteht in einer Provision,
  - das Unternehmen (Agent) trägt kein Bonitätsrisiko für die entstehenden Forderungen aus Lieferung oder Leistung.
- **Nicht ausgeübte Kundenrechte:** Stellt das Unternehmen dem Kunden bei oder in zeitlicher Nähe zum Vertragsbeginn ein nicht erstattungsfähiges, im Voraus zahlbares Entgelt in Rechnung, so ist zu

beurteilen, ob sich das Entgelt auf die Übertragung eines zugesagten Guts oder einer zugesagten Dienstleistung bezieht, die als separate Leitungsverpflichtung anzusehen ist (z.B. Aufnahmegebühr in einen Verein, Einrichtungsgebühr bei Bauvorhaben). In solchen Fällen ist die Vorauszahlung zu aktivieren und mit der Erbringung der entsprechenden Leistung abzuschreiben.

- **Vorauszahlungen:** Diese sind, bis zur Erbringung der Lieferung oder Leistung, als Finanzierungsvorgänge (Buchungssatz: Zahlungsmittel an Kundenanzahlung) zu behandeln und erst bei Leistungserbringung als Umsatzerlöse zu erfassen.
- **Rückkaufvereinbarungen:** Hierbei handelt es sich um Verträge, bei denen ein Unternehmen einen Vermögenswert verkauft und darüber hinaus zusagt oder über eine Option verfügt, den Vermögenswert später zurück zu erwerben[326]. Dabei kann es sich um den verkauften Vermögenswert selbst, einen ähnlichen Vermögenswert oder einen anderen Vermögenswert handeln, der einen Bestandteil des ursprünglich verkauften Vermögenswerts darstellt. Als Varianten von Rückkaufsvereinbarungen kommen in Betracht:
  - Rückkaufsrecht (Kaufoption).
  - Rückkaufsverpflichtung (Termingeschäft).
  - Verpflichtung, den Vermögenswert auf Anfrage des Kunden zurück zu erwerben (Verkaufsoption).
  - Handelt es sich um einen Forward oder eine Call Option des Verkäufers, hat der Abnehmer keine Kontrolle über den Vermögenswert. Liegt der Rückkaufpreis (Barwert) unter dem Veräußerungspreis, so wird er als Leasingvertrag bilanziert. Liegt der Rückkaufpreis (Barwert) über dem Veräußerungspreis oder entspricht er diesem, handelt es sich um eine Finanzierungsvereinbarung.
  - Liegt eine Put Option des Kunden vor, d.h. ist das Unternehmen verpflichtet, den Vermögenswert auf Verlangen des Kunden zurück zu erwerben und hat dieser ein hohes wirtschaftliches Interesse daran die Option auszuüben, handelt es sich um einen Leasingvertrag, sofern der Rückkaufpreis unter dem Veräußerungspreis liegt. Liegt der Rückkaufpreis (Barwert) über dem Veräußerungspreis oder entspricht er diesem, handelt es sich um eine

326 Vgl. IFRS 15.B64-B76.

Finanzierungsvereinbarung. Besteht beim Abnehmer kein hohes wirtschaftliches Interesse die Option auszuüben, handelt es sich um ein Rückgaberecht, das nach IFRS 15.B20-B27 zu bilanzieren ist.

- **Bill-and-Hold-Verträge**[327]: Dabei handelt es sich um Verträge, bei denen ein Lieferant einem Kunden ein Produkt in Rechnung stellt, dieses jedoch im physischen Besitz des Lieferanten verbleibt, bis es zu einem zukünftigen Zeitpunkt auf den Kunden übertragen wird. Im Zeitpunkt der Umsatzrealisierung müssen nachfolgende Voraussetzungen erfüllt sein:
  - der Grund für die Vereinbarung muss materiell sein, (z.B. der Kunde hat um die Vereinbarung gebeten),
  - das Produkt muss als dem Kunden gehörend identifiziert werden,
  - das Produkt muss für die physische Übertragung auf den Kunden bereit sein und
  - das Unternehmen darf das Produkt nicht selbst nutzen oder an einen anderen Kunden weiterleiten können.

  Des Weiteren ist zu prüfen, ob aus dem Bill-and-Hold-Vertrag noch weitere Leistungsverpflichtungen (z.B. Verwahrungsleistungen) resultieren, auf die ein Teil des Transaktionspreises zuzuordnen ist.

Die Umsatzrealisierung nach IFRS 15 ist mit umfassenden Anhangangaben verbunden[328].

13.5 Auswirkungen der Umsatzrealisierung nach IFRS 15 auf Bilanzpolitik und Bilanzanalyse

Bilanzpolitische Gestaltungsspielräume ergeben sich bei der zeitraumbezogenen Umsatzrealisation

- bei der Auswahl der Parameter und der Schätzung der Leistungserfüllung,
- bei der Einbeziehung der Kosten, welche für die Schätzung des Projektfortschritts maßgebend sind,
- bei der Ausrichtung am Projektcontrolling, welches die Informationen für die Anwendung der Umsatzrealisation liefert,

---

327 Vgl. IFRS 15.B.79-B.82.

328 Vgl. hierzu IFRS 15.110-129.

- bei der Prognose künftiger noch anfallender Erträge und Aufwendungen, um ggf. Rückstellungen für drohende Verluste bis zum Vertragsende zu berücksichtigen.

Die Umsatzrealisation nach IFRS 15 führt

- zum vorzeitigen Ausweis von Gewinnen,
- zu einem erhöhten Umlaufvermögensausweis,
- zu einer höher ausgewiesenen Haftungsmasse,
- zu einem höheren Eigenkapital und
- zu einer höheren Vorratsintensität.

Dies bildet die Realisation zwar näher an der betriebswirtschaftlichen Betrachtungsweise ab, kann jedoch auch zu intertemporalen Ergebnisverschiebungen und Ertragsstrukturgestaltungen beitragen.

13.6 Kontrollfragen

[1] Welches Ziel wird mir IFRS 15 verfolgt?

[2] Wann sind Leistungsverpflichtungen abgrenzbar?

[3] Wie ist der Transaktionspreis grundsätzlich auf die einzelnen Leistungsverpflichtungen aufzuteilen?

[4] Unter welchen Voraussetzungen findet eine zeitraumbezogene Umsatzrealisierung statt?

[5] Welche Indikatoren für die Messung des Leistungsfortschritts im Rahmen der zeitraumbezogenen Umsatzrealisierung sind Ihnen bekannt?

[6] Wie werden Rückgaberechte bilanziell behandelt?

[7] Was versteht man unter Bill-and-Hold-Verträgen?

14 Bilanzielle Behandlung von anteilsbasierten Vergütungen nach IFRS 2

14.1 Vorbemerkungen

Hinweis

Die Bilanzierung von Vergütungen, die sich dem Grunde, der Art und der Höhe nach aus dem Wert von Anteilen des bilanzierenden Unternehmens ableiten (anteilsbasierten Vergütungen), ergibt sich im Wesentlichen aus IFRS 2. Diese Vorschrift normiert die Bewertung aller Transaktionen, deren Vergütung am Wert der Anteile, regelmäßig Aktien, des bilanzierenden Unternehmens orientiert ist.

Bei diesen Transaktionen unterscheidet man

- erworbene Vermögenswerte,
- erhaltene Dienstleistungen,
- Arbeitsleistungen von Mitarbeitern und Führungskräften,

welche vergütet werden durch[329]

- Anrechte (Optionen) auf Unternehmensanteile (regelmäßig Aktien), Aktienoptionen (anteilsbasierte Vergütungen mit Ausgleich in Eigenkapitalinstrumenten, equity-settled share based payment transactions), oder
- Barvergütungen (Phantom Stock bzw. Stock (Share) Appreciation Rights), deren Höhe vom Wert der Unternehmensanteile abhängt (anteilsbasierte Vergütungen mit Barausgleich, cash-settled share based payment transactions), oder
- anteilsbasierte Vergütungen mit einem Wahlrecht für das liefernde oder leistende Unternehmen, somit dem Empfänger der aktienbasierten Vergütungen, ob die Begleichung in Unternehmensanteilen oder in bar erfolgen soll (anteilsbasierte Vergütungen mit wahlweisem Barausgleich oder Ausgleich durch Eigenkapitalinstrumente, share-based payment transactions with cash alternatives).

---

[329] Vgl. IFRS 2.7, IFRS 2 App. A.

Anteilsbasierte Vergütungen sind im Zusagezeitpunkt mit ihrem beizulegenden Zeitwert zu bewerten[330].

- Sofern der beizulegende Zeitwert der erhaltenen Vermögenswerte oder Dienstleistungen unmittelbar ermittelt werden kann, bemisst sich der Wert der anteilsbasierten Vergütungen direkt aus deren Wert, d.h. der beizulegende Zeitwert der erhaltenen Vermögenswerte oder Dienstleistungen bestimmt den Wert der anteilsbasierten Vergütungen.
- Ist eine direkte Bewertung der erhaltenen Vermögenswerte oder Dienstleistungen nicht möglich, wie z.B. bei der Leistung von Mitarbeitern und Führungskräften, so ist der beizulegende Zeitwert der anteilsbasierten Vergütungen indirekt durch Anwendung anerkannter Methoden und Modelle[331] zu bestimmen.

Nicht im Anwendungsbereich von IFRS 2, sondern von IFRS 3 sind Vergütungen geregelt, die auf den Anteilen des bilanzierenden Unternehmens basieren und die im Rahmen eines Unternehmenszusammenschlusses gewährt werden[332].

14.2 Anteilsbasierte Vergütungen in Eigenkapitalinstrumenten

Anteilsbasierte Vergütungen, die vom bilanzierenden Unternehmen in eigenen Eigenkapitalinstrumenten zu begleichen sind, werden im Zeitpunkt der Lieferung oder Leistung erfasst. Erhaltene aktivierungspflichtige Vermögenswerte werden in der Bilanz angesetzt, in allen anderen Fällen, insbesondere wenn nicht-aktivierbare Leistungen stattgefunden haben, erfolgt eine erfolgswirksame Aufwandsverrechnung. Die Gegenbuchung erfolgt im Eigenkapital[333], sodass die Buchungssätze wie folgt lauten:

erhaltener Vermögenswert	an	Eigenkapital
bzw.		
Aufwand	an	Eigenkapital

---

[330] Vgl. IFRS 2.10.

[331] Vgl. z.B. Black-Scholes-Merton-Modell, vgl. IFRS 2, Appendix B4ff.

[332] Vgl. IFRS 2.5.

[333] Vgl. IFRS 2.7 f.

Für die Bewertung der anteilsbasierten Vergütungen in Eigenkapitalinstrumenten stehen die direkte und die indirekte Methode zur Verfügung.

- Ist der beizulegende Wert der erhaltenen Güter und/oder Dienstleistungen zuverlässig bestimmbar, so ist dieser maßgebend für die korrespondierend zu erfassende Erhöhung des Eigenkapitals[334]. Es handelt sich deshalb um die direkte Bewertungsmethode, weil die erhaltenen Güter und/oder Dienstleistungen unmittelbar mit ihrem eigenen beizulegenden Zeitwert bewertet werden, welcher gleichermaßen die Bewertung der anteilsbasierten Vergütung bestimmt.
- In den Fällen, in denen der beizulegende Zeitwert der erhaltenen Güter bzw. Dienstleistungen nicht verlässlich bestimmt werden kann, sind diese nach der indirekten Methode zu bewerten. D.h. hier ist der beizulegende Zeitwert der anteilsbasierten Vergütung nach anerkannten Methoden und Modellen zu bestimmen[335], woraus sich dann der beizulegende Zeitwert der erhaltenen Vermögenswerte und/oder Dienstleistungen ergibt.[336] Dabei ist hinsichtlich der bewertungsrelevanten Faktoren auf die Informationen und Annahmen abzustellen, die Marktteilnehmer bei ihrer Preisermittlung berücksichtigen würden[337].

  IFRS 2.11 schreibt generell vor, dass anteilsbasierte Vergütungen in Eigenkapitalinstrumenten gegenüber den eigenen Mitarbeitern des bilanzierenden Unternehmens (z.B. bei der Gewährung von Aktienoptionen) mangels zuverlässiger direkter Bewertbarkeit stets nach der indirekten Methode zu bewerten sind; analoges gilt für die durch Nicht-Mitarbeiter des bilanzierenden Unternehmens erbrachten ähnlichen Leistungen wie die der eigenen Mitarbeiter (z.B. Beratungsleistungen).

Sondervorschriften bestehen für den Fall, dass die Verpflichtung von der Verfallbarkeit der mit den gewährten Eigenkapitalinstrumenten verbundenen Rechte des Begünstigten (z.B. des Inhabers einer Aktienoption) abhängt. Regelmäßig kommt dieser Fall bei gewährten Dienstleistungen vor, die über einen bestimmten Zeitraum erbracht werden.

---

[334] Vgl. IFRS 2.10.

[335] Vgl. z.B. Black-Scholes-Merton-Modell, vgl. IFRS 2, Appendix B4ff.

[336] Vgl. IFRS 2.10.

[337] Vgl. IFRS 2.17.

Sind die Rechte bereits im Zeitpunkt ihrer Gewährung unverfallbar, z.B. weil die Lieferung oder Leistung zu einem bestimmten Zeitpunkt erbracht werden soll, so ist der beizulegende Zeitwert im Zeitpunkt der Lieferung und/oder Leistung in voller Höhe zu aktivieren oder als Aufwand zu erfassen. Mit dem entsprechenden Betrag ist zu diesem Zeitpunkt eine Eigenkapitalerhöhung zu erfassen.[338]

Sind die Rechte aus den gewährten Eigenkapitalinstrumenten im Zeitpunkt ihrer Gewährung noch nicht unverfallbar, sondern tritt die Unverfallbarkeit erst mit Ablauf einer bestimmten Periode ein, z.B. weil eine Leistung über einen bestimmten Zeitraum hinweg erbracht werden soll, so wird unterstellt, dass die bis zur Unverfallbarkeit zu erbringenden Dienstleistungen die Gegenleistung für die Gewährung der Eigenkapitalinstrumente darstellen. In diesen Fällen werden sowohl die vereinbarten Dienstleistungen als auch die gewährten Eigenkapitalinstrumente zeitanteilig mit der Erbringung der Dienstleistung bis zum Zeitpunkt der Unverfallbarkeit erfasst[339].

Werden beispielsweise die Rechte an den anteilsbasierten Vergütungen für eine Dienstleistung erst mit deren Erbringung über einen Zeitraum von vier Jahren unverfallbar, so wird auch der mit der anteilsbasierten Vergütung zu erfassende Aufwand über einen Zeitraum von vier Jahren verteilt und jeweils nur ein Viertel des Gesamtaufwands und damit auch nur ein Viertel des bei Ausgabe der anteilsbasierten Vergütung errechneten beizulegenden Zeitwerts erfolgswirksam gebucht.[340]

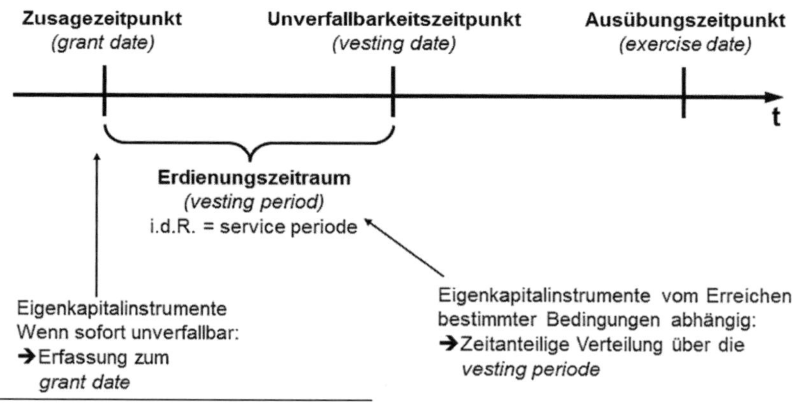

338 Vgl. IFRS 2.14.

339 Vgl. IFRS 2.15.

340 Vgl. IFRS 2.15(a).

Der Bewertungszeitpunkt (measurement date) ist der Zeitpunkt, in dem die Vermögenswerte geliefert bzw. die Leistungen erbracht worden sind, sofern keine weiteren Bedingungen an die Ausübung der Option geknüpft sind. Bei anteilsbasierten Optionen gegenüber Mitarbeitern und ähnlichen Leistungserbringern ist der Bewertungszeitpunkt der Zusagezeitpunkt (grant date), zu dem die Option ausgegeben, d.h. gewährt wird.

Bei der Bestimmung des beizulegenden Zeitwerts anteilsbasierter Vergütungen sind folgende Determinanten zu beachten:

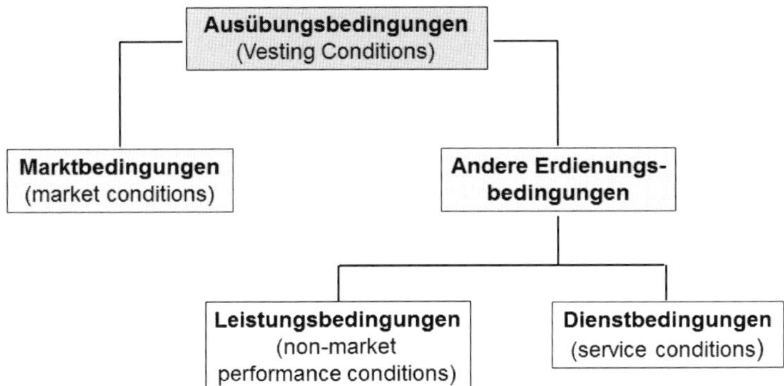

- **Marktbedingungen** (market conditions), d.h. Annahmen über die Entwicklung des Marktpreises der Eigenkapitalanteile des bilanzierenden Unternehmens, an welche die Ausübbarkeit der Optionen geknüpft ist, z.B. der Aktienkurs muss sich in einem Referenzzeitraum um 5% erhöhen bzw. um 8% besser entwickeln als der relevante Aktienindex. Es handelt sich um die *Wertkomponente der Optionsbewertung.* Marktbedingungen sind bei der Fair Value-Bewertung der Option im Zusagezeitpunkt (grant date) zu berücksichtigen, geänderte Annahmen über die Entwicklung von Marktbedingungen in den Folgezeitpunkten dagegen nicht.
- **Leistungsbedingungen** (non-market conditions), d.h. Kennzahlen, z.B. Umsatz-, Gewinn- oder EBIT-Zielgrößen, die von dem Optionsberechtigten in der Referenzperiode einzuhalten sind,
- **Dienstbedingungen** (service conditions), d.h. die Tatsache, dass der Mitarbeiter über einen bestimmten Zeitraum im Unternehmen beschäftigt ist.

Leistungs- und Dienstbedingungen stellen die *Mengenkomponente der Optionsbewertung* dar. Sie werden bei der Bewertung im Zusagezeitpunkt zugrunde gelegt. Änderungen in der Einschätzung im Rahmen der Optionsbewertung zu nachfolgenden Stichtagen werden ebenfalls berücksichtigt; die Bewertung in den Folgeperioden wird insofern angepasst.

	Wert (fix)	**Menge (variabel)**	
		Andere Erdienungsbedingungen	
	Marktbedingungen *(market conditions)*	**Leistungsbedingungen** *(non-market conditions)*	**Dienstbedingungen** *(service conditions)*
Beispiele	Aktienkurs muss um 15% über bestimmten Preis liegen oder um 10% besser als Aktienindex – (aktienkursabhängig)	Umsatz-, Gewinn- oder EBITDA-Ziele	Mitarbeiter muss über einen bestimmten Zeitraum im Unternehmen beschäftigt sein
Relevanz	*fair value*-Ermittlung	„Mengenschätzung"	

14.3 Anteilsbasierte Vergütungen in Zahlungsmitteln

Bei anteilsbasierten Vergütungen in Zahlungsmitteln spricht man vornehmlich von Stock Appreciation Rights (SAR). Werden sie z.B. den Mitarbeitern eines Unternehmens zugesagt, so bekommen diese bei Eintritt der Optionsbedingungen keine Unternehmensanteile mit den für Eigenkapitalgeber typischen Rechten und Pflichten, sondern sie bekommen eine Zahlungszusage, wobei die künftige Zahlung an die zwischenzeitliche Entwicklung des Aktienkurses des bilanzierenden Unternehmens während einer festgelegten Periode gekoppelt ist[341].

Im Gegensatz zu den anteilsbasierten Vergütungen in Eigenkapitalinstrumenten werden anteilsbasierte Vergütungen in Zahlungsmitteln nicht als Erhöhung des Eigenkapitals, sondern als Schuld und damit als Fremdkapital ausgewiesen.

Die Buchungssätze für anteilsbasierte Vergütungen in Zahlungsmitteln lauten somit, je nachdem, ob es sich bei der Gegenleistung für die anteilsbasierte Vergütung um einen sich aktivierungsfähigen Vermögenswert handelt oder nicht:

---

[341] Vgl. IFRS 2.31.

Vermögenswert	an	Schulden
bzw.		
Aufwand	an	Schulden.

Der Wert, mit dem die erhaltenen Vermögenswerte oder Dienstleistungen im Zugangszeitpunkt angesetzt werden, entspricht dem beizulegenden Zeitwert der Verpflichtung (Schuld) zu deren Erbringung sich das bilanzierende Unternehmen verpflichtet hat.[342]

Die Folgebewertung der Schuld bis zu ihrer Ausbuchung hat zu jedem Abschlussstichtag mit dem am jeweiligen Stichtag geltenden beizulegenden Zeitwert zu erfolgen, wobei die Differenzen gegenüber dem beizulegenden Zeitwert am vorangegangenen Abschlussstichtag erfolgswirksam in der GuV-Rechnung der jeweiligen Periode zu erfassen sind.[343]

Werden die anteilsbasierten Vergütungen in Zahlungsmitteln als Gegenleistung für den Erhalt von Dienstleistungen (z.B. der eigenen Mitarbeiter) zugesagt, so ist zu unterscheiden, ob es sich um unverfallbare oder verfallbare Rechte handelt.

Sind die zugesagten Rechte ab dem Zusagezeitpunkt unverfallbar, so ist die eingegangene Schuld sofort in voller Höhe zu passivieren und ein entsprechender Aufwand in der GuV-Rechnung zu erfassen. Spätere Änderungen des beizulegenden Zeitwertes der Verpflichtung sind in jedem Folgejahr erfolgswirksam zu erfassen.

Sind die zugesagten Rechte erst zu einem späteren Zeitpunkt unverfallbar, so wird der Gesamtaufwand auf die Perioden bis zur Unverfallbarkeit verteilt, regelmäßig nach dem Leistungsfortschritt, welcher durch den Leistungsverpflichteten (Empfänger der anteilsbasierten Vergütung) in der jeweiligen Periode erbracht worden ist.[344]

14.4 Anteilsbasierte Vergütungen mit Wahlrecht bezüglich der Begleichung in Eigenkapitalinstrumenten oder in Zahlungsmitteln

Bei dieser Art anteilsbasierter Vergütungen kommt es bei der Bilanzierung darauf an, wer das Wahlrecht auszuüben berechtigt ist, d.h. ob das bilanzierende Unternehmen oder der jeweilige Geschäftspartner

[342] Vgl. IFRS 2.30.

[343] Vgl. IFRS 2.30.

[344] Vgl. IFRS 2.32.

ein Wahlrecht zur Hingabe bzw. Empfang von Zahlungsmitteln oder von Eigenkapitalinstrumenten hat. Unabhängig davon, wer über das Wahlrecht verfügt, handelt es sich um ein zusammengesetztes Finanzinstrument mit einer Eigen- und Fremdkapitalkomponente und ist für bilanzielle Zwecke aufzuspalten in[345]:

- den Teil, mit dem eine anteilsbasierte Vergütung in Zahlungsmitteln verbunden ist, d.h. für den das bilanzierende Unternehmen eine Schuld übernommen hat, Zahlungsmittel zu gewähren, und in
- den Teil, für den eine solche Schuld nicht übernommen wurde und der daher eine anteilsbasierte Vergütung in Eigenkapitalinstrumenten darstellt.

Die derart separierten Bestandteile der Transaktion sind anschließend getrennt zu bilanzieren. Die Aufteilung erfolgt regelmäßig in Form einer Differenzbetrachtung.

Erfolgt die Bewertung der erhaltenen Vermögenswerte oder Dienstleistungen direkt im Zeitpunkt der erhaltenen Lieferung oder Leistung, so hat die Separierung als Differenzrechnung zu erfolgen[346]:

	beizulegender Zeitwert der erhaltenen Güter bzw. Dienstleistungen (nach der direkten Methode).
-	beizulegender Zeitwert der Fremdkapitalkomponente
=	beizulegender Zeitwert der Eigenkapitalkomponente

Ist der beizulegende Zeitwert des zusammengesetzten Finanzinstruments zum Tag seiner Gewährung indirekt zu bestimmen, z.B. bei an Mitarbeiter ausgegebene Optionen, so ist zunächst der Wert der Fremdkapitalkomponente zu ermitteln. Anschließend wird der Wert ermittelt, der auf die Alternative einer alleinigen Gewährung von Eigenkapitalinstrumenten entfällt; dies geschieht durch eine Schätzung des künftigen beizulegenden Zeitwerts des betroffenen Eigenkapitalinstruments (z.B. einer Aktie) und Multiplikation dieses Wertes mit der Anzahl zu gewährender Eigenkapitalinstrumente. Der beizulegende Zeitwert der Eigenkapitalkomponente ergibt sich als Differenz zwischen den beiden Werten nachfolgendem Schema[347]:

---

[345] Vgl. IFRS 2.34.

[346] Vgl. IFRS 2.35.

[347] Vgl. IFRS 2.36 f. und Implementation Guideline Example 13.

	beizulegender Zeitwert einer alleinigen Gewährung von Aktien
-	beizulegender Zeitwert der Fremdkapitalkomponente
=	beizulegender Zeitwert der Eigenkapitalkomponente

Der beizulegende Zeitwert des zusammengesetzten Finanzinstruments stellt die Summe der so ermittelten beizulegenden Zeitwerte der Eigen- und der Fremdkapitalkomponente dar.

Die bilanzielle Abbildung der Transaktionen erfolgt jeweils getrennt für die Eigen- und die Fremdkapitalkomponente des zusammengesetzten Finanzinstruments. Der Teil der Transaktion, der mit der Fremdkapitalkomponente des zusammengesetzten Finanzinstruments abgegolten wird, wird so behandelt wie anteilsbasierte Vergütungen in Zahlungsmitteln. Der Teil, bei dem die Gegenleistung in der Eigenkapitalkomponente des zusammensetzten, Finanzinstruments besteht, wird nach den Vorschriften für anteilsbasierte Vergütungen in Eigenkapitalinstrumenten bilanziert[348].

14.5 Anwendungsbeispiele

Fall 1

Es werden anteilsbasierte Vergütungen in Eigenkapitalinstrumenten (equity settled share based payments) ausgegeben, die unter folgenden Bedingungen ausgeübt werden können:

- Gewährung von 100 Aktienoptionen am 02.01.2019.
- Der Fair Value einer Option im Zusagezeitpunkt (Grant Date) beträgt 3,50 €.
- Als Marktbedingung (market condition) für die Optionsausübung ist zu erfüllen, dass der Aktienkurs bis zum Ausübungszeitpunkt um 30% steigen muss.
- Bei der Anwendung der Ausübungsbedingung ist ein Abschlag für den Nichteintritt der Marktbedingungen von 0,50 € zu berücksichtigen.
- Als weitere Erdienungsbedingungen (vesting conditions) wurden vereinbart:
  - Der Optionsinhaber muss drei Jahre ununterbrochen im Unternehmen beschäftigt sein (service condition) und

[348] Vgl. IFRS 2.38.

- Er muss eine jährliche Umsatzsteigerung in der vesting period (drei Jahre) von 10% pro Jahr verantworten (non-market performance condition).

- Es wird erwartet, dass die anderen Erdienungsbedingungen erreicht werden.

Lösung

Der Optionsgesamtwert (fair value) jeder Option beträgt unter Berücksichtigung des Abschlags für den Nichteintritt der Marktbedingungen 3,00 €. Der Gesamtaufwand für das Optionsprogramm beträgt somit im Zusagezeitpunkt (grant date) bewertet zum Fair Value 300 €.

Buchungen

Buchung am 31.12.2019 Aufwand an Kapitalrücklage 100
Buchung am 31.12.2020 Aufwand an Kapitalrücklage 100
Buchung am 31.12.2021 Aufwand an Kapitalrücklage 100

Fall 2 Modifikation des Falls 1

Ende 2020 ist realistischerweise zu erwarten, dass die Marktbedingung (Anstieg des Aktienkurses um 10% pro Jahr) nicht erreicht wird. Alle anderen Erdienungsbedingungen (vesting conditions bestehend aus service condition und non-market performance condition) werden voraussichtlich erfüllt. Auch wernn die Marktbedingungen nicht erreicht werden, ist insgesamt ein Personalaufwand von 300 € zu erfassen, solange die optionsberechtigten Mitarbeiter drei Jahre lang im Unternehmen verbleiben und eine Umsatzsteigerung von 10% pro Jahr verantworten.

Buchungen

Buchung am 31.12.2019 Aufwand an Kapitalrücklage 100
Buchung am 31.12.2020 Aufwand an Kapitalrücklage 100
Buchung am 31.12.2021 Aufwand an Kapitalrücklage 100

	erwarteter Personalaufwand insgesamt	kumulierter Aufwand	davon Aufwand der Vorperioden	davon Aufwand des laufenden Jahres
2019	300	100	0	100
2020	300	200	100	100
2021	300	300	200	100

Fall 3 Modifikation des Falls 2

Ende 2020 wird erwartet, dass nur 50% der optionsberechtigten Mitarbeiter über drei Jahre im Unternehmen verbleiben und somit die service condition erreichen werden. Ferner wird erwartet, dass die andere Erdienungsbedingung (non-market performance condition), die Umsatzsteigerung von 10% pro Jahr von den verbleibenden Mitarbeitern erreicht wird.

	erwarteter Personalaufwand insgesamt	kumulierter Aufwand	davon Aufwand der Vorperioden	davon Aufwand des laufenden Jahres
2019	300	300 × 1/3 = 100	0	100
2020	150	150 × 2/3 = 100	100	0
2021	150	150 × 3/3 = 150	100	50

Zwischenergebnis

Im Falle einer Veränderung der Marktbedingungen (market conditions) erfolgt keine Anpassung des Personalaufwands.

Im Falle einer Veränderung der anderen Erdienungsbedingungen (service conditions und/oder non-market performance conditions) erfolgt eine Anpassung des Personalaufwands.

Fall 4 Modifikation des Falls 3

Ende 2020 wird festgestellt, dass nur 50% der Mitarbeiter im Unternehmen über die gesamte vesting period verbleiben und damit die Leistungsbedingungen (service conditions) erreichen werden. Die andere Erdienungsbedingung (non-market performance condition), die 10%-ige Umsatzsteigerung pro Jahr wird auch nur von 50% der verbleibenden Mitarbeiter erreicht.

	erwarteter Personalaufwand insgesamt	kumulierter Aufwand	davon Aufwand der Vorperioden	davon Aufwand des laufenden Jahres
2019	300	300 × 1/3 = 100	0	100

2020	75[349]	75 × 2/3 =50	100	-50
2021	75	75 × 3/3 = 75	50	25

Fall 5: cash settled share-based payment

Es werden am 02.01.2019 100 Stock appreciation rights gewährt, die unter folgenden Bedingungen nach drei Jahren ausübbar sind:

die Mitarbeiter müssen drei Jahre lang ununterbrochen im Unternehmen beschäftigt sein (Dienstbedingungen, service condition)

es muss eine Marktbedingung dergestalt erreicht werden, dass der Aktienkurs während der vesting period um 10% pro Jahr steigt.

Es wird angenommen, dass alle optionsberechtigten Mitarbeiter über den Erdienungszeitraum (vesting period) im Unternehmen verbleiben.

Der Fair Value der Option beträgt im Zusagezeitpunkt (grant date) 3 €.

Der Ausübungszeitpunkt ist der 30.06.2022.

(Folge-)Bewertung der Optionen	Fair Value
02.01.2019	3,00
31.12.2019	4,00
31.12.2020	4,25
31.12.2021	4,50
30.06.2022	4,00

Es werden alle Erdienungsbedingungen (vesting conditions) erfüllt und die erdienten Ansprüche zum 30.06.2022 ausgezahlt.

	Aufwand Basis-bewertung	Aufwand Folge-bewertung	Aufwand insgesamt	davon Aufwand der Vorperioden	davon Aufwand des laufenden Jahres
31.12.2019	3,0 × 100 × 1/3 = 100	1,00 × 100 × 1/3 = 33	133	0	133

349 300 : 2 = 150 Mitarbeiter am Ende der vesting period noch im Unternehmen 150 : 2 =75 nur die Hälfte der 150 Mitarbeiter wird das non-market performance Ziel der 10%igen Umsatzsteigerung pro Jahr erreichen.

31.12.2020	3,0 × 100 × 2/3 = 200	1,25 × 100 × 2/3 = 83	283	133	150
31.12.2021	3,0 × 100 × 3/3 = 300	1,50 × 100 × 3/3 = 150	450	283	167
30.06.2022		-0,50 × 100 × 3/3 = -50	400	450	-50
gesamt					400

14.6 Auswirkungen der Bilanzierung von anteilsbasierten Vergütungen nach IFRS 2 auf Bilanzpolitik und Bilanzanalyse

Bilanzpolitische Gestaltungsspielräume bei Stock Options bestehen in der

- Bewertung der Stock Options mit ihrem Fair Value, was die Anwendung von Optionspreismodellen voraussetzt und entsprechende Beurteilungsspielräume eröffnet sowie der
- inhaltlichen Ausgestaltung der Optionspläne mit entsprechenden bilanziellen Konsequenzen.

Stock Options nach IFRS 2

- führen zu Aufwand in Höhe des Fair Values der Option im Ausgabezeitpunkt bzw. über die vesting period,
- eröffnen die Frage nach den methodischen Grundlagen der Optionsbewertung (Black-Scholes bzw. Binominal-Modelle),
- führen zu einer Ergebnisbelastung bei gleichzeitiger Erhöhung der Kapitalrücklage.

14.7 Kontrollfragen

[1] Was versteht IFRS 2 unter „anteilsbasierten Vergütungen“?

[2] Welche Formen anteilsbasierter Vergütungen unterscheidet IFRS 2?

[3] Erläutern Sie die Grundsätze zur Bilanzierung anteilsbasierter Vergütungen in Eigenkapitalinstrumenten.

[4] Wie sind anteilsbasierte Vergütungen in Eigenkapitalinstrumenten grundsätzlich zu bewerten? Wann ist ihr Bewertungsstichtag?

[5] Welche grundsätzlichen Bewertungsmethoden für anteilsbasierte Vergütungen unterscheidet IFRS 2?

[6] Welches sind die wesentlichen Unterschiede in der Bilanzierung anteilsbasierter Vergütungen in Zahlungsmitteln gegenüber anteilsbasierten Vergütungen in Eigenkapitalinstrumenten?

[7] Erläutern Sie, wie bei anteilsbasierten Vergütungen mit Begleichungswahlrecht vorzugehen ist.

15 Bilanzielle Behandlung von sonstigen Rückstellungen, Eventualschulden und Eventualforderungen nach IAS 37

15.1 Vorbemerkungen

Die für die bilanzielle Behandlung von sonstigen Rückstellungen grundlegende Norm ist IAS 37. Sie gilt als lex generalis gegenüber den Sondervorschriften für Pensionsrückstellungen[350] und passiven latenten Steuern[351]. Sonstige Rückstellungen nach IAS 37 sind auch abzugrenzen von Finanzverbindlichkeiten nach IFRS 9, Leasingverbindlichkeiten nach IFRS 16 und Vertragsverbindlichkeiten nach IFRS 15.

Definition

IAS 37.10 definiert eine Rückstellung als eine Schuld, die bezüglich ihrer Fälligkeit oder ihrer Höhe ungewiss ist. Eine Schuld ist dabei definiert als gegenwärtige Verpflichtung des Unternehmens, die aus Ereignissen der Vergangenheit resultiert und deren Erfüllung für das Unternehmen einen Abfluss von Ressourcen mit wirtschaftlichem Nutzen erwarten lässt. Ein verpflichtendes Ereignis kann aus einer rechtlichen oder faktischen Verpflichtung resultieren, die dem Unternehmen keine realistische Alternative als deren Erfüllung erlaubt[352].

Grundlage rechtlicher Verpflichtungen können Verträge oder Gesetze bzw. Auswirkungen von Gesetzen sein. Faktische Verpflichtungen resultieren aus den Unternehmensaktivitäten, wenn durch das bisher übliche Geschäftsgebaren, öffentlich angekündigte Maßnahmen oder spezifischen Ankündigungen eine Verpflichtung angedeutet und dadurch bei anderen Parteien eine gerechtfertigte Erwartung geweckt wurde, diesen Verpflichtungen nachzukommen[353]. Somit sind unter

350 Vgl. IAS 19.

351 Vgl. IAS 12.

352 Vgl. IAS 37.10.

353 Vgl. IAS 37.10.

diesen Voraussetzungen auch Kulanzversprechen rückstellungspflichtige Sachverhalte. Eine faktische Verpflichtung entsteht damit im Normalfall erst in dem Zeitpunkt, zu dem das Leistungsversprechen des bilanzierenden Unternehmens den Begünstigten mitgeteilt wurde[354].

Definition

Rückstellungspflichtige unsichere Schulden sind abzugrenzen von **Eventualverbindlichkeiten**. Sie stellen eine mögliche künftige Verpflichtung dar, die aus vergangenen Ereignissen resultiert und deren Existenz vom Eintritt oder Nichteintritt unsicherer künftiger Ereignisse abhängt, die nicht vollständig vom Unternehmen kontrolliert werden können.

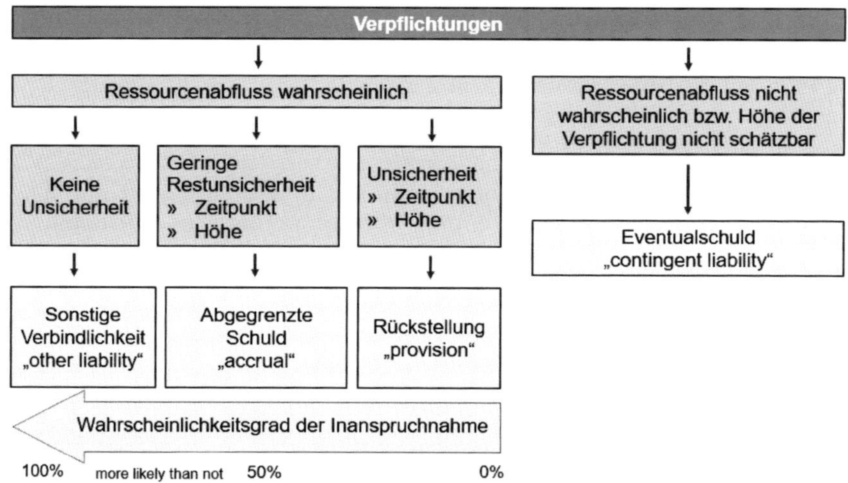

Der Unterschied zu Rückstellungen besteht darin, dass bei Eventualverbindlichkeiten entweder der künftig zu erwartende Ressourcenabfluss nicht wahrscheinlich im Sinne von „more likely than not“ ist oder die Verpflichtungshöhe betragsmäßig nicht hinreichend zuverlässig schätzbar ist. Eventualverbindlichkeiten sind nach IAS 37.27 kein passivierungsfähiger Bilanzposten, sondern „nur“ Gegenstand von Anhangangaben.

---

354 Vgl. IAS 37.20.

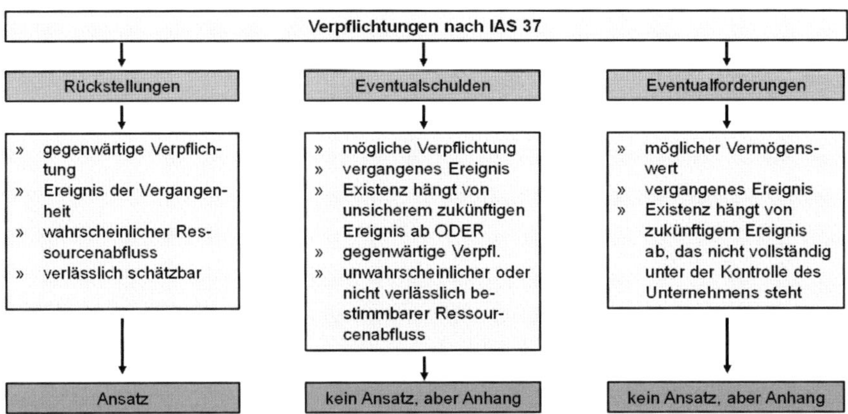

Definition

Analog den Eventualverbindlichkeiten stellen auch **Eventualforderungen** keine aktivierungsfähigen Bilanzposten dar. Sie sind nach IAS 37.10 als ein möglicher Vermögenswert definiert, der aus vergangenen Ereignissen resultiert und dessen Existenz vom Eintritt oder Nichteintritt eines oder mehrerer unsicherer künftiger Ereignisse abhängt, die nicht vollständig unter der Kontrolle des bilanzierenden Unternehmens stehen. Für Eventualforderungen sind nach IAS 37.89-91 Anhangangaben vorgesehen.

15.2 Ansatz

Hinweis

Eine Rückstellung setzt nach IAS 37.14-26 kumulativ folgende Tatbestandsmerkmale voraus:

- Ereignis der Vergangenheit,
- gegenwärtige Verpflichtung,
- Verpflichtung gegenüber Dritten,
- wahrscheinlicher Ressourcenabfluss,
- verlässliche Schätzung der Höhe des Ressourcenabflusses.

Ein für die Rückstellungspflicht relevantes **Ereignis der Vergangenheit** setzt voraus, dass das Unternehmen durch Aktivitäten in der Vergangenheit die Ursache für die gegenwärtige Verpflichtung geschaffen hat, die in Zukunft wahrscheinlich zu einem Nutzenabfluss führt. Ein verpflichtendes Ereignis der Vergangenheit liegt dann nicht vor, wenn das bilanzierende Unternehmen durch seine künftige Aktivität die Entstehung einer Verpflichtung noch abwenden kann. In diesem Fall ist folglich keine Rückstellung zu bilden.

Dieses die rechtliche oder faktische Verpflichtung auslösende Ereignis führt zu einer **gegenwärtigen Verpflichtung**, wenn zur Erfüllung durch das Unternehmen keine realistische Alternative besteht. Dies wird insbesondere angenommen, wenn die Erfüllung der Verpflichtung rechtlich (aufgrund Vertrags oder Gesetz) durchsetzbar ist[355]. Für zukünftige betriebliche Verluste dürfen keine Rückstellungen gebildet werden[356].

Es muss sich bei der Verpflichtung um einen rechtlichen oder faktischen **Anspruch Dritter** handeln, d.h. für Innenverpflichtungen bzw. Selbstverpflichtungen, z.B. aus unterlassener Instandhaltung von Maschinen, dürfen nach IAS 37 Rückstellungen nicht gebildet werden.

Der Dritte bzw. der Gläubiger braucht nicht namentlich bekannt zu sein. Vielmehr ist es ausreichend, dass der Kreis der Gläubiger identifiziert werden kann. Daher sind auf vertraglichen oder gesetzlichen Garantien und Kulanzen beruhende Gewährleistungen als Rückstellungen anzusetzen, auch wenn der einzelne Anspruchsberechtigte (noch) nicht bekannt ist. Dabei kann gemäß IAS 37.20 im Extremfall die öffentliche Gesamtheit „Dritter“ sein. Beispielsweise ermöglichen erst öffentlich-rechtliche Verpflichtungen bei Verseuchungen von Grund und Boden eine Rückstellung. Das bedeutet, dass die Ansprüche dem Grunde nach bestehen, auch wenn sie juristisch noch nicht artikuliert worden sind.

Bei dieser Beurteilung sind alle verfügbaren Informationen zu berücksichtigen, die eine Aussage darüber zulassen, ob es überwiegend wahrscheinlich („more likely than not“) ist, dass die Verpflichtung am Abschlussstichtag vorliegt[357].

---

355 Vgl. IAS 37.17.

356 Vgl. IAS 37.63.

357 Vgl. IAS 37.15.

Um eine Rückstellungspflicht auszulösen, hat nach IAS 37.23 der **Abfluss von Ressourcen mit wirtschaftlichem Nutzen** im Zusammenhang mit der Erfüllung der Verpflichtung **wahrscheinlich** zu sein. Diese Voraussetzung gilt stets als erfüllt, wenn hinsichtlich des Abflusses von Ressourcen mehr dafür als dagegen spricht.[358] Die Wahrscheinlichkeit, ob eine Inanspruchnahme aus einer Verpflichtung dem Grunde nach more likely than not ist, ist vor allem qualitativ zu beurteilen. So sind alle verfügbaren Indikatoren für und gegen das Vorliegen einer Verpflichtung und den Nutzenabfluss heranzuziehen und abhängig von deren Qualität zu gewichten.[359] Daraus ergibt sich eine Einschätzung bezüglich des sog. „more-likely-than-not-Kriteriums", welches sowohl für das Bestehen einer Verpflichtung dem Grunde nach als auch für die Wahrscheinlichkeit des Ressourcenabflusses durch Geltendmachung der Ansprüche gegenüber dem Unternehmen Bedeutung hat.

Bei der Einschätzung der Wahrscheinlichkeit des künftigen Ressourcenabflusses sind alle verfügbaren Hinweise für das Bestehen der Verpflichtung zu berücksichtigen[360].

Die **verlässliche Schätzbarkeit** stellt nach IAS 37 mithin ein Ansatzkriterium und nicht (nur) ein Bewertungskriterium dar. Voraussetzungen für eine verlässliche Schätzung sind begründbare und nachvollziehbare Annahmen. Es ist ausreichend, eine Bandbreite des künftigen Mittelabflusses zuverlässig schätzen zu können. Grundsätzlich besteht die widerlegbare Vermutung, dass eine solche Schätzung im Normalfall mit hinreichender Genauigkeit möglich ist, zumal Rückstellungen ohnehin mit Unsicherheit verbunden sind. Sollte in seltenen Ausnahmefällen eine solche Schätzung nicht möglich sein, so ist die Verpflichtung als Eventualverbindlichkeit zu klassifizieren und die entsprechenden Anhangangaben vorzunehmen[361].

Rückstellungen sind an jedem Abschlussstichtag daraufhin zu überprüfen, ob die Gründe für den Ansatz weiterhin gegeben sind. Sofern es nicht mehr wahrscheinlich ist, dass die Rückstellung zu einem künfti-

---

358 Vgl. IAS 37.23.

359 Vgl. von Keitz, Wollmert/Oser/Wader, IAS 37, Tz. 60 mit weiteren Nachweisen, in Baetge/Wollmert/Kirsch/Oser/Bischof: Rechnungslegung nach IFRS, 26. Erg. Lfg. Mai 2015.

360 Vgl. IAS 37.15.

361 Vgl. IAS 37.25f.

gen wirtschaftlichen Ressourcenabfluss führt, ist sie aufzulösen[362]. In diesem Fall ist zu prüfen, ob die Inanspruchnahme der Rückstellung erfolgt ist, was zu ihrer Auflösung Anlass gibt[363], oder ob die Verpflichtung weiter besteht, jedoch die Wahrscheinlichkeit einer künftigen Inanspruchnahme nicht mehr „more likely than not" ist. In diesem Fall kommen die Ausbuchung der Rückstellung und die Umklassifizierung als Eventualverpflichtung mit entsprechenden Anhangangabepflichten in Betracht.

15.3 Bewertung

Hinweis

Die Bewertung der Rückstellung hat mit dem bestmöglichen Schätzbetrag zu erfolgen, der nach den Erkenntnissen am Bilanzstichtag erforderlich ist, um die Verpflichtung zu erfüllen[364].

Bei mehreren möglichen Szenarien, z.B. bei Gewährleistungsverpflichtungen aus Verkäufen von Massenprodukten, ist der Erwartungswert (Eintrittswahrscheinlichkeit × mutmaßliche Höhe der Inanspruchnahme im jeweiligen Szenario) der Rückstellungsbewertung zugrunde zu legen.

Bei mehreren, jeweils gleich wahrscheinlichen Verpflichtungsbeträgen ist der Mittelwert der Bandbreite als Rückstellungsbetrag zu passivieren[365]. Im Falle von einzeln zu ermittelnden Verpflichtungsbeträgen, z.B. bei Prozessrückstellungen, ist der Betrag mit der höchsten individuellen Eintrittswahrscheinlichkeit als „best estimate"-Betrag für die Rückstellungsbewertung maßgebend[366].

Bei der Bewertung von Rückstellungen sind alle Tatsachen und Umstände, insbesondere auch alle Risiken und Unsicherheiten, die mit der Verpflichtung verbunden sind, zu berücksichtigen[367]. Dies darf aller-

---

[362] Vgl. IAS 37.59.

[363] Vgl. IAS 37.61.

[364] Vgl. IAS 37.36f.

[365] Vgl. IAS 37.39.

[366] Vgl. IAS 37.40.

[367] Vgl. IAS 37.42.

dings nicht zu einer Überbewertung der Rückstellung und damit zu einer bewussten stillen Rücklagenbildung führen. Insofern darf die Bedeutung des Vorsichtsgrundsatzes nicht überschätzt werden. Dieser stellt nach dem IASB-Framework Tz. 37 eine Schätzregel dar, nach der die Bewertungsannahmen nicht zu optimistisch gewählt werden dürfen. Eine bewusste stille Rücklagenbildung ist nach dem Vorsichtsprinzip im IFRS-Abschluss allerdings nicht erlaubt[368].

Liegt der Erfüllungszeitpunkt für die Verpflichtungen entsprechend weit in der Zukunft, so sind die Rückstellungen mit dem Barwert ihres geschätzten Verpflichtungsbetrags anzusetzen, sofern die Auswirkungen einer Diskontierung wesentlich sind[369]. Der verwendete Zinssatz muss die Einschätzungen der Marktteilnehmer bezüglich des Zeitwerts des Geldes und die fallspezifischen Risiken widerspiegeln. Regelmäßig handelt es sich um einen Vorsteuerzinssatz, der die Risiken, welche bereits in der Cashflow-Prognose berücksichtigt wurden, nicht noch einmal erfassen darf[370].

Ggf. bestehende Rückgriffsansprüche gegenüber Dritten (z.B. Versicherungsansprüche), die den unsicheren künftigen Verpflichtungen gegenüberstehen, dürfen nicht mit der zu passivierenden Rückstellung saldiert werden, da die Ansatzkriterien für Vermögenswerte restriktiver sind als diejenigen für Rückstellungen. Der Nettoausweis innerhalb der Gesamtergebnisrechnung bleibt von diesem Saldierungsverbot unberührt[371].

15.4 Anhangangaben für Eventualschulden und Eventualforderungen

Hinweis

Eventualschulden und Eventualforderungen sind unsichere Verpflichtungen bzw. künftige wirtschaftliche Vorteile, für die keine Bilanzposten anzusetzen sind[372].

---

368 Vgl. IAS 37.43.

369 Vgl. IAS 37.45.

370 Vgl. IAS 37.47.

371 Vgl. IAS 37.53f.

372 Vgl. IAS 37.27 und .31.

IAS 37.86-92 verlangen für diese Sachverhalte jedoch die nachstehend genannten Anhangangaben.

Für **Eventualschulden**, deren Erfüllung nicht ganz unwahrscheinlich („remote“) ist, sind je Klasse der unsicheren Verpflichtungen – sofern praktikabel – die folgenden Angaben zu machen[373]:

- eine Schätzung der finanziellen Auswirkungen, bewertet nach analog anzuwenden Vorschriften zur Bewertung von Rückstellungen,
- die Angabe von Unsicherheiten hinsichtlich des Betrages oder der Fälligkeiten von Abflüssen und
- die Möglichkeit einer Erstattung für die jeweiligen Eventualschulden.

Für **Eventualforderungen** müssen, sofern der Eintritt des künftigen Ereignisses, von dem der Erhalt künftiger wirtschaftlicher Vorteile abhängt, wahrscheinlich ist[374], die folgenden Angaben gemacht werden müssen[375]:

- Eine kurze Beschreibung der Art der Eventualforderung sowie
- eine Einschätzung des finanziellen Effekts auf Basis der Bewertungsvorschriften für Rückstellungen, sofern praktikabel.

15.5 Sonderfall: Drohverlustrückstellungen

Definition

Drohverlustrückstellungen sind zu passivieren, wenn sich ein Vertragsverhältnis für das bilanzierende Unternehmen als belastender Vertrag (onerous contract) erweist[376]. Ein belastender Vertrag liegt vor, wenn die gegenseitigen Leistungsverpflichtungen aus dem Vertragsverhältnis einen Verpflichtungsüberhang für das bilanzierende Unternehmen darstellen, indem die unvermeidba-

---

373 Vgl. IAS 37.86.

374 Selbst wenn der Eintritt des künftigen Ereignisses, von dem der Erhalt künftiger wirtschaftlicher Vorteile abhängig ist, wahrscheinlich ist, so kann dennoch die Höhe des Nutzenzuflusses möglicherweise nicht zuverlässig geschätzt werden. Dies würde einem Bilanzansatz als Forderung entgegenstehen.

375 Vgl. IAS 37.89.

376 Vgl. IAS 37.66.

ren Kosten der eigenen vertraglichen Leistungsverpflichtung den wirtschaftlichen Nutzen der erwarteten Gegenleistung übersteigen[377].

In diesem Fall ist eine Rückstellung dem Grunde nach zu passivieren. Deren Höhe entspricht dem niedrigeren Betrag aus den unvermeidbaren Kosten bei Vertragserfüllung und den Kosten bei Nichterfüllung einschließlich dem Schadenersatz wegen Nichterfüllung[378].

Vor Ansatz einer Drohverlustrückstellung ist zu prüfen, ob nicht bei den Vermögenswerten, die mit dem belastenden Vertrag in Verbindung stehen, eine außerplanmäßige Abschreibung in Folge eines Wertminderungstests nach IAS 36 vorzunehmen ist[379]. Die Erfassung außerplanmäßiger Abschreibungen geht insofern der Passivierung von Drohverlustrückstellungen vor.

15.6 Sonderfall: Restrukturierungsrückstellungen

Restrukturierungsmaßnahmen sind in IAS 37.10 definiert als ein Programm, das von der Unternehmensleitung geplant und kontrolliert wird und entweder

- das von dem Unternehmen abgedeckte Geschäftsfeld, oder
- die Art, in der dieses Geschäft durchgeführt wird,

wesentlich verändert.

Beispiele für Restrukturierungsmaßnahmen sind

- der Verkauf oder Beendigung eines Geschäftszweiges,
- die Schließung von Niederlassungen oder die Verlagerung von Geschäftsbereichen in andere Länder / Regionen,
- Strukturänderungen im Management (z.B. Auflösung einer zweiten Führungsebene) oder
- die grundlegende Umorganisation mit wesentlichen Auswirkungen auf Art und Schwerpunkt des Unternehmens.

---

377 Vgl. IAS 37.10.

378 Vgl. IAS 37.68.

379 Vgl. IAS 37.69.

Restrukturierungsrückstellungen sind nicht erst dann zu bilden, wenn rechtswirksame Verpflichtungen Dritten gegenüber bestehen, sondern regelmäßig bereits im Falle faktischer Verpflichtungen. Aufgrund der Besonderheiten von Restrukturierungsmaßnahmen und den damit zusammenhängenden Verpflichtungen, sieht IAS 37.70-83 spezifische Ansatzvoraussetzungen für Restrukturierungsrückstellungen vor.

Demnach werden neben einer (zumindest) faktischen Drittverpflichtung folgende Voraussetzungen für die Bildung einer Restrukturierungsrückstellung gefordert. Das bilanzierende Unternehmen (IAS 37.72) muss

- einen detaillierten, formalen Restrukturierungsplan beschlossen haben, der folgende Mindestinhalte umfasst:
  - die betroffenen Geschäftszweige,
  - die wichtigsten betroffenen Standorte,
  - die Standorte, Funktionen und die ungefähre Anzahl von Mitarbeitern, die für die Beendigung ihres Beschäftigungsverhältnisses eine Abfindung erhalten werden,
  - die zu erwartenden Kosten und
  - den Zeitpunkt, zu dem der Plan umgesetzt wird,
- bei den Betroffenen eine gerechtfertigte Erwartung geweckt haben, dass die Restrukturierungsmaßnahmen umgesetzt werden. Indikatoren dafür sind
  - dass bereits mit der Umsetzung des Plans begonnen wurde, oder
  - dass die wesentlichen Bestandteile des Restrukturierungsplans den Betroffenen gegenüber bekannt gegeben worden sind und dabei eine Erwartungshaltung ausgelöst wurde, der sich das Unternehmen faktisch nicht mehr entziehen kann.

Die Bewertung von Restrukturierungsrückstellungen hat mit den unmittelbar im Zusammenhang mit der Restrukturierung entstehenden Ausgaben zu erfolgen („exit cost"), denen sich das Unternehmen nach Verabschiedung des Restrukturierungsplans faktisch nicht mehr entziehen kann. Diese Kosten sind abzugrenzen von Ausgaben, die mit den laufenden Aktivitäten des Unternehmens im Zusammenhang stehen[380], z.B. Ausgaben für die Umschulung oder Versetzung weiterbeschäftigter Arbeitnehmer, für das Marketing für die Produkte und

[380] Vgl. IAS 37.80.

Dienstleistungen oder für Investitionen in neue Systeme oder Vertriebskanäle[381].

Ferner dürfen errechnete Verluste aus der Geschäftstätigkeit bis zur tatsächlichen Durchführung der Restrukturierung mangels Drittverpflichtung nicht in die Restrukturierungsrückstellung einbezogen werden.[382] Auch dürfen künftige Veräußerungsgewinne der Restrukturierungsrückstellung nicht gegengerechnet werden, weil für (Anlagen-)Verkäufe über dem Buchwert Gewinne erst ausgewiesen werden, wenn die Ertragsrealisierungsvoraussetzungen von IFRS 15 erfüllt sind, die Rückstellung demgegenüber aber eine den Zahlungsvorgängen vorgelagerte Erfolgswirksamkeit zur Folge hat.

15.7 Sonderfall: Rückstellungen für Rückbauverpflichtungen

Ist ein Unternehmen verpflichtet, Sachanlagen bzw. Leasinggegenstände nach der Nutzungsdauer bzw. Vertragslaufzeit zu demontieren, zu entfernen und/oder den ursprünglichen Zustand an diesen Vermögenswerten wiederherzustellen, so sind Rückstellungen für Rückbauverpflichtungen zu passivieren (z.B. im Fall von Mietereinbauten). Die Ansatz- und Bewertungsvorschriften für derartige Verpflichtungen richten sich nach den allgemeinen Ansatzkriterien in IAS 37.

IFRIC 1 schreibt vor, die Rückstellung für künftige Abbruch-, Rekultivierungs- oder ähnliche Kosten zum diskontierten Erfüllungsbetrag anzusetzen. Dabei wird die Höhe dieser Rückstellung durch drei mögliche Effekte beeinflusst

- Veränderungen in der Schätzung der zu erwartenden Kosten,
- Veränderungen im angewandten Diskontierungssatz,
- Aufzinsungseffekt im Zeitablauf (genauer: geringerer Abzinsungseffekt).

Während die ersten beiden Effekte erfolgsneutral mit dem Buchwert der Anlage verrechnet werden, wird der Abzinsungseffekt im Finanzergebnis erfolgswirksam ausgewiesen.

---

381 Vgl. IAS 37.81.

382 Ausnahme bilden (Drohverlust-)Rückstellungen aus belastenden Verträgen, z.B. aus Leasingverträgen, wenn die Leasingraten noch bis zur Aufheben des Vertrags weiter bezahlt werden müssen, das Leasinggut aber nicht mehr genutzt werden kann.

Fall 1 und 2:

- Erhöhung der Verpflichtung

  Buchungssatz: Anlagevermögen an Rückstellung
- Verminderung der Verpflichtung

  Buchungssatz: Rückstellung an Anlagevermögen

  Die Erfolgswirksamkeit in beiden Fällen stellt sich über die aus dem höheren oder niedrigeren Buchwert der Anlage entstehenden Effekt auf die planmäßige Abschreibung über die Restnutzungsdauer ein.

Fall 3:

- Der auf den Bilanzstichtag des Vorjahres diskontierte Betrag der Rückbauverpflichtung ist geringer als der auf den aktuellen Bilanzstichtag diskontierte Betrag der Rückbauverpflichtung. Dieser „Aufzinsungseffekt", der dadurch entsteht, dass der Erfüllungszeitpunkt ein Jahr „näher gerückt ist", wird gebucht

  Buchungssatz: Finanzaufwand an Rückstellung

Beispiel

Für den Bau einer Anlage werden 100.000 € ausgegeben. Die Nutzungsdauer wird auf fünf Jahre geschätzt. Der Abbruch der Anlage nach Ende der Nutzungsdauer wird voraussichtlich 20.000 € kosten. Als Diskontierungszinssatz werden 5% p.a. angenommen. Nach zwei Jahren wird die Schätzung für die Abbruchkosten auf 25.000 € revidiert, im Jahr 4 ändert sich der Zinssatz auf 4,5%.

01.01.01

Anschaffungsausgaben	100.000
Rückstellung 20.000 $1{,}05^{-5}$ =	15.670

Buchungssatz (Vorsteuer bleibt außer Betracht):

Anlagevermögen	115.670	an	Zahlungsmittel	100.000
			Rückstellungen	15.670

31.12.01

Abschreibungen 115.670 : 5 =	23.134
Anlagenbuchwert 115.670 – 23.134 =	92.536
Rückstellungen 20.000 $1{,}05^{-4}$ =	16.453
Aufzinsung der Rückstellung (Beginn und Ende des Jahres) 16.453 – 15.670 =	783

Buchungssätze

Abschreibung	an	Anlagen	23.134
Finanzierungsaufwand	an	Rückstellungen	783

Buchwert Anlagevermögen 92.536

Rückstellungen 16.453

31.12.02

Abschreibungen 115.670 : 5 = 23.134

Rückstellungen 20.000 × $1{,}05^{-3}$ = 17.275

Aufzinsung der Rückstellung (Beginn und Ende des Jahres)
17.275 − 16.453 = 822

Neubewertung Rückstellung 25.000 × $1{,}05^{-3}$ = 21.595

Erfolgsneutrale Erhöhung der Rückstellung 21.595 − 17.275 = 4.320

Entwicklung der Rückstellung in 03

Anfangsbestand 01.01.03	16.453
Aufzinsung erfolgswirksam	822
Neubewertung erfolgsneutral	4.320
Buchwert 31.12.03	21.595

Entwicklung des Anlagenbuchwertes in 03

Anfangsbestand 01.01.03	92.536
Abschreibung	23.134
Neubewertung	4.320
Buchwert 31.12.03	73.722

Buchungssätze

Abschreibung an Anlagen	23.134
Finanzierungsaufwand an Rückstellungen	822
Anlagevermögen an Rückstellungen	4.320

31.12.03

Abschreibungen 73.722 : 3 = 24.574

Rückstellung 25.000 $1{,}05^{-2}$ = 22.675

Aufzinsung der Rückstellung (Beginn und Ende des Jahres)
22.675 - 21.595 = 1.080

Buchwert Anlagevermögen 73.722 − 24.574 = 49.148

Rückstellungen 22.675

Buchungssätze

Abschreibung an Anlagen	24.574
Finanzierungsaufwand an Rückstellungen	1.080

31.12.04

Abschreibungen 49.148 : 2 =	24.574
Rückstellung 25.000 $1{,}05^{-1}$ =	23.809
Aufzinsung der Rückstellung (Beginn und Ende des Jahres) 23.809 - 22.675 =	1.134
Neubewertung der Rückstellung (wegen geändertem Diskontierungssatz) 25.000 $1{,}045^{-1}$ =	23.923
23.923 – 23.809 =	114

Entwicklung der Rückstellung in 04

Anfangsbestand 1.1.04	22.675
Aufzinsung (erfolgswirksam)	1.134
Neubewertung (erfolgsneutral)	114
Buchwert 31.12.04	23.923

Entwicklung des Anlagenbuchwertes in 04

Anfangsbestand 1.1.04	49.148
Abschreibung	24.574
Neubewertung der Rückstellung	114
Buchwert 31.12.04	24.688

Buchungssätze

Abschreibungen an Anlagen	24.574
Finanzierungsaufwand an Rückstellungen	1.134
Anlagevermögen an Rückstellungen	114

31.12.05

Abschreibung	24.688
Aufzinsung der Rückstellung 23.923 × 1,045 =	25.000

Buchungssätze

Abschreibung an Anlagen	24.688
Finanzierungsaufwand an Rückstellungen	1.077
Rückstellungen an Zahlungsmittel (Wiederherstellung)	25.000

15.8 Anwendungsbeispiele

Aufgabe 1

Die Schuldlos AG besitzt im Land X eine Produktionsanlage, bei der die in Deutschland festgelegten Grenzwerte für Immissionen überschritten werden.

In diesem Land gibt es keine den deutschen Regelungen entsprechende Vorschrift.

Die Schuldlos AG verfolgt das Prinzip des „Responsible Care" und kündigt öffentlich an, in Kürze mit dem kostenträchtigen Umbau der Anlage zu beginnen, um den deutschen Konzernstandard herzustellen.

Wie ist der Sachverhalt im Jahresabschluss nach IFRS zu berücksichtigen?

Lösung zu Aufgabe 1:

- In Ermangelung einer gesetzlichen Vorschrift liegt keine gesetzliche Drittverpflichtung vor.
- Die nicht passivierungsfähige Verpflichtung gegenüber sich selbst (Innenverpflichtung) wird durch die öffentliche Bekanntgabe zu einer faktischen und passivierungsfähigen und -pflichtigen Drittverpflichtung.
- Die Schuldlos AG kann sich der Erfüllung ohne Reputationsverlust nicht mehr entziehen.

Aufgabe 2

Eine komplette Tagesproduktion eines Joghurts ist ausgeliefert worden, bevor ein Fehler bemerkt wurde.

Aufgrund des Verzehrs dieses Joghurts starb eine ältere Dame. Weitere Käufer sind in Krankenhäuser eingeliefert worden. Der mit der Angelegenheit betraute Jurist stellt folgendes fest:

- Ansprüche der Hinterbliebenen belaufen sich auf 400.000 €.
- Die Dame hat ab 60 ein Geschäft geführt, das nunmehr geschlossen werden muss.
- Der Jurist glaubt, dass ein Anspruch in Höhe von 100.000 € voraussichtlich realistisch ist.

- Außerdem weiß er, dass eine Schätzung auf Basis vergleichbarer Fälle von 1.000 € - 5.000 € pro Betroffenen ausgeht (50 Personen wurden in das Krankenhaus eingeliefert).

In welcher Höhe wird der Sachverhalt nach HGB und nach IFRS im Abschluss berücksichtigt?

Lösung zu Aufgabe 2

Gegenwärtige Verpflichtung aufgrund vergangener Ereignisse: ja

Wahrscheinlicher Abfluss von Ressourcencen: ja

Bewertung:

HGB: 100.000 € + 50 × 5.000 € = 350.000 €
(Ansatz des vorsichtigsten Wertes)

IFRS: 100.000 € + 50 × 3.000 € = 250.000 €
(Ansatz des mittleren Wertes)

Aufgabe 3

Die Glücklos AG ist deutschlandweit im Sanitärbedarf tätig.

Im Jahr 2017 wurde in Nürnberg eine weitere Niederlassung eröffnet.

Aufgrund der dortigen starken Wettbewerbssituation erleidet die Niederlassung hohe Verluste.

Daraufhin beschließt die Geschäftsleitung im Herbst 2019 die Schließung der Niederlassung, die betroffenen Mitarbeiter sollen entlassen werden.

Belegschaft und Kunden werden im Oktober 2019 von den Plänen unterrichtet, die Schließung wird im Januar 2020 abgewickelt.

Das Inventar der Niederlassung soll auf die übrigen Standorte verteilt werden, die Kosten hierfür werden ca. 15.000 € betragen.

Der langfristig laufende Mietvertrag für die Geschäftsräume wird von einem Einzelhändler übernommen.

Für die zehn Mitarbeiter werden Abfindungen i.H.v. 5.000 € gem. einem Sozialplan gezahlt, für dessen Erstellung Beraterkosten in Höhe von 8.000 € kalkuliert werden.

Wie ist die beabsichtigte Schließung der Niederlassung im Jahresabschluss der Glücklos-AG zu berücksichtigen?

Lösung zu Aufgabe 3:

- Wesentliche Änderung der Geschäftsfelder und Schließung einer Niederlassung
- Detaillierter Plan liegt vor
- Unterrichtung der Mitarbeiter und der Kunden weckt gerechtfertigte Erwartung über die Durchführung der Maßnahme
- Passierungsfähige Maßnahmen: Ausgaben, die im direkten Zusammenhang mit der Restrukturierung stehen:
  - Abfindungszahlungen für entlassende Mitarbeiter
  - Beraterkosten im Zusammenhang mit der Schließung
  - Rückstellung: 58.000
  - Keine Rückstellung für Transportkosten

Aufgabe 4

Die IFR Solar AG rechnet mit Garantieverpflichtungen von durchschnittlich 4 % des Umsatzes. Die Garantiezeit beträgt dabei 2 Jahre.

Der zeitliche Anfall der Verpflichtung wird basierend auf Erfahrungswerten wie folgt erwartet:

	Jahr des Umsatzes	Erstes Folgejahr	Zweites Folgejahr
Wahrscheinlichkeit	1 %	2 %	1 %

Der Kalkulationszinssatz des Unternehmens beträgt 6 %.

	Umsatz
2003	2.000.000 €
2004	4.000.000 €
2005	4.500.000 €
2006	5.500.000 €

	Garantieausgaben
2003	25.000 €
2004	80.000 €
2005	100.000 €
2006	95.000 €

- Die Rückstellungen sind mit dem bestmöglich geschätzten Betrag anzusetzen, der zur Erfüllung der Garantieansprüche aufzuwenden ist.
- Zudem sind Rückstellungen gem. IAS 37.45 abzuzinsen, wenn sich der Zinseffekt nicht unwesentlich auf den Barwert auswirkt.
- Bei kontinuierlichem Anfall der Verpflichtungen im Jahresverlauf kann eine mittlere Fälligkeit der Verpflichtung unterstellt werden, d.h. die Diskontierung zur Jahresmitte erfolgen.
- Sollten weniger als die rückgestellten Beträge in Anspruch genommen werden, ist die Rückstellung nach Ablauf der Garantiefrist aufzulösen.

in €	2015	2016	2017	2018	2019	2020	Summe
Umsatz	2.000.000	4.000.000	4.500.000	5.500.000			
Aufwand Aus							
2003	20.000	40.000	20.000				80.000
2004		40.000	80.000	40.000			160.000
2005			45.000	90.000	45.000		180.000
2006				55.000	110.000	55.000	220.000

Lösung zu Aufgabe 4:

Berechnung zum 31.12.2015:

$$40.000/1{,}06^{-0{,}5} + 20.000/1{,}06^{1{,}5} = 57.178\ €$$

Berechnung zum 31.12.2016:

$$(20.000 + 80.000)/1{,}06^{-0{,}5} + 40.000/1{,}06^{1{,}5} = 133.781\ €$$

Berechnung zum 31.12.2017:

$$(40.000 + 90.000)/1{,}06^{-0{,}5} + 45.000/1{,}06^{1{,}5} = 167.501\ €$$

Berechnung zum 31.12.2018:

$$(45.000 + 110.000)/1{,}06^{-0{,}5} + 55.000/1{,}06^{1{,}5} = 200.946\ €$$

Buchung zum 31.12.2015:

Zuführung zu Rückstellungen an Garantierückstellungen 57.178 €

Buchung zum 31.12.2016:

Zuführung zu Rückstellungen an Garantierückstellungen 133.781 €

Buchung zum 31.12.2017:

Zuführung zu Rückstellungen an Garantierückstellungen 167.501 €

Buchung zum 31.12.2018:

Zuführung zu Rückstellungen an Garantierückstellungen 200.946 €

Lösung zu Aufgabe 4 (Abwandlung):

Überleitung der Buchung über Kostenstelle / Innenauftrag in Funktionsbereich COGS[383]

Buchung 2015:

Aufwendungen für Gewährleistung an Bank 25.000 €

Buchung zum 31.12.2015:

Zuführung zu Rückstellungen an Garantierückstellungen 57.178 €

Buchung 2016:

Garantierückstellungen an Bank 57.178 €
Aufwendungen für Gewährleistung an Bank 22.822 €

Buchung zum 31.12.2016:

Zuführung zu Rückstellungen an Garantierückstellungen 133.781 €

Buchung 2017:

Garantierückstellungen an Bank 100.000 €

Buchung zum 31.12.2017:

Zuführung zu Rückstellungen an Garantierückstellungen 133.720 €

Buchung 2018:

Garantierückstellungen an Bank 95.000 €

Buchung zum 31.12.2018:

Zuführung zu Rückstellungen an Garantierückstellungen 128.445 €

---

383 COGS Cost of Goods Sold, Herstellungskosten des Umsatzes, Wareneinsatz.

15.9 Auswirkungen der Bilanzierung von Rückstellungen, Eventualschulden und Eventualforderungen auf Bilanzpolitik und Bilanzanalyse

Bilanzpolitische Gestaltungsmöglichkeiten ergeben sich sowohl bei Ansatz als auch der Bewertung von Rückstellungen. Diese ergeben sich bei der

- Wahrscheinlichkeitsbeurteilung für die Inanspruchnahme (Bilanzierung dem Grunde nach – Ansatz),
- Schätzung der Höhe für die mutmaßliche Inanspruchnahme (Bilanzierung der Höhe nach – Bewertung),
- Abgrenzung von rückstellungsfähigem und nicht-rückstellungsfähigem Restrukturierungsaufwand.

Bilanzanalytisch ist hieraus zu folgern, dass

- Rückstellungen nach internationalen niedriger als nach nationalen Normen ausgewiesen werden,
- ein Passivierungsverbot für Aufwandsrückstellungen besteht,
- eine Passivierungspflicht nur bei gleichzeitigem Vorliegen von Probability (wahrscheinliche Inanspruchnahme) und Reliability (zuverlässige Schätzbarkeit) gegeben ist,
- der Ansatz des Mittelwertes nach IFRS in einem Intervall ungefähr gleich wahrscheinlicher Werte des künftigen erwarteten Zahlungsmittelabflusses statthaft ist. (Nach HGB wäre in einem Intervall ungefähr gleich wahrscheinlicher Werte der höchste Wert entsprechend dem Höchstwertprinzip zurückzustellen.

15.10 Kontrollfragen

[1] Definieren Sie den Begriff „Rückstellung“ nach IAS 37.

[2] Was versteht IAS 37 unter einer „Eventualschuld“?

[3] Was versteht IAS 37 unter einer „Eventualforderung“?

[4] Wie unterscheiden sich „Rückstellung“ und „Eventualschulden“?

[5] Welches sind die Ansatzkriterien für Rückstellungen nach IAS 37?

[6] Wann ist die Erfüllung einer Verpflichtung als wahrscheinlich zu bezeichnen?

[7] Mit welchem Wertmaßstab sind Rückstellungen zu bewerten?

[8] Unter welchen Voraussetzungen sind Rückstellungen abgezinst zu bewerten?

[9] Wann ist eine Drohverlustrückstellung zu bilanzieren?

[10] Wie sind Drohverlustrückstellungen zu bewerten?

[11] Was versteht man unter einem belastenden Vertrag?

[12] Unter welchen Umständen sind Restrukturierungsrückstellungen anzusetzen?

16 Bilanzielle Behandlung von Pensionsrückstellungen nach IAS 19

16.1 Vorbemerkungen

Die Bilanzierung von Pensionsverpflichtungen wird neben anderen Leistungen an Arbeitnehmer in IAS 19 geregelt. Der Standard regelt daneben auch

- kurzfristig fällige Leistungen an Arbeitnehmer, z.B. Urlaubsrückstellungen, ausstehende Tantiemezahlungen,
- andere langfristig fällige Leistungen an Arbeitnehmer, z.B. Jubiläumsrückstellungen,
- Leistungen aus Anlass der Beendigung des Arbeitsverhältnisses, z.B. Abfindungen.

Anteilsbasierte Vergütungen an Arbeitnehmer werden in IFRS 2 geregelt. Die verschiedenen Arten von Leistungen an Arbeitnehmer unterscheiden sich dahingehend,

- ob es sich um einen Einmalbetrag für die Rückstellungsbildung oder um periodische Zuführungen handelt,
- eine Abzinsung der künftigen Zahlungen stattfindet oder nicht,
- wie mit Änderungen der Berechnungsparameter (versicherungsmathematische Annahmen) umgegangen wird.

Für die Bilanzierung von Pensionsrückstellungen sind zwei Unterscheidungen zu treffen

- Interne und externe Finanzierung:
  - Bei der internen Finanzierung werden durch die Rückstellungsbildung Mittel an den Betrieb gebunden (Finanzierung aus Rückstellungen). Während der Anwartschaftsphase erfolgt kein Liquiditätsabfluss, es besteht eine unmittelbare Pensionsverpflichtung, die das Unternehmen bei Fälligkeit auch selbst zu erfüllen hat.
  - Bei der externen Finanzierung erfolgt die Mittelbildung außerhalb des Unternehmens, z.B. in Pensionsfonds. Es werden Mittel auf einen externen Finanzdienstleister übertragen, Liquiditätsabflüsse finden schon während der Anwartschaftsphase in Form von Prämienzahlungen, Fondsdotierungen o.Ä statt. Die Pensionsver-

pflichtung wird regelmäßig bei Fälligkeit durch den externen Finanzdienstleister erfüllt. Es kann allerdings eine finale Subsidiärhaftung des Unternehmens vereinbart sein[384]. In diesem Fall bleibt der Arbeitgeber dem Arbeitnehmer gegenüber verpflichtet und hat Unterdeckungen durch rückläufige Fondsbewertungen, unterdurchschnittliche Fondsrenditen oder Fondsausfälle auszugleichen. Sofern bestimmte Voraussetzungen erfüllt sind, kann das Pensionsvermögen mit der Pensionsrückstellung saldiert werden, wodurch sich durch die Bilanzverkürzung eine Erhöhung der Eigenkapitalquote einstellt.

- Beitrags- oder leistungsorientierte Pensionszusage:[385]
  - Mit der beitragsorientierten Pensionszusage wird eine Beitragsleistung des Arbeitgebers zugesagt. Mit der Zahlung des Beitrags, z.B. zugunsten einer Lebensversicherung für den Arbeitnehmer, hat der Arbeitgeber seine vertraglichen Verpflichtungen erfüllt. Die Risiken betreffend die Werthaltigkeit und Höhe des Pensionsanspruchs liegen beim Arbeitnehmer[386]. Die geleisteten Beiträge werden als Aufwand erfasst. Die Passivierung von Rückstellungen ist regelmäßig nicht erforderlich[387].
  - Mit einer leistungsorientierten Pensionszusage wird dem Arbeitnehmer eine Rente zugesagt. In diesem Fall liegen die Risiken betreffend die Werthaltigkeit und Höhe des Pensionsanspruchs beim Arbeitgeber. Er ist einer Subsidiärhaftung bzw. einer Nachschusspflicht ausgesetzt, denn er steht dem Arbeitnehmer mit dessen Pensionsanspruch „im Wort“. In diesem Fall ist eine Pensionsrückstellung zu bilden.

Bei der Bilanzierung von Pensionsverpflichtungen nach IAS 19 steht die an verschiedenen Stellen der Gesamtergebnisrechnung auftauchende Aufwandsverrechnung im Mittelpunkt.[388] Die Pensionsrückstellung bzw. das Pensionsvermögen ist nur das Ergebnis aus der Überleitung vom Anfangsbestand zum Endbestand der Pensionsrückstellung bzw. des Pensionsvermögens.

---

[384] In diesem Fall spricht man von leistungsorientierten Pensionszusagen.

[385] Vgl. IAS 19.27ff.

[386] Vgl. IAS 19.8 und .28.

[387] Vgl. IAS 19.50ff.

[388] Vgl. nachfolgend S. 293)

16.2 Ansatz und Bewertung von Pensionsrückstellungen

Hinweis

Zur Berechnung der Pensionsrückstellung sind versicherungsmathematische Annahmen zu treffen, welche zukunftsgerichtet auf Basis realistischer und neutraler Erwartungen ermittelt werden müssen[389].

- Die biometrischen Wahrscheinlichkeiten (Sterblichkeit, Invalidität etc.) richten sich regelmäßig nach den neuesten Richttafeln von Heubeck und Fischer.
- Die Fluktuation, die Gehalts- und Rentendynamik sind anhand realistischer Annahmen zu begründen.
- Der Diskontierungssatz entspricht der Marktrendite von langfristigen hochwertigen Industrieanleihen (high-quality corporate bonds) am Bilanzstichtag; die Laufzeit der Anleihen sollte der durchschnittlichen Laufzeit der Pensionsverpflichtung unter Beachtung der Altersstruktur der Belegschaft entsprechen; hilfsweise kann die durch Risikozuschläge modifizierte Marktrendite von langfristigen Staatsanleihen (government bonds) herangezogen werden[390].
- Als Berechnungsverfahren ist die projected unit credit method (Methode der laufenden Einmalprämien, Anwartschaftsbarwertverfahren) vorgeschrieben. Hier ist für jede zu erwartende künftige Pensionsleistung des bilanzierenden Unternehmens (nur) derjenige Teil der gesamten erwarteten künftigen Verpflichtung in die Barwertermittlung einzubeziehen, der am jeweiligen Abschlussstichtag vom pensionsberechtigten Mitarbeiter bereits durch dessen Arbeitsleistungen erdient ist[391]. Diese Methode unterscheidet sich von dem in Deutschland üblichen Anwartschaftsdeckungsverfahren, welches dem steuerlichen Teilwertverfahren nach § 6a EStG entspricht.

---

389 Vgl. IAS 19.75 ff.

390 Vgl. IAS 19.83 ff.

391 Vgl. IAS 19.67 ff.

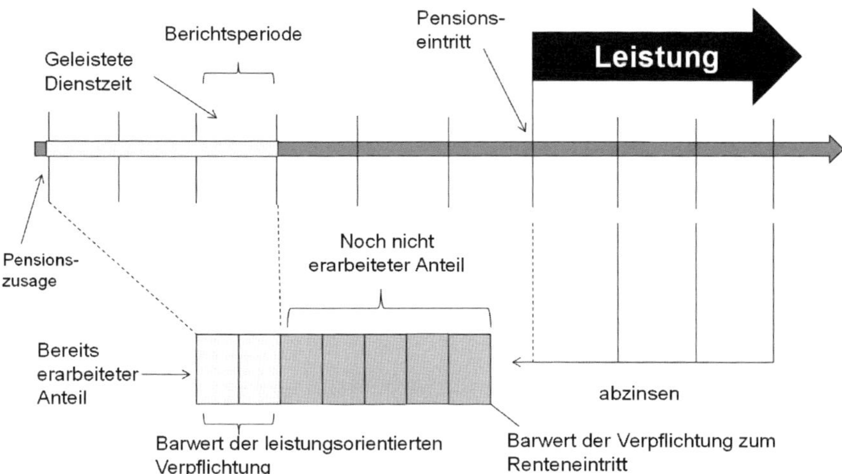

16.3 Erfolgswirksame und erfolgsunwirksame Veränderungen der Pensionsrückstellungen im Berichtszeitraum

Die Veränderungen der Pensionsrückstellungen während eines Jahres finden an verschiedenen Stellen ihren Niederschlag.

- Der **laufende Dienstzeitaufwand** der Periode entspricht dem Barwert der in der betrachteten Periode hinzu erdienten Pensionsansprüche bei Anwendung der projected unit credit method[392]. Er bezeichnet den „Rentenbaustein“, den ein Mitarbeiter in der betrachteten Berichtsperiode erdient hat und ist als operativer Aufwand im Gewinn oder Verlust der Periode zu erfassen.
- Ein **nachzuverrechnender Dienstzeitaufwand** stellt eine nachträgliche Verbesserung des Pensionsplans zugunsten des Arbeitnehmers dar. Auch dieser Effekt ist im Zeitpunkt der Abrede mit dem Arbeitnehmer in voller Höhe als operativer Aufwand im Gewinn oder Verlust der laufenden Periode zu zeigen.
- **Gewinne bzw. Verluste von Plankürzungen oder Abgeltungen,** wie z.B. Abfindungen, Übertragungen oder Kürzungen, sind ebenfalls als operativer Aufwand in der Gewinn- und Verlustrechnung zu zei-

---

392 Vgl. IAS 19.67 ff.

gen[393], in welcher das jeweilige Ereignis eingetreten ist. Dabei handelt es sich um Aufwendungen oder Erträge, die auftreten, wenn

- pensionsberechtigte Mitarbeiter des bilanzierenden Unternehmens innerhalb eines leistungsorientierten Pensionsplans ganz (oder teilweise) abgefunden werden,
- ein Plan schuldbefreiend auf einen neuen Verpflichteten (z.B. einen neuen Arbeitgeber) übertragen wird, oder wenn
- künftige, ursprünglich dem Plan zugrundeliegende Dienstjahre nicht mehr berücksichtigt werden.

Der im Finanzergebnis zu erfassende **Nettozinsaufwand/-ertrag** berechnet sich durch Anwendung des Diskontierungszinssatzes (laufzeitentsprechende Rendite von high quality corporate bonds) nach IAS 19.83 sowohl auf die Pensionsverpflichtung als auch auf das Pensionsvermögen.[394] Bei Saldierung von Pensionsverpflichtung und Pensionsvermögen kann der Nettozinsaufwand/-ertrag auch auf die Nettopensionsverpflichtung (Überhang der Pensionsverpflichtung über das Pensionsvermögen) oder das Nettopensionsvermögen (Überhang des Pensionsvermögens über die Pensionsverpflichtung) angewandt werden.

- Ist die Pensionsverpflichtung höher als das Pensionsvermögen (unfunded pension liability), so handelt es sich um einen Nettozinsaufwand.
- Ist das Pensionsvermögen höher als die Pensionsverpflichtung (net pension asset), so handelt es sich um einen Nettozinsertrag.

Der **Nettoertrag des Pensionsvermögens** ist als Differenz zwischen dem Ertrag auf das Pensionsvermögen, der sich bei Anwendung des Diskontierungssatzes (laufzeitentsprechende Rendite von high quality corporate bonds) nach IAS 19.83 und dem tatsächlich mit dem Pensionsvermögen erzielten Ertrag ergibt, zu ermitteln. Das Vorzeichen dieses Differenzbetrags besagt:

- Bei positivem Vorzeichen handelt es sich um einen Nettoertrag und bedeutet, dass die tatsächlich erzielte Rendite des Pensionsvermögens höher ist als der Zinsertrag, wie er wäre bei Verzinsung mit dem Diskontierungssatz der Pensionsrückstellung (laufzeitentsprechende Rendite von high quality corporate bonds nach IAS 19.83).

---

393 Vgl. IAS 19.109 ff.

394 Vgl. IAS 19.123.

- Bei negativem Vorzeichen handelt es sich um einen Nettoaufwand. Dies bedeutet, dass die tatsächlich erzielte Rendite des Pensionsvermögens geringer ist als der Zinsertrag, wie er wäre bei Verzinsung mit dem Diskontierungssatz der Pensionsrückstellung (laufzeitentsprechende Rendite von high quality corporate bonds nach IAS 19.83).

In beiden Fällen werden die Effekte im Sonstigen Ergebnis erfolgsneutral ausgewiesen[395].

Beispiel 1

- Pensionsvermögen	100 GE
- Pensionsrückstellung	200 GE
- Rechnungszinssatz nach IAS 19.83	5%
- Tatsächliche Rendite des Planvermögens	10%

Nettozinsaufwand

5% von 100 = 5 (Pensionsvermögen an Zinsertrag)

5% von 200 = 10 (Zinsaufwand an Pensionsrückstellung)

Nettozinsaufwand = -5: negatives Vorzeichen bedeutet: die Pensionsrückstellung ist höher als das Pensionsvermögen (unfunded pension liability)

Nettoertrag auf das Pensionsvermögen

5% von 100 = 5: Zinsertrag auf das Pensionsvermögen bei Anwendung des Rechnungszinssatzes

10% von 100 = 10 tatsächlicher Ertrag auf das Pensionsvermögen

Nettoertrag = 5: Nettoertrag auf das Pensionsvermögen, positives Vorzeichen bedeutet: die tatsächliche Rendite des Planvermögens ist höher als die Rendite bei Anwendung des Rechnungszinssatzes nach IAS 19.83

Beispiel 2

- Pensionsvermögen	100 GE
- Pensionsrückstellung	200 GE
- Rechnungszinssatz nach IAS 19.83	5%
- Tatsächliche Rendite des Planvermögens	4%

---

395 Vgl. IAS 19.125.

Nettozinsaufwand

5% von 100 = 5 (Pensionsvermögen an Zinsertrag)

5% von 200 = 10 (Zinsaufwand an Pensionsrückstellung)

Nettozinsaufwand -5: negatives Vorzeichen bedeutet: die Pensionsrückstellung ist höher als das Pensionsvermögen (unfunded pension liability)

Nettoaufwand aus dem Pensionsvermögen

5% von 100 = 5: Zinsertrag auf das Pensionsvermögen bei Anwendung des Rechnungszinssatzes

4% von 100 = 4: tatsächlicher Ertrag auf das Pensionsvermögen

Nettoaufwand = -1: Nettoaufwand aus dem Pensionsvermögen, negatives Vorzeichen bedeutet: die tatsächliche Rendite des Planvermögens ist geringer als die Rendite bei Anwendung des Rechnungszinssatzes nach IAS 19.83.

Definition

Versicherungsmathematische Gewinne und Verluste sind Effekte, die sich auf die Bewertung der Pensionsverpflichtung auswirken und ihre Ursache in veränderten Einschätzungen der Bewertungsparameter haben.

Beispiele hierfür sind

- geänderte biometrische Wahrscheinlichkeiten bzgl. der Lebenserwartung der pensionsberechtigten Arbeitnehmer,
- geänderter Rechnungszinssatz nach IAS 19.83,
- geänderte Annahmen über Fluktuation, Gehalts- und Rentendynamik etc.

Diese Auswirkungen auf die Pensionsrückstellung, die sich durch Neueinschätzungen der Bewertungsparameter während der Berichtsperiode eingestellt haben, werden im Sonstigen Ergebnis erfolgsneutral ausgewiesen[396], um Ergebnisvolatilitäten zu vermeiden, die aus Parameter-Änderungen entstehen. Man spricht von „actuarial gains and losses“. Sie sind auch in Folgeperioden nicht in den Gewinn oder Ver-

---

[396] Vgl. IAS 19.57 (d).

lust umzugliedern[397]. Man spricht insofern von „non-recycling items".[398]

Somit sind die Veränderungen der Nettopensionsverpflichtung während der Berichtsperiode wie folgt darzustellen:

Anfangsbestand von Pensionsverpflichtung und Pensionsvermögen	
laufender Dienstzeitaufwand	Operatives Ergebnis GuV
nachzuverrechnender Dienstzeitaufwand	Operatives Ergebnis GuV
Gewinne bzw. Verluste aus Plankürzungen oder Abgeltungen	Operatives Ergebnis GuV
Nettozinsaufwand/-ertrag	Finanzergebnis GuV
Nettoertrag/-aufwand des Planvermögens	Sonstiges Ergebnis OCI
versicherungsmathematische Gewinne und Verluste	Sonstiges Ergebnis OCI
Endbestand von Pensionsverpflichtung und Pensionsvermögen	

16.4 Bilanzielle Behandlung von Planvermögen

Definition

Unter **Planvermögen** versteht man Vermögen, das im Zusammenhang mit einem Pensionsplan steht[399].

IAS 19.8 unterscheidet zwei Fälle:

- Vermögen, das in einem langfristig ausgelegten Fonds investiert ist und ausschließlich zur Erfüllung der Leistungsverpflichtungen gegenüber den berechtigten Arbeitnehmern gehalten wird (Pensionsvermögen). Der Fonds muss dabei eine vom bilanzierenden Unter-

---

397 Vgl. IAS 19.122.

398 Vgl. Kapitel 2.4.

399 Der Begriff Planvermögen wird als Oberbegriff für Pensionsvermögen (langfristig ausgelegter Fonds zur ausschließlichen Erfüllung von Leistungen an Arbeitnehmer etc.) und qualifizierte Versicherungsverträge verwendet. Vgl. IAS 19.8.

nehmen rechtlich unabhängige Einheit sein. Die in ihm gebundenen Mittel dürfen ausschließlich dazu dienen, Pensionsleistungen an die Arbeitnehmer zu bezahlen und müssen dem Zugriff des Unternehmens und seiner Gläubiger, auch im Insolvenzfall, entzogen sein. Einzige Ausnahmen liegen vor,

- wenn der Fonds „überbezahlt" ist, d.h. wenn der Fonds, z.B. durch Fondserträge, höher ist als die Pensionsverpflichtungen; in diesem Fall wird oft ein Zugriff des Unternehmens auf den Überschussbetrag des Fonds gegenüber den Pensionsverpflichtungen zugelassen, oder
- wenn das Unternehmen selbst Leistungen an die Mitarbeiter erbracht hat, die eigentlich der Fonds hätte erbringen müssen, und es insofern einen Erstattungsanspruch gegen den Pensionsfonds hat.

- Qualifizierte Versicherungsverträge. Diese Verträge müssen mit Versicherungsunternehmen abgeschlossen sein, die nicht als nahestehende Personen (related parties) des Unternehmens anzusehen sind. Die Erträge aus den Versicherungsverträgen dürfen ausschließlich an Arbeitnehmer zur Erfüllung von deren Ansprüche aus dem Pensionsplan ausgezahlt werden. Weder das Unternehmen, obwohl es Versicherungsnehmer ist, noch seine Gläubiger, dürfen Zugriff auf die Erträge aus den Versicherungsverträgen nehmen; insofern gelten die gleichen Zugriffsbeschränkungen wie bei Pensionsfondsvermögen.

Das Planvermögen ist grundsätzlich zum beizulegenden Zeitwert anzusetzen[400]. Sofern das betrachtete Planvermögen in qualifizierten Versicherungspolicen besteht, entspricht der beizulegende Zeitwert dem Barwert der durch die Police abgedeckten Verpflichtungen gegenüber den aus dem Plan berechtigten Arbeitnehmern[401].

Grundsätzlich sind die Pensionsrückstellungen und das Planvermögen in der Bilanz zu saldieren[402]. Ziel ist es, über eine Verkürzung der Bilanzsumme und damit einhergehend einer Erhöhung der Eigenkapitalquote einen Anreiz für die Auslagerung von Pensionsvermögen auf

---

400 Zur Ermittlung des beizulegenden Zeitwerts vgl. IFRS 19.8 mit Verweis auf IFRS 13, insbesondere IFRS 13.62 mit Verweis auf IFRS 13.B5-B11.

401 Vgl. IFRS 19.115.

402 Vgl. IAS 19.131f.

nicht nahe stehende Finanzdienstleister als reserviertes, dem Zugriff der berechtigten Arbeitnehmer vorbehaltenes Vermögen zu schaffen.

Ein Planvermögenswert kann allerdings nur bei der Saldierung mit den Pensionsverpflichtungen berücksichtigt bzw. in der Bilanz ausgewiesen werden, wenn das Unternehmen aus der Überdotierung des Pensionsplans künftigen Nutzen ziehen kann, entweder in Form von künftigen Beitragsminderungen oder Rückerstattungen. Die Vermögensobergrenze ist der Barwert dieser künftigen Vorteile aus dem Pensionsvermögen und wird als „asset ceiling" bezeichnet.[403]

Die Auswirkungen einer Saldierung von Pensionsrückstellungen und Pensionsvermögen lassen sich an nachfolgendem Beispiel verdeutlichen.

Beispiel

Annahmen: Im Ausgangszeitpunkt ergeben sich folgende Wertverhältnisse:

- Wert der Pensionsverpflichtung 100 GE
- Anschaffungskosten des Pensionsvermögen 80 GE
- Fair Value des Pensionsvermögens 150 GE
- relevanter Ertragsteuersatz 30%.

Aufgabe: Wie ist dieser Sachverhalt bilanziell darzustellen und was sind die Auswirkungen auf die rating-relevante Kennzahl der Eigenkapitalquote?

Berechnungen

- Da im steuerlichen Rechnungswesen das Pensionsvermögen zu Anschaffungskosten, im IFRS-Abschluss aber zum Fair Value angesetzt wird, entstehen aus der Fair Value-Bewertung Bilanzstandsdifferenzen, die zum Ansatz passiver latenter Steuern verpflichten.
- Latente Steuerabgrenzungen (150 – 80) × 0,30 = 21
- Saldierung 150 – 100 = 50 (Nettoaktivum, net pension asset)

Der Ausweis ergibt sich wie folgt:

---

403 Vgl. IAS 19.65.

- Aktiver Unterschiedsbetrag aus der Vermögensverrechnung (net pension asset): 50
- Passive latente Steuern: 21

Buchungsbeispiel

Ausgangslage: Die vorläufigen Bilanzposten ergeben sich zunächst wie folgt:

Sonstige Aktiva	90	Eigenkapital	70
Pensionsvermögen	80	Pensionsrückstellungen	100
	170		170

- Eigenkapitalquote 41 %
- Es findet im Folgenden eine Wertsteigerung des Pensionsvermögens statt in Höhe von 70, das Pensionsvermögen erhöht sich also von 80 auf 150. Diese Wertsteigerung ist im IFRS-Abschluss auszuweisen, da das Pensionsvermögen zum Fair Value anzusetzen ist, steuerlich bleibt es bei den Anschaffungskosten. Es entsteht somit also eine Bilanzstandsdifferenz zwischen dem IFRS- und dem steuerbilanziellem Wertansatz für das Pensionsvermögen in Höhe von 70, welche mit latenten Steuern (30%) zu unterlegen ist (30% von 70 ist 21).

Die Buchungssätze lauten somit:

Pensionsvermögen an Ertrag 70
Steuern vom Einkommen und Ertrag (Aufwand)
an passive latente Steuern 21

Damit lautet die bilanzielle Darstellung als Zwischenschritt (vorläufig) wie folgt (unsaldiert):

Sonstige Aktiva	90	Eigenkapital	119
Pensionsvermögen	150	Pensionsrückstellungen	100
		passive latente Steuern	21
	240		240

Damit ist die Eigenkapitalquote auf 49,5 % angestiegen. IAS 19.131 verlangt aber eine Saldierung von Pensionsvermögen und Pensionsrückstellungen, wenn die Voraussetzungen erfüllt sind. Somit lautet die Schlussbilanz nach Aufdeckung der stillen Reserven im Pensionsvermögen und nach Saldierung von Pensionsvermögen und Pensionsrückstellungen wie folgt:

Sonstige Aktiva	90	Eigenkapital	119
Aktiver Unterschiedsbetrag Net pension asset	50	passive latente Steuern	21
	140		140

Damit beträgt die Eigenkapitalquote nach der Saldierung 85%.

Die durch die Saldierung verloren gehenden Informationen werden im Anhang aufgrund von IAS 19.140 erläutert. Anhangangaben:

- Die auf Pensionsverpflichtungen bezogenen Anhangangaben[404] lassen sich wie folgt gliedern:
  - Erläuterungen zu den Bilanz- und Gesamtergebnisposten
  - Überleitung der bilanzierten Netto-Pensionsschuld vom Anfangs- zum Endbestand (mit separaten Überleitungen der Pensionsverpflichtungen und des Pensionsvermögens),
- eine unternehmensspezifisch festzulegende Aufgliederung der Anlageklassen des Pensionsvermögens,
- unternehmensspezifische Angabe der signifikanten Bewertungsannahmen von Pensionsschulden, ohne dass Mindestvorgaben gemacht werden,
- Erläuterungen zu den Plancharakteristika sowie deren Risiken, u.a.:
  - Beschreibung der Art der Leistung (z.B. ob Endgehaltsverpflichtungen bestehen),
  - Beschreibung des regulatorischen Umfelds der Pensionspläne, insb. ob Mindestfinanzierungsverpflichtungen bestehen,
  - Beschreibung der Verantwortlichkeiten des Unternehmens für die Planverwaltung,
  - Beschreibung der Risiken, denen das Unternehmen durch die Pensionspläne ausgesetzt sind und ob Risikokonzentrationen bestehen,

404 Vgl. IAS 19.135-152.

- Erläuterungen zur künftigen Cashflow-Belastung aufgrund bestehender Pensionspläne:
  - Sensitivitätsanalyse, zu der Schwankungsbreite der Pensionsschulden bei Änderung der Bewertungsannahme
  - Beschreibung der Asset-Liability-Strategie
  - Informationen über das Laufzeitprofil der Pensionsschulden; Mindestangabe ist die gewichtete Restlaufzeit der Pensionsverpflichtungen.

16.5 Auswirkungen der Bilanzierung von Pensionsrückstellungen nach IAS 19 auf Bilanzpolitik und Bilanzanalyse

Bilanzpolitische Gestaltungsmöglichkeiten ergeben sich bei der bilanziellen Abbildung von Pensionsverpflichtungen insbesondere

- durch Sachverhaltsgestaltungen (Defined Benefit Plan bzw. Defined Contribution Plan, Gestaltung der Pension Formula bis zur Grenze eines überzogenen Back-Loadings),
- bei der Beurteilung von prospektiven Elementen für die Berechnung der Pensionsrückstellungen (Zinssatz, biometrische Komponenten, Karriere-, Gehalts- und Rententrends),
- bei der Schätzung des Expected Returns on Plan Assets.

Pensionsrückstellungen sind der Höhe nach beeinflusst von

- der Pflicht zur Passivierung aller Pensionsrückstellungen (kein Wahlrecht für Altzusagen),
- der Pflicht, Dynamisierungselemente in die Bewertung einzubeziehen.
- der Anwendung eines aus dem Marktzins abgeleiteten Diskontierungssatzes anstelle des nach § 6a EStG fest vorgegebenen Zinssatzes von 6%.

Bilanzanalytisch bedeutet ein niedriger Ausweis von Pensionsrückstellungen

- eine Erhöhung Eigenkapitalquote bei gleichzeitiger Senkung der Fremdkapitalquote,
- das Erkennen von Unternehmensrisiken erst über die Auswertung verbaler Informationen (Notes, MD&A) vollständig ermöglicht wird.

Vice versa gilt vorgenannte für den Ausweis höherer Pensionsrückstellungen.

16.6 Kontrollfragen

[1] Welche Arten von Pensionszusagen unterscheidet IAS 19?

[2] Nennen Sie Beispiele für versicherungsmathematische Variablen, welche die Höhe der Pensionsverpflichtung beeinflussen.

[3] Welches ist das zentrale Merkmal der „projected unit credit method"?

[4] Was für ein Diskontierungszinssatz ist der Ermittlung des Barwerts der Pensionsverpflichtung zu Grunde zu legen?

[5] Welche beiden Arten von Vermögenswerten fallen unter „Planvermögen" nach IAS 19?

[6] Welches ist das entscheidende Merkmal zur Qualifikation von Vermögenswerten als Planvermögen?

[7] Nennen Sie zwei Beispiele für langfristige Verpflichtungen gegenüber Mitarbeitern, die keine Pensionsverpflichtungen darstellen.

17 Bilanzielle Behandlung von latenten Steuerabgrenzungen nach IAS 12

17.1 Vorbemerkungen

Hinweis

Die für Ansatz und Bewertung latenter Steuern maßgebende Norm ist IAS 12 Ertragsteuern. Latente Steuern sind Ausdruck des Periodisierungsgedankens im Falle von Durchbrechungen der Maßgeblichkeit. Ziel latenter Steuerabgrenzungen ist es zu erreichen, dass sich der im (Einzel- oder Konzern-)Abschluss nach IFRS ausgewiesene Ertragsteueraufwand auf das Ergebnis im IFRS-Abschluss bezieht. Das bedeutet, dass künftige, noch nicht veranlagte, wohl aber bereits erkennbare Steuerbe- bzw. -entlastungen künftiger Jahre, welche auf temporäre Differenzen zwischen dem IFRS-Bilanzstandsausweis und dem Steuerwert[405] der entsprechenden Bilanzposten zurückzuführen sind, mittels latenter Steuerabgrenzungen zum Ausdruck gebracht werden.

Merke

Es gilt der bilanzorientierte Ansatz, wonach temporäre und quasipermanente Bilanzstandsunterschiede zwischen den Bilanzposten im IFRS-Abschluss und dem Steuerwert dieser Bilanzposten grundsätzlich Anlass für (aktive oder passive) Steuerlatenzen sind. Ferner gilt eine Aktivierungspflicht für latente Steuern auf steuerliche Verlustvorträge und noch nicht genutzte Steuergutschriften, sofern diese mit überwiegender Wahrscheinlichkeit zu einer steuerlichen Entlastung in künftigen Jahren führen werden (tax benefit).

---

[405] Unter Steuerwert (tax base) versteht man den Betrag, der dem Vermögenswert oder Schuldposten für steuerliche Zwecke beizulegen ist. Vgl. IAS 12.8.

Definition

Temporäre Unterschiede sind Unterschiedsbeträge zwischen dem Buchwert eines Vermögenswerts oder einer Schuld in der IFRS-Bilanz und deren Steuerwert (für steuerliche Zwecke anzusetzender Betrag, tax base)[406].

Temporäre Unterschiede sind denkbar als[407]:

- künftig zu versteuernde temporäre Unterschiede, die zu steuerpflichtigen Beträgen bei der Ermittlung des zu versteuernden Einkommens bzw. steuerlichen Verlustes zukünftiger Perioden führen, wenn der IFRS-Buchwert eines Vermögenswerts realisiert oder einer Schuld erfüllt wird[408],
- künftig abzugsfähige temporäre Unterschiede, die bei der Ermittlung des zu versteuernden Einkommens bzw. steuerlichen Verlustes zukünftiger Perioden abzugsfähig sind, wenn der IFRS-Buchwert eines Vermögenswerts realisiert oder einer Schuld erfüllt wird[409].

Ein Ansatz latenter Steuern auf permanente Differenzen[410], also solcher Bilanzstandsdifferenzen, die sich niemals umkehren werden, kommt nicht in Betracht, weil sich daraus in späteren Jahren weder Steuerbe- noch -entlastungen ergeben. Es handelt sich hierbei nicht um temporary differences.

17.2 Zielsetzung und Funktionsweise latenter Steuerabgrenzungen

Merke

Mit Hilfe von latenten Steuern soll das Ziel des Standardsetters erreicht werden, dass der Ertragsteueraufwand in der GuV-Rechnung im IFRS-Abschluss in einem nachvollziehbaren, d.h.

---

406 Vgl. IAS 12.5.

407 Vgl. IAS 12.5.

408 Passive latente Steuern als steuerliche Belastungen künftiger Jahre.

409 Aktive latente Steuern als steuerliche Entlastungen künftiger Jahre.

410 z.B. nicht abzugsfähige Betriebsausgaben oder steuerfreie Einnahmen.

durch den Ertragsteuer-Satz bestimmten Verhältnis zum IFRS-Gewinn (vor Steuern) stehen soll. Es soll somit gelten:

Ertragsteuer-Aufwand lt. GuV-Rechnung im IFRS-Abschluss = Ertragsteuer-Satz × IFRS-Gewinn (vor Steuern)

Dieses Ziel leitet sich daraus ab, dass der IFRS-Abschluss das Vertrauen der Adressaten besitzen soll. Dieses Vertrauen wird erhöht, wenn der ausgewiesene IFRS-Gewinn und der Ertragsteueraufwand lt. GuV-Rechnung im IFRS-Abschluss in einem durch den Ertragsteuersatz, wie er sich aus der Anhang-Angabe nach IAS 12.81 ergibt, bestimmten, nachvollziehbaren Verhältnis stehen.

Merke

Tatsächlich bezieht sich der veranlagte Ertragsteuer-Aufwand aber auf den Steuerbilanzgewinn. Es gilt somit

Ertragsteuer-Aufwand lt. Ertragsteuer-Bescheid = Ertragsteuersatz × Steuerbilanzgewinn

Bei Kongruenz von IFRS- und Steuerbilanz ist das Ziel des Standardsetters ohnehin erfüllt. Wegen der unterschiedlichen Ziele von IFRS- und Steuerbilanz sowie der konzeptionellen Besonderheiten beider Systeme gibt es jedoch eine Vielzahl von Durchbrechungen der Maßgeblichkeit. Insofern kann von einer Einheitsbilanz von IFRS-Abschluss und Steuerbilanz nicht gesprochen werden.

Neben dieser eher GuV-orientierten Sichtweise existiert auch eine bilanzorientierte Begründung latenter Steuern:

Ein aktiver Bilanzposten im IFRS-Abschluss impliziert zunächst, dass in dieser Höhe in nachfolgenden Jahren ein (Abschreibungs-)Aufwand sowohl im IFRS- als auch im steuerlichen Abschluss entstehen wird, insofern Minderungen des steuerlichen Ergebnisses in dieser Höhe zu erwarten sind. Fallen IFRS- und steuerlicher Buchwert auseinander, so ist diese Erwartung nicht zutreffend, weil der sich aus einem Bilanzposten ergebende steuerliche Aufwand nachfolgender Jahre aus dessen Steuerwert und nicht aus dessen Buchwert im IFRS-Abschluss ergibt. Analoges gilt für passive Bestandskonten und einem zu erwartenden steuerlichen Ertrag nachfolgender Perioden.

Man unterscheidet somit:

- *Zeitlich unbegrenzte (permanente) Durchbrechungen,* z.B. Nichtanerkennung bestimmter Aufwendungen als Betriebsausgaben im Steuerrecht. Sie sind für Zwecke latenter Steuerabgrenzungen irrelevant, weil sich daraus nie steuerliche Be- oder Entlastungen nachfolgender Jahre ableiten lassen.
- *Quasi zeitlich unbegrenzte (quasi-permanente) Durchbrechungen,* d.h. zeitliche Verwerfungen, die erst zu einem späteren, am Bilanzstichtag noch nicht vorhersehbaren Zeitpunkt, ggf. erst mit der Liquidation des Unternehmens ausgeglichen werden, z.B. Buchwertunterschiede bei nicht abnutzbarem Anlagevermögen (Grundstücke oder Beteiligungen). Sie führen zwar nicht zu einer Ergebnisdifferenz wohl aber zu einer Bilanzstandsdifferenz zwischen IFRS- und Steuerbilanz und sind demzufolge für das bilanzorientierte Konzept latenter Steuern relevant.
- *Zeitlich begrenzte (temporäre) Durchbrechungen,* bei denen sich im Zeitpunkt des Auseinanderfallens von IFRS- und Steuerbilanz bereits abschätzen lässt, wann die beiden Rechenwerke wieder im Einklang stehen. Dies sind z.B.

Temporäre Differenz zwischen IFRS- und Steuerbilanz	**Spätester Zeitpunkt der Umkehrung der temporären Differenz**
unterschiedliche Nutzungsdauern beim abnutzbaren Anlagevermögen,	Ende der Nutzungsdauer des abnutzbaren Anlagevermögenswertes
Passivierung einer Drohverlustrückstellung[411] im IFRS-Abschluss, Nichtpassivierung in der Steuerbilanz[412],	Eintritt des Verlusts bzw. endgültiger Nichteintritt
Aktivierung eines selbst erstellten immateriellen Vermögenswertes in der IFRS-Bilanz, Aufwandsverrechnung in der Steuerbilanz[413]	Ende der Nutzungsdauer des selbst erstellten immateriellen Vermögenswertes

---

[411] Onerous contract.

[412] Vgl. § 5 Abs. 4a EStG.

[413] Vgl. § 5 Abs. 2 EStG.

Für quasi-permanente und temporäre Bilanzstandsdifferenzen kommen latente Steuerabgrenzungen in Betracht.

Ist in dem Jahr, in dem IFRS- und Steuerbilanz auseinanderfallen, erkennbar, dass in nachfolgenden Jahren mehr Ertragsteuern zu zahlen sein werden, als dem IFRS-Ergebnis entspricht, so ist dafür eine passive latente Steuer, ähnlich einer „Rückstellung für drohende Steuerzahlungen" zu bilden.

Ist in dem Jahr, in dem IFRS- und Steuerbilanz auseinanderfallen, erkennbar, dass in nachfolgenden Jahren weniger Ertragsteuern zu zahlen sein werden als dem IFRS-Ergebnis entspricht, so ist dafür eine aktive latente Steuer, ähnlich einem „Erstattungsanspruch (Forderung) gegenüber dem Finanzamt", zu bilden.

Beispiel zur Verdeutlichung der Wirkungsweise aktiver latenter Steuern

In den abgebildeten zwei Geschäftsjahren sind viele Themen im IFRS-Rechnungswesen und in der Steuerbilanz gleich dargestellt. Allerdings ist im Jahr 01 erkennbar, dass im Jahr 02 ein Verlust eintreten wird. Hierfür wird im Jahr 01 im IFRS-Abschluss eine Drohverlustrückstellung[414] in Höhe von 30.000 € gebildet, die steuerlich nicht nachvollzogen werden kann[415]. Im Jahr 02 tritt der Verlust ein und wird im steuerlichen Abschluss erfolgswirksam abgebildet; in der GuV-Rechnung im IFRS-Abschluss des Jahres 02 ist der Vorgang nicht existent, da er bereits im Jahr 01 erfasst wurde.

Die temporäre Differenz zwischen Steuerbilanz und IFRS-Abschluss besteht darin, dass der mit der Drohverlustrückstellung verbundene Aufwand im IFRS-Rechnungswesen im Jahr 01 und im steuerlichen Rechnungswesen im Jahr 02 ausgewiesen wird.

	Buchung im IFRS-Rechnungswesen	Buchung im steuerlichen Rechnungswesen
Periode 1	**Aufwand** an Rückstellungen 30.000	-
Periode 2	Rückstellungen an Zahlungsmittel 30.000	**Aufwand** an Zahlungsmittel 30.000

414 Onerous contract.

415 Vgl. § 5 Abs. 4a EStG.

Ohne Berücksichtigung latenter Steuern stellt sich der Vorgang wie folgt dar:

Sachverhalt ohne Berücksichtigung latenter Steuern

	Jahr 01		Jahr 02	
	GuV-Rechnung im IFRS-Abschluss	steuerliche GuV-Rechnung	GuV-Rechnung im IFRS-Abschluss	steuerliche GuV-Rechnung
Umsatzerlöse	200.000	200.000	200.000	200.000
Aufwendungen im IFRS- und Steuerabschluss gleich	- 70.000	- 70.000	- 70.000	- 70.000
Zuführung zu Rückstellungen für drohende Verluste aus schwebenden Geschäften	- 30.000	-	-	-
effektiver Anfall der Aufwendungen (Eintritt des Verlustes)	-	-	-	-30.000
Ergebnis vor Steuern	100.000	130.000	130.000	100.000
tatsächlicher Ertragsteueraufwand (30%)	-39.000	← -39.000	-30.000	← -30.000
Ergebnis nach Steuern	61.000	91.000	100.000	70.000

Ein Vergleich von IFRS-Gewinn vor Steuern, Steuersatz und Ertragsteuer Aufwand ergibt, dass das Ziel des Standardsetters, einen durch den Ertragsteuersatz bestimmten Zusammenhang herzustellen, nicht erreicht ist.

Sachverhalt mit Berücksichtigung latenter Steuern

Die Bildung einer Drohverlustrückstellung stellt eine temporäre Durchbrechung der Maßgeblichkeit dar. Ein Vergleich von IFRS- und Steuerbilanzergebnis im Jahr 01, dem Jahr, in dem IFRS- und Steuerbilanz auseinanderfallen, zeigt, dass der Steuerbilanzgewinn höher ist als der IFRS-Gewinn. Wenn es sich um eine temporäre Durchbrechung der Maßgeblichkeit handelt, also ein endlicher Zeitraum bestimmt werden kann, innerhalb dessen IFRS- und Steuerbilanz wieder in Einklang kommen, dann müssen die Steuerbilanz-gewinne nachfolgender Jahre geringer sein als die IFRS-Ergebnisse, somit ist bereits im Jahr 01 erkennbar, dass in nachfolgenden Jahren weniger Ertragsteuern zu zahlen sein werden, als den entsprechenden IFRS-Ergebnissen entspricht. Daher ist eine Aktive latente Steuerabgrenzung zu bilden. Das bedeutet, es ist eine „Forderung gegenüber dem Finanzamt" einzubuchen, die sich mit der Angleichung von IFRS- und Steuerbilanz in nachfolgenden Jahren realisiert und damit wieder abgebaut werden muss.

Eine aktive latente Steuerabgrenzung ist im Jahr 01 mit folgendem Buchungssatz zu bilden:

Aktive latente Steuerabgrenzung an Steuern vom Einkommen und Ertrag

Bilanzstandsdifferenz × Ertragsteuersatz
hier: 30% von 30.000 = 9.000

Im Jahr 02 sind in diesem Beispiel IFRS- und Steuerbilanz wieder im Einklang, somit ist kein Anlass mehr für eine latente Steuerabgrenzung. Fand sich eine solche im IFRS-Abschluss, so ist sie zu diesem Zeitpunkt aufzulösen.

Eine aktive latente Steuerabgrenzung ist im Jahr 02 mit folgendem Buchungssatz aufzulösen:

Steuern vom Einkommen und Ertrag an Aktive latente Steuer abgrenzung

Bilanzstandsdifferenz × Ertragsteuersatz
hier: 30% von 30.000 = 9.000

Ein Vergleich von IFRS-Ergebnis (vor Steuern) und Ertragsteuer-Aufwand ergibt einen durch den Ertragsteuersatz bestimmten Zusammenhang. Das Ziel des Standardsetters ist somit erreicht. Die Vertrauensbasis für externe Adressaten, dass Gewinn und Ertragsteuer-Aufwand lt. GuV-Rechnung im IFRS-Abschluss auf einander bezogen sind, ist insofern hergestellt.

	Jahr 01		Jahr 02	
	GuV-Rechnung im IFRS-Abschluss	steuerliche GuV-Rechnung	GuV-Rechnung im IFRS-Abschluss	steuerliche GuV-Rechnung
Umsatzerlöse	200.000	200.000	200.000	200.000
Aufwendungen im IFRS- und Steuerabschluss gleich	- 70.000	- 70.000	- 70.000	- 70.000

Zuführung zu Rückstellungen für drohende Verluste aus schwebenden Geschäften	- 30.000	-	-	-
effektiver Anfall der Aufwendungen (Eintritt des Verlustes)	-	-	-	-30.000
Ergebnis vor Steuern	100.000	130.000	130.000	100.000
tatsächlicher Ertragsteueraufwand (30%)	-39.000	← -39.000	-30.000	← -30.000
latenter Steuerertrag/-aufwand (30% von 30.000)	+9.000	-	-9.000	-
gesamter Ertragsteueraufwand lt. GuV	-30.000	-	-39.000	-
Ergebnis nach Steuern	70.000	91.000	91.000	70.000

Beispiel zur Verdeutlichung der Wirkungsweise passiver latenter Steuern

In den abgebildeten zwei Geschäftsjahren sind viele Themen im IFRS-Abschluss und in der Steuerbilanz gleich dargestellt. Allerdings werden im Jahr 01 Entwicklungskosten für einen selbst geschaffenen immateriellen Vermögenswert im IFRS-Abschluss nach IAS 38.57 in Höhe von 30.000 € aktiviert, im steuerlichen Rechnungswesen als Aufwand verrechnet[416]. Im Jahr 02 wird erkennbar, dass der immaterielle Vermögenswert nicht werthaltig ist, er somit außerplanmäßig abgeschrieben werden muss[417]. Steuerlich braucht diese Abschreibung nicht nachvollzogen zu werden, da im Jahr 01 ja auf die Aktivierung des selbst geschaffenen immateriellen Vermögenswertes verzichtet wurde.

---

416 Vgl. § 5 Abs. 2 EStG.

417 Impairment gemäß IAS 36.

Jahr	Buchung im IFRS-Rechnungswesen	Buchung im steuerlichen Rechnungswesen
Periode 1	Aufwand an Zahlungsmittel 30.000 Selbst geschaffener immaterieller Vermögenswert an **Andere aktivierte Eigenleistung** 30.000	Aufwand an Zahlungsmittel 30.000 -
Periode 2	**Außerplanmäßige Abschreibung** an selbst geschaffener immaterieller Vermögenswert 30.000	-

Ohne Berücksichtigung latenter Steuern stellt sich der Vorgang wie folgt dar:

Sachverhalt ohne Berücksichtigung latenter Steuern

	Jahr 01		Jahr 02	
	GuV-Rechnung im IFRS-Abschluss	steuerliche GuV-Rechnung	GuV-Rechnung im IFRS-Abschluss	steuerliche GuV-Rechnung
Umsatzerlöse	200.000	200.000	200.000	200.000
Aufwendungen im IFRS- und Steuerabschluss gleich	- 70.000	- 70.000	- 70.000	- 70.000
Aktivierung von selbst geschaffenen immateriellen Vermögenswerten in 01	+ 30.000	-	-	-
Abschreibung der selbst geschaffenen immateriellen Vermögenswerten in 02	-	-	- 30.000	-
Ergebnis vor Steuern	160.000	130.000	100.000	130.000
Tatsächlicher Ertragsteueraufwand (30%)	-39.000	← -39.000	-39.000	← -39.000
Ergebnis nach Steuern	121.000	91.000	61.000	91.000

Ein Vergleich von IFRS-Ergebnis vor Steuern, Ertragsteuersatz und Ertragsteuer-Aufwand ergibt, dass das Ziel des Standardsetters, einen durch den Ertragsteuersatz bestimmten Zusammenhang herzustellen, nicht erreicht ist.

Sachverhalt mit Berücksichtigung latenter Steuern

Die Aktivierung eines selbst geschaffenen immateriellen Vermögenswertes im IFRS-Rechnungswesen bei gleichzeitiger Aufwandsverrechnung im steuerlichen Rechnungswesen stellt eine temporäre Durchbrechung der Maßgeblichkeit dar. Ein Vergleich von IFRS- und Steuerbilanz-Ergebnis im Jahr 01, dem Jahr, in dem IFRS- und Steuerbilanz auseinanderfallen, zeigt, dass der Steuerbilanz-Gewinn niedriger ist als der IFRS-Gewinn. Wenn es sich um eine temporäre Durchbrechung der Maßgeblichkeit handelt, also ein endlicher Zeitraum bestimmt werden kann, innerhalb dessen IFRS- und Steuerbilanz wieder in Einklang kommen, dann müssen die Steuerbilanz-Gewinne nachfolgender Jahre höher sein als die IFRS-Ergebnisse, somit ist bereits im Jahr 01 erkennbar, dass in nachfolgenden Jahren mehr Ertragsteuern zu zahlen sein werden, als den entsprechenden IFRS-Ergebnissen entspricht. Daher ist eine Passive latente Steuerabgrenzung zu bilden. Das bedeutet, es ist eine „Rückstellung für drohende Ertragsteuer Zahlungen, mithin eine ungewisse Verbindlichkeit gegenüber dem Finanzamt“ einzubuchen, die sich mit der Angleichung von IFRS- und Steuerbilanz in nachfolgenden Jahren realisiert und damit wieder abgebaut werden muss.

Eine passive latente Steuerabgrenzung ist im Jahr 01 mit folgendem Buchungssatz zu bilden:

Steuern vom Einkommen und Ertrag	an	Passive latente Steuerabgrenzung

Bilanzstandsdifferenz × Ertragsteuersatz

hier: 30% von 30.000 = 9.000

Im Jahr 02 ist in diesem Beispiel IFRS- und Steuerbilanz wieder im Einklang, somit gibt es keinen Anlass mehr für eine latente Steuerabgrenzung. Fand sich eine solche im IFRS-Abschluss, so ist sie zu diesem Zeitpunkt aufzulösen.

Eine passive latente Steuerabgrenzung ist im Jahr 02 mit folgendem Buchungssatz aufzulösen:

Passive latente Steuerabgrenzung an Steuern vom Einkommen und Ertrag

Bilanzstandsdifferenz × Ertragsteuersatz

Hier: 30% von 30.000 = 9.000

	Jahr 01		Jahr 02	
	GuV-Rechnung im IFRS-Abschluss	steuerliche GuV-Rechnung	GuV-Rechnung im IFRS-Abschluss	steuerliche GuV-Rechnung
Umsatzerlöse	200.000	200.000	200.000	200.000
Aufwendungen im IFRS- und Steuerabschluss gleich	- 70.000	- 70.000	- 70.000	- 70.000
Aktivierung von selbst geschaffenen immateriellen Vermögenswerten in 01	+ 30.000	-	-	-
Abschreibung der selbst geschaffenen immateriellen Vermögenswerten in 02	-	-	-30.000	-
Ergebnis vor Steuern	160.000	130.000	100.000	130.000
tatsächlicher Ertragsteueraufwand (30%)	-39.000	← -39.000	-39.000	← -39.000
latenter Steuerertrag/-aufwand (30% von 30.000)	-9.000	-	+9.000	-
gesamter Ertragsteueraufwand lt. GuV	-48.000	-	-30.000	-
Ergebnis nach Steuern	112.000	91.000	70.000	91.000

Ein Vergleich von IFRS-Ergebnis (vor Steuern) und Ertragsteuer Aufwand ergibt einen durch den Ertragsteuersatz bestimmten Zusammenhang. Das Ziel des Standardsetters ist somit erreicht. Die Vertrauensbasis für externe Adressaten, dass Gewinn und Ertragsteuer-Aufwand lt. GuV-Rechnung im IFRS-Abschluss auf einander bezogen sind, ist hergestellt.

17.3 Vorgehensweise bei Bilanzierung und Bewertung latenter Steuerabgrenzungen

Merke

Folgende Arbeitsschritte empfehlen sich für die Beurteilung von Ansatz und Bewertung latenter Steuern:

1. Liegen temporäre bzw. quasi-permanente Durchbrechungen der Maßgeblichkeit (Bilanzstandsdifferenzen zwischen der IFRS- und der Steuerbilanz) vor?
2. Liegt eine aktive oder passive latente Steuerabgrenzung vor?
3. Bewertung der latenten Steuerabgrenzung in jedem Jahr
4. Ergebnisdifferenz × Ertragsteuer-Satz

17.4 Aktive Steuerlatenzen auf steuerliche Verlustvorträge

Nach IAS 12.34 sind Aktive latente Steuerabgrenzungen auf steuerliche Verlustvorträge und noch nicht genutzte Steuergutschriften in dem Umfang zu bilanzieren, in dem es wahrscheinlich ist, dass ein künftiges zu versteuerndes Ergebnis zur Verfügung stehen wird, gegen das die noch nicht genutzten steuerlichen Verlustvorträge und noch nicht genutzten Steuergutschriften verwendet werden können.

Der Prognosezeitraum von fünf Jahren, wie er sich in § 274 Abs. 1 Satz 4 HGB findet, wird in IAS 12 nicht genannt, dennoch werden auch im IFRS-Abschluss strenge Anforderungen an die Verwertbarkeit von Verlustvorträgen und Steuergutschriften gestellt.

Merke

Aktive latente Steuerabgrenzungen repräsentieren steuerliche Entlastungen nachfolgender Jahre. Steuerliche Verlustvorträge stellen ebenfalls zukünftige steuerliche Entlastungen dar, sofern sie mit positiven steuerlichen Ergebnissen nachfolgender Jahre verrechnet werden können.

Beispiel

Nicht verrechenbarer und nicht rücktragbarer steuerlicher Verlust in Periode 01 von 40 GE

Steuerlicher Gewinn in Periode 02 von 100 GE

Zu versteuerndes Ergebnis in Periode 02 in Höhe von 100-40= 60 GE

Merke

Eine steuerliche Entlastung tritt allerdings nur ein, wenn mit positiven steuerlichen Ergebnissen gerechnet werden kann.

Hierfür kommen folgende Quellen in Betracht:

- zukünftige steuerliche Gewinne gemäß der Planungsrechnung für den Zeitraum, in dem der steuerliche Verlustvortrag voraussichtlich genutzt werden kann. Dies setzt eine steuerliche Vorschaurechnung voraus; in diesen Fällen muss das bilanzierende Unternehmen überzeugende substanzielle Hinweise dafür vorbringen, dass künftig ein ausreichendes zu versteuerndes Einkommen zur Verfügung stehen wird[418],
- steuerliche Gewinne vergangener Jahre, die für einen Verlustrücktrag verwendet werden können,
- steuerliche Gestaltungsstrategien (Tax Planning Strategies), die innerhalb der Verlustvortragsfrist einen künftigen zu versteuernden Gewinn generieren können, z.B. Gestaltung von Leasingverträgen, Verkauf von Reservevermögen (Grundstücke, Wertpapiere etc.), Auflösung bestehender steuerfreier Rücklagen (z.B. nach R 35 EStR, § 6b EStG),

---

[418] Vgl. IAS 12.34 ff.

- ausreichende zu versteuernde temporäre Unterschiede zur Umkehr von passiven latenten Steuern (Taxable Temporary Differences).

Mit der Möglichkeit zum Ansatz aktiver Steuerlatenzen auf Verlustvorträge ist ein großes prognostisches Gestaltungspotenzial eröffnet, welches Abschlussprüfer und Analysten vor Herausforderungen stellt. Folgende Beurteilungskriterien können für die Planungsqualität bzw. die Erwartung betreffend künftiges zu versteuerndes Einkommen herangezogen werden:

- Hohe Qualitätsanforderungen für die Planung (dies gilt insbesondere bei einer sog. „Verlusthistorie"):
  - Substantielle und überzeugende Nachweise,
  - methodische Herleitung der Steuerplanung,
  - Vergleich mit Ist-Daten,
  - Planungstreue bzw. Planungsqualität der Vorjahre,
  - Plausibilität der wesentlichen Annahmen,
  - Berücksichtigung allgemeiner und branchenspezifischer Rahmendaten.
- Indizien für künftige Gewinne (bei „Verlusthistorie"):
  - Stilllegung / Veräußerung verlustbringender Teilbetriebe,
  - Prognose einer guten Branchenentwicklung,
  - geänderte wirtschaftliche Rahmenbedingungen (Ausscheiden eines Wettbewerbers),
  - Amortisation der für den Verlustvortrag ursächlichen Aufwendungen (Werbeaufwand, F&E-Aufwand),
  - Hinweise auf „Einmalcharakter" der für den Verlustvortrag ursächlichen Sachverhalte.
- Indizien gegen künftig ausreichende Gewinne (bei „Verlusthistorie"):
  - Erwartete steuerliche Verluste in naher Zukunft,
  - verschlechterte wirtschaftliche Rahmenbedingungen (verschärfte Umweltauflagen, entfallene Monopolstellungen),
  - ungewisse Sachverhalte, welche bei ungünstigem Ausgang die Erfolgsaussichten nachhaltig verschlechtern (Scheitern einer Urheberrechtsklage, Markteintritt eines starken Wettbewerbers).

17.5 Ausweisvorschriften für latente Steuern

Aktive latente Steuern sind grundsätzlich für alle abzugsfähigen temporären Differenzen anzusetzen, sofern diese in nachfolgenden Jahren wahrscheinlich zu einer steuerlichen Entlastung führen werden[419]. Eine steuerliche Entlastung kann erwartet werden, wenn im Jahr der Auflösung der Differenz ein ausreichendes zu versteuerndes Einkommen verfügbar ist, mit dem eine Verrechnung erfolgen und der sich in den aktiven Steuerlatenzen widerspiegelnde Steuervorteil realisiert werden kann. Hierfür kommen grundsätzlich in Betracht:

- ausreichende passive latente Steuern in ungefähr gleicher Höhe und Zeitdauer für ihre Umkehrung[420]
- steuerliche Gewinne vergangener Jahre, die für einen Verlustrücktrag verwendet werden können,
- Steuergestaltungsmöglichkeiten[421] wie z.B. die Möglichkeit zur Auflösung steuerfreier Rücklagen oder zur Anwendung von Sale and Lease back-Verfahren, sowie
- ausreichendes steuerliches Einkommen aufgrund einer qualitätsgesicherten steuerlichen Vorschaurechnung, die auf der internen Unternehmensplanung basiert.

Passive latente Steuern sind grundsätzlich für alle abzugsfähigen temporären Differenzen anzusetzen, sofern diese in nachfolgenden Jahren wahrscheinlich zu einer steuerlichen Belastung führen werden.

Grundsätzlich besteht für aktive und passive Steuerlatenzen eine Ansatzpflicht[422], sofern sie die Eigenschaften von Vermögenswerten und Schuldposten aufweisen. Ansatzverbote bestehen für Steuerlatenzen

- aus dem erstmaligen Ansatz des Geschäfts- oder Firmenwertes, oder
- dem erstmaligen Ansatz eines Vermögenswerts oder einer Schuld bei einem Geschäftsvorfall, der
  - kein Unternehmenszusammenschluss ist und
  - zum Zeitpunkt des Geschäftsvorfalls weder das bilanzielle Ergebnis vor Steuern noch das zu versteuernde Ergebnis bzw. den steuerlichen Verlust beeinflusst.

---

[419] Vgl. IAS 12.24.

[420] Vgl. IAS 12.28.

[421] Vgl. IAS 12.30.

[422] Vgl. IAS 12.15.

Die Bewertung latenter Steuern erfolgt mit dem Steuersatz, der im Zeitpunkt der Umkehr der temporären Differenzen bzw. Nutzung der Verlustvorträge gültig sein wird. Wegen der Prognoseunsicherheit in Bezug auf den künftig geltenden Steuersatz, wird im Normalfall der gegenwärtige unternehmensindividuelle Steuersatz am Abschlussstichtag zur Anwendung gebracht. Für den Fall, dass durch ein bereits so gut wie verabschiedetes Steuergesetz ein neuer Steuersatz für den Zeitpunkt der künftig eintretenden Steuerbe- oder -entlastung zu erwarten ist, („substantially enacted"), ist dieser künftige Steuersatz bei der Latenzberechnung anzuwenden[423].

Für latente Steuern besteht ein Abzinsungsverbot[424], d.h. der Ansatz von Steuerlatenzen, auch wenn sie erst weit in der Zukunft zu einem steuerlichen Be- oder Entlastungseffekt führen, erfolgt zum Nennwert, nicht zum Barwert. Dies erfolgt aus Objektivierungsgründen, damit aus der Einschätzung des Zeitraums bis zur Umkehrung der Bilanzstandsdifferenzen und damit bis zur Realisierung der Steuerlatenzen kein diskontierungsbezogener Ergebniseffekt erzielt werden kann.

Die Werthaltigkeit aktiver latenter Steuern ist gemäß IAS 12.56 zu jedem Abschlussstichtag zu überprüfen. Sofern sich aufgrund einer qualitätsgesicherten steuerlichen Planungsrechnung ergeben sollte, dass die erwarteten künftigen zu versteuernden Einkommen nicht mehr ausreichen, um die mit aktiven latenten Steuern einhergehenden steuerlichen Entlastungseffekte abzudecken, ist eine Wertberichtigung (allowance) auf die aktiven latenten Steuern vorzunehmen. Ergibt sich in späteren Geschäftsjahren, dass für die Nutzung aktiver latenter Steuern ausreichend zu versteuerndes Einkommen erwartet werden kann, ist eine Zuschreibung auf die aktiven Steuerlatenzen vorzunehmen, indem die zuvor gebildete Wertberichtigung wieder aufgelöst wird.

Das Gegenkonto zu latenten Steuerposten ist grundsätzlich das GuV-Konto „Steuern vom Einkommen und Ertrag", sofern sich die Bilanzstandsdifferenz zwischen dem IFRS-Wert und dem Steuerwert erfolgswirksam, d.h. sowohl in der Bilanz als auch in der GuV-Rechnung unterscheiden. Handelt es sich dagegen um eine erfolgsneutrale Bilanzstandsdifferenz ohne Unterschiede in der GuV-Rechnung, ist auch die damit verbundene Steuerlatenz erfolgsneutral zu behandeln und zu-

423 Vgl. IAS 12.47.

424 Vgl. IAS 12.53.

sammen mit der erfolgsneutralen Bilanzstandsdifferenz im sonstigen Ergebnis (OCI) auszuweisen[425].

Beispiel 1: Erfolgswirksame Bilanzstandsdifferenz

02.12.01	Kauf eines Trading-Wertpapiers[426] zu	100 GE
31.12.01	Fair Value des Trading-Wertpapiers	120 GE
02.02.02	Verkauf des Trading-Wertpapiers zu	125 GE

	IFRS		Steuerbilanz	
02.12.01	Wertp./Zahlungsmittel	100	Wertp./Zahlungsmittel	100
31.12.01	Wertpapiere/Ertrag	20	---	
	Steuern EE[427]/ Passive latente Steuern	6		
02.02.02	Zahlungsmittel	125	Zahlungsmittel	125
	/ Wertpapiere	120	/ Wertpapiere	100
	Ertrag	5	Ertrag	25
	Pass.lat.Steuern/Steuern EE	6		

Beispiel 2: Erfolgsneutrale Bilanzstandsdifferenz

02.12.01	Kauf einer Schuldverschreibung at Fair Value through OCI (IFRS 9.4.1.2.A) zu	100 GE
31.12.01	Fair Value der Schuldverschreibung	120 GE
02.02.02	Verkauf der Schuldverschreibung zu	125 GE

	IFRS		Steuerbilanz	
02.12.01	Wertp. / Zahlungsm.	100	Wertp. an Zahlungsm.	100
31.12.01	Wertpapiere / NBR[428]	20	----	
	NBR / pass. lat.St.Abgr.	6		

[425] Vgl. IAS 12.61.

[426] At Fair Value through profit or loss.

[427] Steuern vom Einkommen und Ertrag.

[428] NBR Neubewertungsrücklage.

	IFRS		Steuerbilanz	
02.02.02	Zahlungsmittel 125 NBR 20 pass. lat. St.Abgr. / NBR 6	Wertpapiere 120 Ertrag 25	Zahlungsmittel / Wertpapiere Ertrag	125 100 25

Merke

Latente Steuerposten sind grundsätzlich unter den langfristigen Posten auszuweisen, auch wenn sich die zugrunde liegenden Bilanzstandsdifferenzen im Einzelfall kurzfristig, d.h. in naher Zukunft umkehren[429].

Für aktive und passive latente Steuern besteht ein grundsätzliches Aufrechnungsverbot. Eine ausnahmsweise Aufrechnung ist nur dann zulässig, wenn:

- das Unternehmen ein einklagbares Recht zur Aufrechnung tatsächlicher Steueransprüche gegen tatsächliche Steuerschulden hat und
- die latenten Steueransprüche und die latenten Steuerschulden sich auf Ertragsteuern beziehen, die von der gleichen Steuerbehörde und für das gleiche Steuersubjekt erhoben werden.[430]

17.6 Latente Steuerabgrenzungen bei Unternehmenserwerben nach der Acquisition Method

Im Rahmen von Unternehmenserwerben kommt es im IFRS-Abschluss zu einer Neubewertung der übernommenen Assets und Liabilities mit der Folge einer Auflösung stiller Reserven und stiller Lasten.[431] Da steuerlich grundsätzlich eine Buchwertfortführung vorzunehmen ist, treten temporäre Differenzen in Erscheinung, die zu latenten Steuerabgrenzungen führen. Diese werden jedoch nicht erfolgswirksam erfasst, sondern mit dem (vorläufigen) Goodwill aus dem Unternehmenserwerb verrechnet. Dabei ist zu beachten, dass eine aktive latente Steuer-

[429] Vgl. IAS 1.56.

[430] Vgl. IAS 12.74.

[431] Vgl. IFRS 3.18.

abgrenzung den vorläufigen Goodwill verringert, eine passive latente Steuerabgrenzung dagegen den vorläufigen Goodwill erhöht.

Beispiel

Situation vor dem Erwerb

M (Mutterunternehmen)
Handelsbilanz = Steuerbilanz

Kasse	1.500	**Eigenkapital**	1.500
	1.500		1.500

T (Tochterunternehmen)
Handelsbilanz= Steuerbilanz

Gebäude	2.800	**Eigenkapital**	3.000
Maschinen	1.500	Verbindlichkeiten	1.300
	4.300		4.300

	Zeitwerte	Steuerbilanz-werte	Temporäre Differenzen
Gebäude	3.000	2.800	200
Maschinen	1.600	1.500	100
Verbindlichkeiten	-3.000	-3.000	0
Rückstellungen	-400	0	-400
Aktiva - Passiva	1.200	1.300	100

Nettoeffekt aus temporären Differenzen	100
Darauf latente Steuerabgrenzungen bei 30% Steuersatz	30

Erwerbsvorgang (Share Deal)

Es wird unterstellt, dass M alle Anteile an der Gesellschaft T zum Preis von 1.500 erwirbt.

Zeitwertdifferenz Aktiva – Passiva	1.200
Kaufpreis	1.500
Goodwill (vorläufig)	300

Erstkonsolidierung

1. Schritt: Ermittlung der latenten Steuern und Korrektur des Goodwills

	Konzern-bilanz	Steuer-bilanz	temporäre Differenzen	aktive Steuer latenz (s=30%)	pass. Steuer-latenz (s=30%)
Gebäude	3.000	2.800	200		60
Maschinen	1.600	1.500	100		30
Verbindlichkeiten	3.000	3.000	0		
Rückstellungen	400	0	400	120	
				120	90

Die per Saldo aktiven latenten Steuern in Höhe von 120 – 90 = 30 GE stellen einen steuerlichen Vermögenswert dar, der den vorläufig ermittelten Goodwill von 300 GE auf 270 GE reduziert.[432]

2. Schritt: Aufstellung der Konzernbilanz:

Konzernbilanz

Gebäude	3.000	Eigenkapital	1.500
Maschinen	1.600	Rückstellungen	400
aktive Steuerlatenz	120	Verbindlichkeiten	3.000
Goodwill	260	passive Steuerlatenz	120
====================		====================	
	5.020		5.020

17.7 Anhangangaben zu latenten Steuern

IAS 12 verlangt eine Vielzahl von speziellen Angaben. So sollen alle wesentlichen Bestandteile des Steueraufwands und -ertrags gesondert angegeben werden[433]. Das bedeutet im Einzelnen Angaben über:

- Art und Zusammensetzung der latenten Steuern,
- Steuersatz für latente Steuern,
- Höhe der im Steueraufwand enthaltenen latenten Steuern,
- Angabe des Sicherheitsabschlags (wegen mangelnder Verwertbarkeit des Deferred Tax Assets auf einen Verlustvortrag),

---

432 Eine per Saldo passive latente Steuer würde den vorläufig ermittelten Goodwill erhöhen.

433 Vgl. IAS 12.79.

- Temporary Differences, für die keine latenten Steuerabgrenzungsposten angesetzt wurden,
- bei steuerlichen Verlusten sind anzugeben
  - die steuerlichen Verlustvorträge, die zu latenten Steuern geführt haben,
  - die steuerlichen Verlustvorträge, die bisher nicht zum Ansatz latenter Steuern geführt haben,
- Ergebnis vor Ertragsteuern sowie Ertragsteueraufwand jeweils getrennt für Inland und Ausland,
- Steuerminderungen aus der Nutzung steuerlicher Verlustvorträge, und schließlich
- die Angabe des effektiven (Konzern)-Steuersatzes und seiner Veränderungen

Ferner sind zu erläutern

- der tatsächliche Steueraufwand bzw. -ertrag,
- die Anpassungen für periodenfremde tatsächliche Ertragsteuern, z.B. aus Nachveranlagungen oder Erstattungen aus früheren Perioden,
- der latente Steueraufwand bzw. -ertrag, der aus dem Entstehen oder Auflösen temporärer Differenzen resultiert,
- der latente Steueraufwand bzw. -ertrag, der auf Steuersatzänderungen oder der Einführung neuer Steuern zurückzuführen ist,
- der Betrag von Steueraufwandsminderungen aus Verlustvorträgen bzw. Steuergutschriften oder nicht berücksichtigter temporärer Differenzen, für die keine latenten Steuern gebildet wurden,
- Wertberichtigungen oder Wertaufholungen auf aktive latente Steuern aufgrund von Neueinschätzungen von deren Realisierbarkeit/Werthaltigkeit durch die Prognoserechnung bezüglich künftiger zu versteuernder Einkommensbeträge,
- Ertragsteueraufwendungen oder -erträge, die aus erfolgswirksam erfassten Änderungen der Rechnungslegungsmethoden und Fehlern nach IAS 8 resultieren, weil sie nicht rückwirkend berücksichtigt werden konnten,
- den Gesamtbetrag der erfolgsneutral im Eigenkapital erfassten aktuellen und latenten Steuern,
- der mit jedem Bestandteil des sonstigen Ergebnisses in Zusammenhang stehende Ertragsteuerbetrag,

- die Auswirkungen von Steuersatzänderungen im Vergleich zum Vorjahr,
- die Höhe und ggf. den Auflösungszeitpunkt von abzugsfähigen temporären Differenzen, der noch nicht genutzten steuerlichen Verluste und Steuergutschriften, für welche keine aktiven Steuerlenzen angesetzt wurden,
- der Gesamtbetrag temporärer Differenzen, die aus Beteiligungen an Tochtergesellschaften, Joint Arrangements und assoziierte Unternehmen resultieren und für die keine aktiven oder passiven Steuerlatenzen gebildet worden sind,
- der Steueraufwand auf den auf die Geschäftsaufgabe entfallenden Gewinn oder Verlust aus aufgegebenen Geschäftsbereichen sowie auf den aus der gewöhnlichen Geschäftstätigkeit entfallenden Gewinn oder Verlust (einschließlich entsprechender Vorjahresangabe),
- die Höhe aktiver latenter Steuern, die der Erwerber aufgrund der veränderten Werthaltigkeitsbeurteilung durch den Unternehmenszusammenschluss nachträglich aktiviert[434] sowie die Gründe, die zu einer Nachaktivierung von latenten Steueransprüchen des Akquisitionsobjektes führen, insoweit sie nicht zum Erwerbszeitpunkt aktiviert wurden[435],
- die Steuerüberleitungsrechnung (Tax Rate Reconciliaton).

17.8 Steuerüberleitungsrechnung (Tax Rate Reconciliation) nach IAS 12.81(c)

Trotz der Berücksichtigung latenter Steuern stimmt der ausgewiesene Ertragsteueraufwand in der GuV-Rechnung des Konzernabschlusses regelmäßig nicht mit dem auf Basis des Ergebnisses im IFRS-Abschluss vor Ertragsteuern errechneten, erwarteten Steueraufwand überein.

Gründe können sein

- steuerbemessungsgrundlagen-induzierte Abweichungen, z.B.
    - permanente Differenzen zwischen Konzernabschluss und Steuerbilanz z.B. nicht abzugsfähige Betriebsausgaben, steuerfreie Einnahmen,

---

[434] Vgl. IAS 12.81 (j) i.V.m. IFRS 3 App. C4 zu IAS 12.81 (j).

[435] Vgl. IAS 12.81 (k) i.V.m. IFRS 3 App. C4 zu IAS 12.81 (k).

  - Verluste, auf die latente Steuern nicht aktiviert werden können, weil innerhalb des Verlustvortragszeitraums nicht mehr mit Gewinnen gerechnet werden kann,
  - Bildung bzw. Auflösung von Wertberichtigungen auf aktive Steuerlatenzen für Verlustvorträge aufgrund einer Neueinschätzung ihrer steuerlichen Verwertbarkeit,
- steuersatz-induzierte Abweichungen zwischen den für die Berechnung unterstellten und den tatsächlich von den Fiskalbehörden der jeweiligen Domizilstaaten der Konzerngesellschaften in Ansatz gebrachten Steuersätzen, z.B.
  - Steuersatzänderungen im Land der Muttergesellschaft im Zeitablauf,
  - Steuersatzunterschiede zwischen den einzelnen Domizilstaaten der Tochtergesellschaften und dem Konzernsteuersatz,
- ggf. Unterschiede zwischen Thesaurierungs- und Ausschüttungsbelastungen.

Daher ist eine Überleitungsrechnung vom erwarteten Ertragsteueraufwand auf den tatsächlich ausgewiesenen Ertragsteueraufwand aufzustellen, wobei die wesentlichen Abweichungsursachen darzustellen und zu quantifizieren sind.

Steuerüberleitungsrechnung, Ursachen für den Unterschied zwischen erwartetem und tatsächlichem Steueraufwand/-ertrag

Grundschema der Tax Rate Reconciliation nach IFRS (IAS 12.81(c)	
Erwarteter Ertragsteueraufwand (Konzernergebnis vor Ertragsteuern, gesetzlicher Ertragsteuersatz der Konzernmuttergesellschaft als Konzernsteuersatz)	
Steuersatzdifferenzen auf Gewinne, die im Ausland besteuert wurden	
Steuersatzdifferenzen im Inland (z.B. aufgrund gesetzlicher Änderungen des Steuersatzes)	
Permanente Differenzen (z.B. steuerfreie Einnahmen, nicht abzugsfähige Ausgaben)	

Sonstige Unterschiede	
= ausgewiesener, tatsächlicher Ertragsteueraufwand lt. GuV-Rechnung	

Steuerüberleitungsrechnung, Ursachen für den Unterschied zwischen erwartetem und tatsächlichem Steueraufwand/-ertrag (Beispiel)

	2019		2018	
	Mio €	%	Mio €	%
Erwarteter Steueraufwand und erwarteter Steuersatz	1.342	25,6	1.457	24,7
Steuerminderungen aufgrund steuerfreier Erträge				
Mit dem operativen Geschäft verbundene Erträge	-155	-3,0	-161	-2,7
Beteiligungserträge und Veräußerungserlöse	-10	-0,2	-2	-
Erstmaliger Ansatz bisher nicht angesetzter aktiver latenter Steuern auf Verlust- und Zinsvorträge	-30	-0,6	-27	-0,5
Nutzung von Verlust- und Zinsvorträgen, auf die zuvor keine latenten Steuern gebildet worden sind	-6	-0,1	-19	-0,3
Steuermehrungen aufgrund steuerlich nicht abzugsfähiger Aufwendungen				
Mit dem operativen Geschäft verbundene Aufwendungen	148	2,8	153	2,6
Abschreibungen auf Beteiligungen	7	0,1	2	-
Voraussichtlich nicht nutzbare neue Verlust- und Zinsvorträge	81	1,5	45	0,8

Voraussichtlich nicht nutzbare bereits bestehende Verlust- und Zinsvorträge, auf die zuvor latente Steuern gebildet worden sind	16	0,3	6	0,1
Periodenfremde Steueraufwendungen und -erträge	-95	-1,8	-80	-1,4
Steuereffekt aus Steuersatzänderungen	-25	-0,5	-4	-0,1
Sonstige Steuereffekte	-50	-0,7	-41	-0,6
Ausgewiesener Steueraufwand und effektiver Steuersatz	1.223	23,4	1.329	22,6

17.9 Erläuterung der latenten Steueransprüche und latenten Steuerschulden für jeden Bilanzposten (IAS 12.81(g))

Darüber hinaus ist eine Zusammenstellung der aktiven und passiven latenten Steuerabgrenzungen zu jedem einzelnen Bilanzposten zu veröffentlichen. Hieraus lassen sich Rückschlüsse ziehen auf die zugrundeliegenden Bilanzstandsdifferenzen jedes einzelnen Bilanzpostens und damit faktisch auf deren Steuerbilanzwerte. Daraus wird der sogenannte „Blick durch das Steuerfenster" ermöglicht.

Auflistung der die latenten Steuern auslösenden Sachverhalte

	31.12.2019		31.12.2018	
	aktive latente Steuern	passive latente Steuern	aktive latente Steuern	passive latente Steuern
Immaterielle Vermögenswerte	1.411	1.911	1.478	1.766
Sachanlagen	253	678	264	692
Finanzielle Vermögenswerte	18	183	240	224
Vorräte	943	63	1.267	32

Forderungen	98	580	71	547
Sonstige Vermögenswerte	28	14	39	13
Pensionsrückstellungen	3.601	1.213	3.637	983
Andere Rückstellungen	1.025	90	1.083	112
Verbindlichkeiten	714	91	793	133
Verlust- und Zinsvorträge	393		473	
Steuergutschriften	191		177	
	8.675	4.822	9.522	4.502
Davon langfristig	7.398	4.750	7.868	3.662
Saldierung	-3.996	-3.996	-3.172	-3.172
Gesamt	4.679	826	6.350	1.330

Wenn – wie im vorliegenden Fall – im Jahr 2019 aus dem Bilanzposten Immaterielle Vermögenswerte netto eine passive Steuerlatenz von 500 Mio. € resultiert, dann bedeutet dies, dass die Bilanzstandsdifferenz zwischen dem Bilanzwert des Postens Immaterielle Vermögenswerte und dessen Steuerwert 1.633 Mio. € beträgt (500 : 0,3 = 1.633). Schaut man in der IFRS-Bilanz den Wert des Bilanzpostens Immaterielle Werte an und subtrahiert davon 1.633 Mio. €, so kommt man ungefähr auf den Steuerwert dieses Postens.

Auf diese Weise kann man eine der Größenordnung nach bestimmte Steuerbilanz ermitteln („Blick durch das Steuerfenster").

17.10 Auswirkungen der Bilanzierung latenter Steuern nach IAS 12 auf Bilanzpolitik und Bilanzanalyse

Bilanzpolitische Freiräume im Zusammenhang mit latenten Steuerabgrenzungen ergeben sich

- bei der Einbeziehung quasi-permanenter und permanenter Unterschiede zwischen Handels- und Steuerbilanz,
- bei der Anwendung des kombinierten Ertragsteuersatzes,
- bei der Behandlung latenter Steuerabgrenzungen bei steuerlicher Organschaft (Buttom-Up oder Top-Down-Methode),

- bei der Fair Value-Bewertung der Assets und Liabilities sowie bei der Abgrenzung von übernommenen immateriellen Vermögenswerten und dem Goodwill im Rahmen einer Unternehmensakquisition (Wertunterschiede zwischen Vermögenswerten und Schulden führen zu latenten Steuerabgrenzungen, Wertunterschiede im Goodwillausweis führen zu keinen latenten Steuerabgrenzungen),
- bei der Beurteilung der Werthaltigkeit aktiver latenter Steuerabgrenzungen durch
  - Gewinnprognosen hinsichtlich Höhe, zeitliche Verteilung und Wahrscheinlichkeit des Eintritts,
  - Bewertung positiver und negativer Indikatoren für den Ansatz eines Sicherheitsabschlags,
  - Bewertung der Quellen für künftiges steuerliches Einkommen (Sufficient Taxable Income), z.B. inverse temporäre Differenzen, unterstellte steuerliche Gestaltungsstrategien, Rücktragsfähigkeit von Gewinnen und Schätzung der künftigen steuerlichen Gewinne über den Verlustvortragszeitraum
  - Revision früherer Prognosen und Annahmen.

Bilanzanalytische Folgerungen aus den Angaben zu latenten Steuern ergeben sich vor allem aus nachfolgenden Konstellationen:

- Latente Steuern auf Bilanzstandsdifferenzen einzelner Bilanzpositionen lassen bei Kenntnis des angewandten Ertragsteuersatzes auf die Ausweis- und Bewertungsunterschiede zwischen der handels- und steuerbilanziellen Darstellung des jeweiligen Postens schließen.
- Die Veränderung der latenten Steuerabgrenzungen bezogen auf einzelne Bilanzpositionen lassen auf die Veränderungen der bilanzpolitischen Strategie des Unternehmens bzw. Konzerns schließen.
- Die Veränderung der Wertberichtigungen auf aktive latente Steuern lässt auf die Beurteilung der steuerlichen Verwertbarkeit steuerlicher Verlustvorträge und damit auf die Beurteilung der künftigen Ertragsentwicklung des Unternehmens durch den Vorstand schließen.

17.11 Kontrollfragen

[1] Welchen Ansatz verfolgt IAS 12 zur Bilanzierung der latenten Steuern? Was bedeutet dies?

[2] Was sind „temporäre Unterschiede"?

[3] Unter welchen Bedingungen führen temporäre Unterschiede zu aktiven latenten Steuern?

[4] Unter welchen Bedingungen führen temporäre Unterschiede zu passiven latenten Steuern?

[5] Unter welchen Voraussetzungen sind aktive bzw. passive latente Steuern in der Bilanz nicht anzusetzen?

[6] Welcher Steuersatz ist zur Bewertung latenter Steuern heranzuziehen?

[7] Sind langfristige latente Steuern abzuzinsen?

[8] Wann sind latente Steuern erfolgswirksam, wann erfolgsneutral zu bilden?

[9] Nennen Sie die Voraussetzungen für eine Saldierung aktiver und passiver latenter Steuern.

18 Akquisitionsbilanzierung im IFRS-Konzernabschluss nach IFRS 3

18.1 Vorbemerkungen

Der Bilanzierung von Unternehmenszusammenschlüssen, auch Akquisitionsbilanzierung genannt, kommt angesichts umfangreicher M&A-Transaktionsaktivitäten weltweit eine große Bedeutung zu. Grundlegende Norm ist IFRS 3, in welchem neben den bilanziellen Einzelfragen zu Unternehmenszusammenschlüssen auch Themen der Erstkonsolidierung, der Goodwill-Bilanzierung, der Bilanzierung von Erwerben zu einem Preis unter dem Marktwert sowie zur Veränderung der Beteiligungsquote mit und ohne Erwerb bzw. Verlust der Beherrschung behandelt werden.

IFRS 3 steht in engem inhaltlichem Zusammenhang zu den Standards zur Konzernrechnungslegung IFRS 10, 11, 12, ergänzt um IFRS 13. Während Unternehmenszusammenschlüsse mit der Folge von Control-Verhältnissen, d.h. der Beherrschung von Tochterunternehmen durch das Mutterunternehmen, in IFRS 10 geregelt sind, finden sich die Bilanzierungsvorschriften zu Gemeinsamen Vereinbarungen in IFRS 11, die bilanzielle Abbildung von Anteilen an assoziierten Unternehmen im Rahmen der Equity-Methode ist in IAS 28 geregelt. Die Regelungen zum Einzelabschluss, der ja auch in Konzernverbünden zu erstellen ist, finden sich in IAS 27. Die Anhangangaben zu Anteilen an anderen Unternehmen sind in IFRS 12 zusammengefasst.

Merke

Um den Anwendungsbereich von IFRS 3 einschätzen zu können, bedarf es einer Definition des Begriffs Unternehmenszusammenschluss. Dieser lässt sich beschreiben als eine Transaktion oder ein anderes Ereignis, bei dem ein Erwerber die Beherrschung über ein oder mehrere Geschäftsbetriebe (businesses) erlangt (Control-Verhältnis).[436]

---

[436] Vgl. IFRS 3. App. A.

Definition

Ein Geschäftsbetrieb i.S.d. IFRS 3 stellt eine integrierte Gruppe von Aktivitäten und Vermögenswerten dar, die mit dem Ziel betrieben und geführt werden kann, dass Erträge (Rückflüsse, returns) erwirtschaftet werden können, die in Form von Dividenden, niedrigeren Kosten oder anderen wirtschaftlichen Vorteilen den Anteilseignern, anderen Eigentümern, Gesellschaftern oder Teilnehmern zufließen.

Hinweis

Ein Geschäftsbetrieb ist entsprechend der betriebswirtschaftlichen Lehre in der Regel darauf gerichtet, mit Hilfe von Produktionsfaktoren (Ressourcen) eine Transformation im Sinne einer betrieblichen Leistungserstellung zu bewirken, an deren Ende marktfähige Leistungen entstehen, die am Absatzmarkt Erträge generieren können, welche den Anteilseigner, anderen Eigentümern, Gesellschaftern oder Teilnehmern zugehen. Ein Geschäftsbetrieb besteht somit nach IFRS 3.B7 aus den drei Elementen

- Ressourceneinsatz,
- Transformationsprozesse und
- daraus resultierenden Leistungen, welche die Erträge und die damit für die Berechtigten nutzbare Rückflüsse (returns) generieren.

Die Definition eines Unternehmenszusammenschlusses ist deshalb für die Anwendung von IFRS 3 so bedeutsam, weil damit die Unterschiede zum Erwerb eines einzelnen Vermögenswertes oder einer Gruppe von Vermögenswerten, die keinen Geschäftsbetrieb darstellen, definiert werden, die sich signifikant auf die Bilanzierung auswirken.

Unternehmenszusammenschluss	Einzelerwerb
Erstbewertung zum beizulegenden Zeitwert der identifizierbaren Vermögenswerte, Schulden und bedingten Verpflichtungen	Erstbewertung zu den Anschaffungskosten der erworbenen Vermögenswerte

Bilanzierung eines Goodwills oder eines Gewinns aus einem Erwerb zu einem Preis unter Marktwert	Ausschließlicher Ansatz der erworbenen Vermögenswerte
Kaufpreisallokation einschließlich erworbener identifizierbarer immaterieller Vermögenswerte	Erstbewertung der erworbenen Vermögenswerte zu deren Anschaffungskosten

18.2 Pflicht zur Aufstellung von Konzernabschlüssen

Hinweis

Ein Konzernabschluss umfasst das Mutterunternehmen, den Investor, und die von ihm beherrschten Tochterunternehmen (Beteiligungsunternehmen).

Kriterium für die Beherrschung ist nach IFRS 10.6, dass der Investor schwankenden Renditen aus seinem Engagement in dem Beteiligungsunternehmen ausgesetzt ist bzw. Anrechte auf diese besitzt und die Fähigkeit hat, diese Renditen mittels seiner Verfügungsgewalt über das Beteiligungsunternehmen zu beeinflussen.

Hinweis

Somit müssen für die Beherrschung, welche eine notwendige Voraussetzung für die Pflicht zur Aufstellung eines Konzernabschlusses und damit für die Anwendung der Vorschriften zur Akquisitionsbilanzierung ist, folgende Voraussetzungen erfüllt sein[437]:

- Die Verfügungsgewalt über das Beteiligungsunternehmen (power),
- eine Risikobelastung durch oder Anrechte auf schwankende Renditen aus seinem Engagement in dem Beteiligungsunternehmen (variable returns),
- die Fähigkeit, seine Verfügungsgewalt über das Beteiligungsunternehmen dergestalt zu nutzen, dass dadurch die Höhe der Rendite des Beteiligungsunternehmens beeinflusst wird (power to affect the variable returns).

---

[437] Vgl. IFRS 3.7.

Control-Konzept nach IFRS 10.7
1. Investor besitzt die Verfügungsgewalt über das Beteiligungsunternehmen
2. Investor besitzt eine Risikobelastung durch oder Anrechte auf schwankende Renditen aus seinem Engagement in dem Beteiligungsunternehmen
3. Investor besitzt die Fähigkeit, seine Verfügungsgewalt über das Beteiligungsunternehmen dergestalt zu nutzen, dass dadurch die Höhe der Rendite des Beteiligungsunternehmens beeinflusst wird
= **Aufstellungspflicht eines Konzernabschlusses**

	Power	Der Investor hat die Entscheidungsgewalt über die relevanten Prozesse
+	Exposure to variability in returns	Der Investor ist variablen Rückflüssen ausgesetzt
+	Link between power and returns	Die Entscheidungsgewalt kann zur Beeinflussung de Rückflüsse eingesetzt werden
=	**Control**	Sämtliche Kriterien müssen erfüllt sein Neubeurteilung der einzelnen Kriterien bei Änderung der Umstände

Das Merkmal Beherrschung kann auf vielfältige Weise in Erscheinung treten[438]. Beispiele können sein: Bestimmung/Festlegung von

- Zweck und Gestaltung des Beteiligungsunternehmens,
- maßgeblichen Tätigkeiten sowie Entscheidungsmacht und Art der Entscheidungsprozesse über diese Tätigkeiten,
- der Risikobelastung des Investors,
- Identifizierung der relevanten Prozesse und Aktivitäten des Beteiligungsunternehmens,
- Entscheidungsmacht über die relevanten Aktivitäten des Beteiligungsunternehmens,
- Fähigkeit des Investors aufgrund seiner „power" die relevanten Aktivitäten des Beteiligungsunternehmens zu steuern bzw. aktiv zu beeinflussen,
- variable Rückflüsse an den Investor aus seinem Engagement an dem Beteiligungsunternehmen.

---

[438] Vgl. IFRS 3B3.

Die Entscheidungsmacht über die relevanten Prozesse des Beteiligungsunternehmens erwächst aus Rechten mit wirtschaftlicher Substanz (substantive rights, power arises from rights[439]). Bloße Abwehrrechte (Schutzrechte) wie z.B.

- Beschränkungen der Aktivitäten des Kreditnehmers in Kreditverträgen,
- Rechte aus nicht beherrschenden Anteilen,
- Rechte aus Darlehensverträgen für den Fall, dass die Kreditbedienung nicht erfüllt wird[440]

versetzen den Investor nicht in die Lage, die maßgeblichen Tätigkeiten zu lenken. Mit Hilfe von Abwehr- bzw. Schutzrechten können andere Investoren nicht davon abgehalten werden, die maßgeblichen Tätigkeiten in dem Beteiligungsunternehmen zu bestimmen.[441]

Bei den substanziellen Rechten, die zu einer Beherrschung führen können, sind nachstehende Varianten möglich:

- Stimmrechte als Voraussetzung für die Lenkung der maßgeblichen Tätigkeiten in dem Beteiligungsunternehmen (investee)[442].
- Besitzt ein Investor die Mehrheit der Stimmrechte in dem Gremium, das die relevanten Aktivitäten des Beteiligungsunternehmens bestimmt, so wird regelmäßig davon ausgegangen, dass er die maßgeblichen Tätigkeiten in dem Beteiligungsunternehmen lenken kann[443].
- Besitzt ein Investor keine Mehrheit in dem Gremium, das die relevanten Aktivitäten des Beteiligungsunternehmens bestimmt, so kann dennoch „power“ vorliegen, wenn eine der folgenden Voraussetzungen erfüllt ist:
  - Es bestehen vertragliche Vereinbarungen mit anderen Stimmberechtigten zur Ausübung von Stimmrechten, die ausreichen, um dem Investor die Möglichkeit der Lenkung der maßgeblichen Tätigkeiten zu verleihen[444] (Pool-Verträge, Stimmrechtsvollmachten), oder

---

[439] Vgl. IFRS 10.11.

[440] Vgl. IFRS 10.B.28.

[441] Vgl. IFRS 10.B.26-28.

[442] Vgl. IFRS 10.B.34.

[443] Vgl. IFRS 10.11, IFRS 10.B.35.

[444] Vgl. IFRS 10.B.39.

- es liegen andere Verträge vor, die dem Investor Rechte einräumen, die zusammen mit Stimmrechten ausreichen, um die wesentlichen Aktivitäten des Beteiligungsunternehmens zu bestimmen, z.B. Organbestellungsrechte, Beherrschungs- oder Gewinnabführungsverträge[445], oder
- es besteht eine de facto Entscheidungsmacht, d.h. der Investor verfügt auch ohne rechnerische Stimmrechtsmehrheit über ausreichende Rechte, die ihm die Entscheidungsmacht über die relevanten Aktivitäten verleihen, „... practical ability to direct the relevant activities“ unter Einbeziehung aller Tatsachen und Gegebenheiten bei der Bestimmung der faktischen Kontrolle[446], u.a.
  - Verteilung der Stimmrechte zwischen den Gesellschaftern, z.B. ein Großaktionär (48% und eine große Vielzahl Klein- und Kleinstaktionäre),
  - relative Höhe des Anteils gegenüber den Anteilen anderer Gesellschafter,
  - bisheriges Abstimmverhalten,
  - Rechte, die aus anderen vertraglichen Vereinbarungen resultieren können, z.B. ein Organbestellungsrecht.
- Es liegen potenzielle Stimmrechte als Rechte/Optionen auf den Erwerb von stimmrechtsberechtigten Anteilen an dem betrachteten Beteiligungsunternehmen vor, z.B. Wandlungs- oder Optionsrechte, sofern sie substanziell, d.h. derzeit ausübbar und wirtschaftlich vorteilhaft sind und mit denen zusammen mit den bereits vorhandenen (tatsächlichen) Stimmrechten des Investors eine Stimmrechtsmehrheit organisiert werden kann. Dabei müssen Zweck und Ausgestaltung der Merkmale der „potential voting rights“ insbesondere der Preis in die Analyse einbezogen werden. Ein Preis, der „in the money“, d.h. gegenüber dem Marktpreis der Anteile für den Optionsberechtigten günstig ist, stellt eine Indikation dafür dar, dass die Rechte „substantive“ sind. Analoges gilt für nachweisbare Synergieeffekte.[447]

---

[445] Vgl. IFRS 10.B.40.

[446] Vgl. IFRS 10.B.41-B.46.

[447] Vgl. IFRS 10.B.47-B.49.

- Wenn Stimm- oder ähnliche Rechte nicht relevant sind für die Beurteilung von „power“,[448] aber dennoch eine Beherrschung vorliegt, handelt es sich regelmäßig um ein strukturiertes Unternehmen (structured entity), das aufgrund einer faktischen Beherrschungsmöglichkeit des Investors, dessen spezifischen Beziehungen zum Beteiligungsunternehmen und den variablen Rückflüssen, die er aus dem Beteiligungsunternehmen zieht, konsolidiert werden muss. In diesen Fällen ist Zweck und Design der Beteiligungsgesellschaft zu beurteilen. Dies erfordert eine Analyse der Risiken, die mit der Geschäftstätigkeit des „investee“ verbunden sind, und deren Verteilung auf die Investoren. Folgende faktischen Kriterien können dabei eine Rolle spielen:
  - Beteiligung und Entscheidungen bei der Gründung,
  - Vereinbarungen, die bei der Gründung abgeschlossen werden (z.B. hinsichtlich Liquidation),
  - Verpflichtungserklärungen vom „investor“, dass der „investee“ entsprechend des geplanten Zweckes operieren wird.
  - Schließlich sind die spezifischen Beziehungen zu beurteilen, die als Indikatoren darauf hinweisen können, dass ein „investor“ eine aktive Stellung in der Gesellschaft hat, z.B. wenn
    - das Management des „investee“ aus früheren oder derzeitigen Mitarbeitern und Führungskräften des „investors“ besteht,
    - die Geschäftsaktivitäten faktisch vom „investor“ abhängig sind, z.B. hinsichtlich Finanzierung, Technologie, Intellectual Property oder
    - die Geschäftsaktivitäten auf das Geschäftsmodell des „investors“ ausgerichtet sind, z.B. als Zulieferer für Spezialkomponenten, exklusive Absatzorganisation, FuE-Kooperationspartnerschaft etc.

---

[448] Vgl. IFRS 10.B.51-B.54.

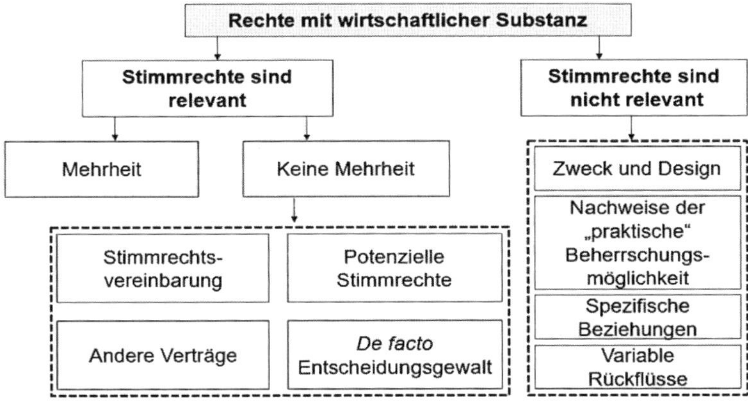

Das Bestehen eines Control-Verhältnisses ist ausschlaggebend für die Begründung eines Mutter-/Tochterverhältnisses und damit für die prinzipielle Pflicht, einen IFRS-Konzernabschluss aufzustellen[449].

Hinweis

Jedes Mutterunternehmen hat nach IFRS grundsätzlich einen Konzernabschluss aufzustellen[450]. Von der Konzernabschlusspflicht ist ein Mutterunternehmen nur befreit, wenn alle nachfolgenden Bedingungen erfüllt sind:

- Es ist seinerseits ein 100%iges Tochterunternehmen oder hat zwar mehrere Gesellschafter, die aber alle, einschließlich der nicht stimmberechtigten Gesellschafter, Kenntnis haben und keine Einwände erheben, dass das Mutterunternehmen keinen Konzernabschluss aufstellt.
- Weder seine Schuld- noch seine Eigenkapitalinstrumente werden öffentlich gehandelt, weder im Inland noch im Ausland, weder im Freiverkehr noch an lokalen oder regionalen Handelsplätzen.
- Die Abschlüsse werden keiner Wertpapieraufsichtsbehörde oder anderen Regulierungsbehörde zwecks Emission irgendwelcher Finanzinstrumente vorgelegt.
- Die oberste Muttergesellschaft des Konzerns oder eine Zwi-

449 Vgl. IFRS 10.4-6.

450 Vgl. IFRS 10.4 Satz 1.

schenholding stellt einen veröffentlichten Konzernabschluss nach IFRS auf.[451]

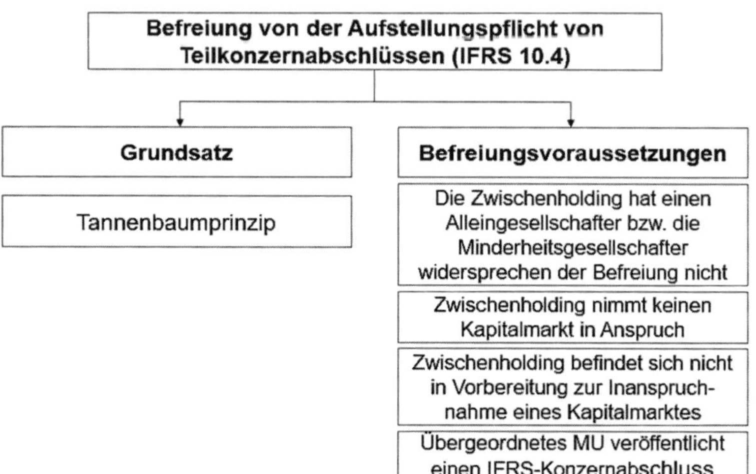

Die Pflicht zur Konzernabschlusserstellung obliegt dem Mutterunternehmen im Zeitpunkt des Unternehmenszusammenschlusses und zu allen weiteren Abschlussstichtagen. Der Unternehmenszusammenschluss ist nach der Erwerbsmethode (acquisition method) gemäß IFRS 3 abzubilden. Danach ist der Erwerb eines Geschäftsbetriebs analog dem Erwerb einzelner Vermögenswerte und Schulden abzubilden.

Merke

Der Konzernabschluss umfasst das Mutterunternehmen und grundsätzlich alle Tochterunternehmen.[452] In den Konzernabschluss ebenfalls einzubeziehen sind Tochterunternehmen, die zum Zeitpunkt des Erwerbs als „zur Veräußerung gehalten" nach IFRS 5 klassifiziert werden. In diesem Fall erfolgt die Abbildung nach diesem Standard[453].

---

451 Vgl. IFRS 10.4.

452 Zur Konzernrechnungslegungspflicht nach IFRS 10 vgl. oben Kapitel 18.2.

453 Vgl. IFRS 3.31.

Definition

Sondervorschriften bestehen für die Einbeziehung von Investmentgesellschaften in den Konzernabschluss.[454] Sie sind definiert als Unternehmen, die

- von einem Investor oder mehreren Investoren erhaltene Mittel zur Erbringung von Dienstleistungen im Bereich der Vermögensverwaltung einsetzen,
- deren mit dem Investor oder den Investoren vereinbarte Geschäftszweck ausschließlich in der Mittelanlage zur Erzielung von Wertsteigerungen und/oder der Erwirtschaftung von Kapitalerträgen besteht und
- die Ertragskraft der Investments im Wesentlichen auf Fair Value-Basis steuern[455].

Investmentgesellschaften werden weder als Tochtergesellschaften konsolidiert, noch wird IFRS 3 im Falle eines Control-Erwerbs angewandt; dagegen werden statt einer Konsolidierung nach der Erwerbsmethode die Anteile an dem Tochterunternehmen nach IFRS 9 erfolgswirksam zum beizulegenden Zeitwert bewertet.[456]

Anhangangabepflichten aus der Konzernrechnungslegung ergeben sich aus IFRS 12.

18.3 Anwendung der Akquisitionsmethode zur Bilanzierung von Unternehmenszusammenschlüssen

Die Grundkonzeption von IFRS 3 geht davon aus, dass der Erwerb eines Unternehmens analog dem Erwerb einzelner Vermögenswerte und der Übernahme von Schulden abzubilden ist. Dabei wird unterstellt, dass sich bei jedem Unternehmenszusammenschluss eine beteiligte Partei als Erwerber identifizieren lässt[457]. Aus diesem Grund wird die Methodik zur erstmaligen Einbeziehung eines anderen Unterneh-

---

[454] Vgl. IFRS 10.27-33.

[455] Vgl. IFRS 10.27.

[456] Vgl. IFRS 10.31.

[457] Vgl. IFRS 3.6.

mens in den eigenen Konzernabschluss auch als Akquisitionsmethode bezeichnet[458].

Die Anwendung der Akquisitionsmethode auf Unternehmenszusammenschlüsse beinhaltet die folgenden Schritte:

- Bestimmung des Erwerbers,
- Bestimmung des Erwerbszeitpunkts,
- Ermittlung der Gegenleistung,
- Ansatz und Bewertung der erworbenen Vermögenswerte und Schulden,
- Ermittlung und Bilanzierung von Goodwill bzw. negativem Unterschiedsbetrag aus der Erstkonsolidierung.

18.3.1 Bestimmung des Erwerbers

Die Anwendung der Akquisitionsmethode bei der Bilanzierung von Unternehmenszusammenschlüssen nach IFRS 3 erfordert die Identifizierung eines der beteiligten Unternehmen als Erwerber.

Die Identifizierung des Erwerbers (acquirer) ist deshalb für die Konzernrechnungslegung von Bedeutung,

- weil der Erwerber (acquirer) zur Konzernrechnungslegung verpflichtet ist und
- weil beim Erworbenen (acquiree) eine Neubewertung der erworbenen identifizierbaren Vermögenswerte, der übernommenen Schulden und aller nicht beherrschenden Anteile vorzunehmen ist[459], wohingegen beim Erwerber (acquirer) Buchwerte fortgeführt werden.

Merke

Erwerber ist jenes Unternehmen, das die Beherrschung über das andere Unternehmen erlangt. Beherrschung liegt vor, wenn ein Unternehmen die Möglichkeit hat, die Finanz- und Geschäftspolitik eines anderen Unternehmens zu bestimmen und aus dessen Geschäftstätigkeit Nutzen zu ziehen[460].

---

458 Vgl. IFRS 3.4-5.

459 Vgl. IFRS 3.10.

460 Vgl. IFRS 3. App. A.

Normalerweise ist die Identifizierung des Erwerbers nicht komplex. In Zweifelsfällen können Indikatoren bei der Identifizierung des Erwerbers helfen[461]:

- Für die Eigenschaft als Erwerber spricht, wenn ein Unternehmen
  - Zahlungsmittel für den Unternehmenszusammenschluss hingibt,
  - zur Finanzierung des Unternehmenszusammenschlusses eigene Eigenkapitalinstrumente emittiert,
  - den höheren relativen Stimmrechtsanteil an dem zusammengeschlossenen Unternehmen auf sich vereinigt,
  - außerhalb seines Eigenkapitalanteils einen großen Anteil an nicht beherrschenden Anteilen identifiziert,
  - die Zusammensetzung des Leitungsgremiums und der Geschäftsleitung bestimmen kann,
  - die Bedingungen des Austauschs von Eigenkapitalanteilen bestimmen kann,
  - signifikant größer als das andere Unternehmen ist,
  - den Unternehmenszusammenschluss initiiert hat etc.
- Zwei Sonderthemen sind ggf. bei der Identifizierung des Erwerbers zu beachten:
  - Wird ein Unternehmen ausschließlich deshalb neu gegründet (z.B. Mantelgesellschaft), um einen Unternehmenszusammenschluss durch Ausgabe eigener Anteile zu finanzieren, so ist nicht dieses Unternehmen, sondern eines der Gründer-Unternehmen der Erwerber.
  - Gibt ein Unternehmen zur Finanzierung eines Unternehmenszusammenschlusses eigene Anteile aus und übernimmt das rechtlich erworbene Unternehmen diese Anteile und erreicht somit zusammen mit anderen am Markt erworbenen Anteilen die Mehrheit des rechtlichen Erwerbers, so ist der rechtlich Erworbene faktisch der Erwerber. IFRS 3.B.19-B.27 enthalten Sondervorschriften für diesen so genannten umgekehrten Unternehmenserwerb (reverse acquisition).

---

[461] Vgl. IFRS 3.B.13-18.

18.3.2 Bestimmung des Akquisitionszeitpunkts

Definition

Der **Akquisitionszeitpunkt**, auf welchen grundsätzlich die Erstbewertung der erworbenen Vermögenswerte und der übernommenen Schulden zum beizulegenden Zeitwert vorzunehmen ist, ist der Zeitpunkt, zu dem der Erwerber tatsächlich die Beherrschungsmöglichkeit über das erworbene Unternehmen erlangt[462].

Liegen im Falle der Erstkonsolidierung zum Bilanzstichtag nur unvollständige Informationen vor, so kann die Erstkonsolidierung mit vorläufigen Werten stattfinden, die erfolgsneutrale Anpassung hat dann zu erfolgen, wenn die vollständigen Informationen vorliegen, spätestens ein Jahr nach dem Erwerbszeitpunkt[463].

Wird ein Unternehmenszusammenschluss nicht in einem einheitlichen Vorgang, sondern – stufenweise – über mehrere Erwerbsvorgänge von Kapitalanteilen zu unterschiedlichen Zeitpunkten vollzogen, so spricht man von einem sukzessiven Anteilserwerb (step acquisition)[464]. In diesem Fall ist im Zeitpunkt des Kontrollerwerbs der bereits gehaltenen Anteil erfolgswirksam zum beizulegenden Zeitwert neu zu bewerten.

18.3.3 Ermittlung der Gegenleistung

Hinweis

Die hingegebene Gegenleistung umfasst alle vom Erwerber an den früheren Eigentümer übertragenen Vermögenswerte[465], die vom Erwerber übernommenen Schulden des Erworbenen und die vom Erwerber ausgegebenen Eigenkapitalanteile. Sie sind durchweg zum beizulegenden Zeitwert zu bewerten.

---

[462] Vgl. IFRS 3.8-9, IFRS 3, App. A.

[463] Vgl. IFRS 3.45.

[464] Vgl. IFRS 3.41-42.

[465] Z.B. Geld, Grundstücke im Tausch, Forderungsverzicht etc.

Definition

Der beizulegende Zeitwert der hingegebenen Gegenleistung beinhaltet auch **bedingte Gegenleistungen** (contingent consideration). Hierunter wird gewöhnlich die Verpflichtung des Erwerbers verstanden, zusätzliche Vermögenswerte oder Eigenkapitalinstrumente zu übertragen, wenn bestimmte künftige Ereignisse eintreten oder Bedingungen vorliegen, z.B. wenn bestimmte Kennzahlen über- oder unterschritten werden[466].

Merke

Bedingte Gegenleistungen sind unter Beachtung der ihnen innewohnenden Unsicherheit mit ihrem beizulegenden Zeitwert im Erwerbszeitpunkt, regelmäßig dem Erwartungswert der künftigen bedingten Gegenleistung, anzusetzen.

Für die Folgebewertung der bedingten Gegenleistung sind folgende Fälle zu unterscheiden.

- Besteht die bedingte Gegenleistung in der Verpflichtung zusätzliche Eigenkapitalinstrumente zu liefern, wenn die Bedingung eintritt, so findet eine Neubewertung in nachfolgenden Abschlusszeitpunkten nicht statt und die bedingte Gegenleistung wird erst im Erfüllungszeitpunkt, d.h. bei Ausgabe der Eigenkapitalanteile als Eigenkapital klassifiziert.
- Besteht die bedingte Gegenleistung in der Verpflichtung zusätzliche finanzielle Vermögenswerte zu liefern, wenn die Bedingung eintritt, so ist die finanzielle Verpflichtung zu jedem nachfolgenden Abschlussstichtag neu zu bewerten im Einklang mit IFRS 9.
- Besteht die bedingte Gegenleistung in der Verpflichtung, nicht finanzielle Vermögenswerte zu liefern oder Dienstleistungen zu erbringen, so ist die Verpflichtung im Einklang mit IAS 37 anzusetzen und zu bewerten.[467]

---

[466] Vgl. IFRS 3, App. A.

[467] Beispielsweise könnte vereinbart sein, im Falle des Über- oder Unterschreitens von Kennzahlenwerten für eine bestimmte Zeitspanne die Gewährleis-

Nicht zur hingegebenen Gegenleistung für einen Unternehmenszusammenschluss sind Anschaffungsnebenkosten, also direkt mit dem Unternehmenszusammenschluss zusammenhängende Kosten, wie z.B. Honorare für Wirtschaftsprüfer, Rechtsanwälte, Bewertungsgutachter und sonstige Berater. Diese Ausgaben sind im Zahlungszeitpunkt sofort erfolgswirksam als Aufwand zu erfassen.[468]

18.3.4 Ansatz der erworbenen Vermögenswerte und der übernommenen Schulden

Merke

Die dem IFRS 3 zugrunde liegende Akquisitionsmethode zur Bilanzierung von Unternehmenszusammenschlüssen verlangt, dass der Erwerb eines Unternehmens grundsätzlich so abgebildet wird, wie der Erwerb der einzelnen Vermögenswerte und Schulden[469].

Das bedeutet, dass es nach dem Unternehmenszusammenschluss im Konzernabschluss des Erwerbers nicht einen Bilanzposten gibt, der das gesamte erworbene Unternehmen umfasst, sondern dass die einzelnen erworbenen Vermögenswerte und übernommenen Schulden des erworbenen Unternehmens, die jetzt zum Konsolidierungskreis des Erwerbers gehören, ausgewiesen werden, sofern die generellen und die für Unternehmenserwerbe speziellen Ansatzbedingungen erfüllt sind. Den Erstansatz der erworbenen Vermögenswerte und übernommenen Schulden im Konzernabschluss des Erwerbers bezeichnet man als Kaufpreisallokation (purchase price allocation). Sie gibt Antwort auf die Frage, wofür die hingegebene Gegenleistung, mithin der Kaufpreis, ausgegeben wurde: nämlich um die identifizierbaren Vermögenswerte zu erwerben, um die Schulden des Erworbenen zu übernehmen und um den Goodwill zu vergüten.

Spezielle Ansatzvorschriften existieren für erworbene immaterielle Vermögenswerte. Sie vom derivativen Firmenwert abzugrenzen, ist

---

tungsverpflichtungen aus Umsätzen, die der Erworbene mit seinen Kunden vor dem Erwerb erzielt hat, zu übernehmen.

[468] Vgl. IFRS 3.53.

[469] Es finden grundsätzlich die Definitions- und Ansatzkriterien für Vermögenswerte und Schulden nach dem IASB-Framework Tz. 53-64, Tz. 89-91.

eine Herausforderung. Demzufolge wird das Ansatzkriterium Identifizierbarkeit konkretisiert. Es liegt vor, wenn der immaterielle Vermögenswert separierbar ist oder auf vertraglichen bzw. gesetzlichen Rechten beruht[470]. Eine wahrscheinliche Nutzenstiftung wird in diesen Fällen grundsätzlich unterstellt.

Eventualverbindlichkeiten sind normalerweise nicht passivierungsfähig, sondern durch Anhangangaben zu erläutern.[471] Im Gegensatz dazu hat der Erwerber eine beim Unternehmenserwerb übernommene Eventualverbindlichkeit zum Erwerbszeitpunkt anzusetzen, wenn es sich um eine gegenwärtige Verpflichtung handelt, die aus früheren Ereignissen entstanden ist und deren beizulegender Zeitwert verlässlich bestimmt werden kann. Diese Passivierungspflicht gilt selbst dann, wenn ein Ressourcenabfluss unwahrscheinlich im Sinne von „not more likely than not" ist, um diese Verpflichtung zu erfüllen.[472]

18.3.5 Bewertung der erworbenen Vermögenswerte und übernommenen Schulden

Hinweis

Die im Rahmen eines Unternehmenszusammenschlusses erworbenen Vermögenswerte und übernommenen Schulden sind grundsätzlich mit ihrem beizulegenden Zeitwert[473] im Erwerbszeitpunkt zu bewerten[474].

Eine Buchwertfortführung aus der Schlussbilanz des Erworbenen scheidet prinzipiell aus. Dies gilt unabhängig von der geplanten Nutzung des Vermögenswertes durch den Erwerber. Maßgebend für die Erstbewertung im Erwerbszeitpunkt ist die höchste und beste Verwendung durch typisierte Marktteilnehmer am Hauptmarkt oder vorteilhaftesten Markt für den Vermögenswert oder die Schuld.[475] Aus einer

---

470 Vgl. IFRS 3.B.31- B.34.

471 Vgl. IAS 37.27-28.

472 Vgl. IFRS 3.23.

473 Zur Bestimmung des beizulegenden Zeitwertes vgl. IFRS 13.

474 Vgl. IFRS 3.18.

475 Vgl. IFRS 13.15, IFRS 13.16, IFRS 13.22, IFRS 13.24, IFRS 13.28, IFRS 13.31.

abweichenden Nutzung des übernommenen Vermögenswertes durch den Erwerber resultierende Wertminderungen sind im Anschluss an die Erstbewertung in laufender Rechnung durch außerplanmäßige Abschreibungen (Impairments) zu berücksichtigen.[476]

Beispiel

Ein Unternehmen erwirbt im Ausland ein anderes Unternehmen, welches eine sehr bekannte Marke besitzt. Das erwerbende Unternehmen will das erworbene Unternehmen allerdings nur als Vehikel erwerben, um seine eigene Marke in diesem Land einzuführen. Die erworbene Marke soll demzufolge gar nicht weiterentwickelt und gepflegt werden.

In diesem Fall ist die erworbene Marke im Akquisitionszeitpunkt mit dem beizulegenden Zeitwert anzusetzen, den der typisierte Marktteilnehmer der Marke beimessen würde. Dieser würde die Marke weiterentwickeln und pflegen, insofern der Marke einen hohen Wert beimessen. Am ersten Bilanzstichtag nach dem Erwerb ist die Marke einem Werthaltigkeitstest zu unterziehen. Ergibt sich ein Abwertungsbedarf, so führt dies zu einem Impairmentaufwand und zu einem Erklärungsbedarf gegenüber den Shareholdern.

Werden einzelne Vermögenswerte oder wird ein gesamtes im Rahmen eines Unternehmenszusammenschlusses erworbenes Unternehmen in Weiterveräußerungsabsicht erworben, so sind diese erworbenen Vermögenswerte und übernommenen Schulden als zur Veräußerung gehalten zu klassifizieren und nach den Sondervorschriften von IFRS 5 als kurzfristig auszuweisen sowie im Erwerbszeitpunkt mit dem beizulegenden Zeitwert abzüglich Veräußerungskosten (fair value less costs to sell) zu bewerten[477].

18.3.6 Ansatz und Bewertung von nicht-beherrschenden Anteilen (non-controlling interests)

Werden im Rahmen eines Unternehmenszusammenschlusses nicht alle Anteile an einem erworbenen Tochterunternehmen erworben, so sind die nicht übernommenen Anteile als „nicht-beherrschende Anteile“

---

[476] Vgl. IFRS 3.B.43.

[477] Vgl. IFRS 3.31, IFRS 5.15.

(non-controlling interests) innerhalb des Konzerneigenkapitals anzusetzen[478].

Die Bewertung der nicht-beherrschenden Anteile kann wahlweise mit ihrem

- beizulegenden Zeitwert, oder mit ihrem
- proportionalen Anteil an den zum beizulegenden Zeitwert neubewerteten identifizierbaren Vermögenswerten und Schulden (Nettovermögen) des erworbenen Unternehmens

erfolgen, wobei dieses Wahlrecht bei jedem Unternehmenszusammenschluss gesondert ausgeübt werden kann[479].

18.3.7 Bilanzierung von Unterschiedsbeträgen aus der Erstkonsolidierung

18.3.7.1 Ermittlung des Goodwill

Hinweis

Der Goodwill ist ein Vermögenswert, der künftigen wirtschaftlichen Nutzen aus anderen bei einem Unternehmenszusammenschluss erworbenen Vermögenswerten darstellt, die nicht einzeln identifiziert und separat angesetzt werden[480]. Er repräsentiert die Potenziale des Erworbenen (acquiree), die mit dem Unternehmenszusammenschluss auf den Erwerber (acquirer) übergehen und die sich nicht in identifizierbaren und separat ansetzbaren Vermögenswerten und Schulden wiederfinden.

Beispiele sind die Marktbekanntheit, die Mitarbeiterressourcen, die technischen Kompetenzen und die organisatorischen Fähigkeiten. Diese Potenziale waren beim Erworbenen mangels Vermögenswerteigenschaft nicht aktiviert, sind auch beim Erwerber nicht als identifizierbare und damit separierbare Vermögenswerte ansatzfähig und werden deshalb im Goodwill zusammengefasst, der nach IFRS 3 Appendix A insgesamt die Vermögenswerteigenschaft (eigener Art) besitzt.

---

478 Vgl. IFRS 3.10 i.V.m. IAS 1.54(q).

479 Vgl. IFRS 3.19.

480 Vgl. IFRS 3. App. A.

Merke

Rechnerisch ermittelt sich der Goodwill wie folgt[481]:

	Die übertragene Gegenleistung zum Erwerb der Beteiligungs-Tranche, die die Control-Position ermöglicht
+	Betrag der nicht-beherrschenden Anteile, bewertet entweder zum anteiligen Unternehmenswert (Full Goodwill) oder zum anteiligen Nettovermögen (Partial Goodwill)
+	Beizulegender Zeitwert der im Erwerbszeitpunkt bereits vom Erwerber gehaltenen Anteile (vor dem Kontrollerwerb erworbene Tranchen von Anteilen an dem erworbenen Unternehmen) bei sukzessivem Unternehmenserwerb
-	Netto-Betrag der identifizierbaren erworbenen Vermögenswerte und übernommenen Schulden (Fair Value-bewertetes Nettovermögen)
=	Goodwill

Im Falle des sukzessiven Unternehmenszusammenschlusses sind die vor dem Kontrollerwerb beim Erwerber vorhandenen Tranchen seiner Beteiligung am erworbenen Unternehmen (acquiree) erfolgswirksam zum beizulegenden Zeitwert anzusetzen.[482]

Je nach Bewertung der nicht beherrschenden Anteile mit ihrem beizulegenden Zeitwert (Anzahl der Aktien × Aktienkurs) oder mit ihrem proportionalen Anteil an dem zum beizulegenden Zeitwert bewerteten Nettovermögen des erworbenen Unternehmens ergeben sich Auswirkungen auf die Bewertung des Goodwills.

- Man spricht von Full Goodwill, wenn die nicht beherrschenden Anteile mit ihrem Zeitwert angesetzt werden. In diesem Fall umfasst der Goodwill nicht nur den mit der Mehrheitsbeteiligung erworbenen Anteil am unternehmerischen Gesamtgoodwill.
- Man spricht vom Partial Goodwill, wenn die nicht beherrschenden Anteile mit ihrem proportionalen Anteil an dem zum beizulegenden Zeitwert bewerteten Nettovermögen des erworbenen Unternehmens angesetzt werden. In diesem Fall umfasst der Goodwill lediglich den mit der Mehrheitsbeteiligung erworbenen Anteil am unternehmerischen Gesamtgoodwill.

---

[481] Vgl. IFRS 3.32.

[482] Vgl. IFRS 3.42.

Beispiel

Sachverhalt:

Das Mutterunternehmen MU hält 60 % der Anteile an einem Tochterunternehmen T. Die verbleibenden 40 % der 10 Mio. Aktien sind im Streubesitz und werden an der Börse gehandelt. Der Kurs bewegt sich in einer Bandbreite von 9,85 € bei 10,15 € pro Aktie (Durchschnittskurs 10 €). MU beabsichtigt seine Anteile zu verkaufen.

Der neue Mehrheitsgesellschafter M erwirbt nach Kaufpreisverhandlungen die Anteile an T zum Preis von 81 Mio. €, dies entspricht 13,50 € pro Aktie (81 Mio. € : 6 Mio. Aktien). Damit wird im Vergleich zum Börsenkurs ein Mehrpreis von ca. 3,50 € pro Aktie bezahlt.

In der Woche nach dem Erwerb werden die Anteile der konzernfremden Anteilseigner an der Börse in einer Bandbreite von 8,50 € bis 13,00 € gehandelt.

M hat also offenbar einen strategischen Mehrpreis (Kontrollprämie) im Vergleich zu den börsengehandelten Anteilen bezahlt.

Aufgrund von Schätzungen in Anlehnung an vergleichbare Unternehmenstransaktionen wird für T ein Unternehmenswert in einer Bandbreite von 110 Mio. € bis 130 Mio. € geschätzt (realistischer Korridor).

Für die T wird zum Erwerbszeitpunkt ein neu bewertetes Vermögen der einzelnen Vermögenswerte / Schulden von insgesamt 90 Mio. € ermittelt.

Frage:

Wie hoch ist der in der Konzernbilanz auszuweisende Goodwill und welcher Anteil entfällt auf M und die Minderheiten?

Lösungshinweis:

Eine lineare Hochrechnung ergibt einen fiktiven Beteiligungswert von: 135 Mio. € (= 13,50 € / Aktie × 10 Mio. Aktien). Dieser Wert kann aber nicht als Fair Value angesetzt werden, da vom neuen Mehrheitsgesellschafter M offensichtlich eine Kontrollprämie bezahlt wurde, die für die nicht beherrschenden Anteile nicht bezahlt würde und damit eine lineare Hochrechnung zu einem überhöhten Wert führen würde, wodurch sich auch ein zu hoher Goodwill ergeben würde.

Daher ist der Fair Value des Tochterunternehmens T zu schätzen. Er ergibt sich aus dem Fair Value des Anteils von M und der nicht beherrschenden Anteilseigner.

M zahlt 81 Mio. € für die 60 %-ige Beteiligung. Der Wert der nicht beherrschenden Anteilseigner ergibt sich aus dem Börsenkurs und der Anzahl der nicht beherrschenden Anteile, d.h. 10 € / Aktie × 4 Mio. Aktien = 40 Mio. €. Der Fair Value von T beträgt also 81 Mio. € + 40 Mio. € = 121 Mio. €. Dieser Betrag befindet sich auch innerhalb des „realistischen Korridors".

Aus der Gegenüberstellung des Unternehmenswertes von 121 Mio. € und des Zeitwertes des Nettovermögens (Vermögensgegenstände / Schulden) von 90 Mio. € ergibt sich ein Goodwill von 31 Mio. €.

Der Anteil von M am neu bewerteten Vermögen beträgt 90 Mio. € × 0,6 = 54 Mio. €. Damit berechnet sich ein Anteil von M am Goodwill von 81 Mio. € ./. 54 Mio. € = 27 Mio. € (Kaufpreis von 60% des Unternehmens – 60% des Fair Values des neubewerteten Nettovermögens).

Der den Minderheiten zuzurechnende Unternehmenswert beträgt 40 Mio. € und das auf sie entfallende Nettovermögen 90 Mio. € × 0,4 = 36 Mio. €, so dass sich ein anteiliger Goodwill von 4 Mio. € ergibt.

Fortsetzung des Beispiels anhand von Buchungen

Es sei angenommen, der Erwerber vor dem Erwerb habe
Aktiva 500 Mio. €, Eigenkapital 200 Mio. €, Fremdkapital 300 Mio. €

Die weiteren Annahmen seien wie oben bereits vermerkt:

Für die Full Goodwill Methode

Unternehmenswert von T 121 Mio. €, Goodwill 31 Mio. €, neubewertetes Nettovermögen 90 Mio. €, Kaufpreis für 60% der Anteile 81 Mio. €, Anteil der nicht beherrschenden Anteile am Unternehmenswert 4 Mio. Aktien à 10 €/Aktie = 40 Mio. €

Weitere Annahmen für die Partial Goodwill Methode:

neu bewertetes Nettovermögen 90 Mio. €, Kaufpreis für 60% der Anteile 81 Mio. €,

Goodwill, der durch den Unternehmenserwerb vergütet wurde

GW = 81 Mio. € – 0,6 × 90 Mio. € = 81 Mio. € – 54 Mio. € = 27 Mio. €

Minderheitenanteile 40% des Nettovermögens, also 40% von 90 Mio. € = 36 Mio. € (kein Anteil der Minderheitsgesellschafter am Goodwill dieser Transaktion)

Erwerber vor dem Erwerb

Aktiva 500	Eigenkapital 200
	Fremdkapital 300

Konzerneröffnungsbilanz nach dem Erwerb
– Full Goodwill Methode

Aktiva 500-81	=	419	Eigenkapital	200
Aktiva		90	Minderheiten	40
Goodwill		31	Fremdkapital	300
Davon auf M		27		
davon auf Minderheiten		4		
		540		540

Konzerneröffnungsbilanz nach dem Erwerb
– Partial Goodwill Methode

Aktiva 500-81	=	419	Eigenkapital	200
Aktiva		90	Minderheiten	36
Goodwill		27	Fremdkapital	300
		536		536

Da dem erworbenen Goodwill keine bestimmbare Nutzungsdauer zugemessen werden kann, unterliegt er keiner planmäßigen Abschreibung. Demgegenüber muss der Goodwill mindestens einmal jährlich, ggf. zusätzlich bei Auftreten von Wertminderungsindikatoren, auf seine Werthaltigkeit getestet werden[483]. Der jährlich durchzuführende Impairmenttest muss nicht zum Abschlussstichtag erfolgen, der gewählte Zeitpunkt für die Werthaltigkeitsmessung ist jedoch von Jahr zu Jahr stetig beizubehalten. Da der Goodwill keine separaten Zahlungsströme generieren kann, sondern nur zusammen mit anderen Vermögenswerten Nutzenstiftungen entfalten kann[484], erfolgt ein diesbezüglicher Werthaltigkeitstest nach IAS 36 auf Basis von zahlungsmittelgenerierenden Einheiten, denen der Goodwill im Erwerbszeitpunkt zugeordnet worden ist und im Rahmen derer der Goodwill Synergien entfalten kann.[485]

---

483 Vgl. IAS 36.90.

484 Vgl. IFRS 3, App. A.

485 Vgl. IAS 36.80.

Wird im Rahmen eines Impairmenttests ein Abwertungsbedarf für die betrachtete zahlungsmittelgenerierende Einheit festgestellt, so ist zuerst der Goodwill abzuwerten. Sofern der Abwertungsbedarf insgesamt größer ist als der Buchwert des Goodwills, so ist der verbleibende Betrag proportional den Buchwerten der sonstigen in der zahlungsmittelgenerierenden Einheit lokalisierten Vermögenswerte zu verteilen. Allerdings dürfen die durch das Impairment abgewerteten Ansätze der einzelnen Vermögenswerte nicht unter deren Einzelveräußerungspreis, Nutzungswert oder Null absinken.[486]

Ist der erzielbare Betrag in nachfolgenden Jahren wieder angestiegen, so sind die abgewerteten Vermögenswerte wieder zuzuschreiben, für einen einmal abgewerteten Goodwill besteht dagegen ein Zuschreibungsverbot.

18.3.7.2 Ermittlung des negativen Unterschiedsbetrags

Merke

Erwirbt ein Erwerber ein Unternehmen zu einem Preis, der unter dem Marktwert liegt, d.h. ergibt sich aus der Berechnung nach IFRS 3.32 ein negativer Unterschiedsbetrag, so wird dieser als günstiger Kauf (lucky buy, bargain purchase) interpretiert.

In diesem Fall muss nach IFRS 3.36 eine erneute Überprüfung

- von Ansatz und Bewertung aller erworbenen Vermögenswerte und übernommenen Schulden,
- der nicht beherrschenden Anteile,
- der bereits vor dem Unternehmenszusammenschluss beim Erwerber vorhandenen Eigenkapitalanteile, sowie
- der übertragenen Gegenleistung

erfolgen.

Ergibt sich auch nach der nochmaligen Überprüfung ein negativer Unterschiedsbetrag, so ist dieser beim Erwerber sofort und in voller Höhe als Gewinn aus einem Erwerb zu einem Preis unter dem Marktpreis zu erfassen.[487]

---

[486] Vgl. Kapitel 7.3.2.

[487] Vgl. IFRS 3.34.

18.4 Gemeinsame Vereinbarungen

Definition

Eine gemeinsame Vereinbarung ist ein Arrangement, bei dem zwei oder mehr Parteien gemeinschaftlich die Führung ausüben[488].

Dafür müssen folgende Voraussetzungen erfüllt sein:

- Es handelt sich um eine vertragliche Abrede[489], in der die wesentlichen Grundlagen für die Zusammenarbeit der beteiligten Parteien geregelt sind, z.B.[490]
  - Zweck, Tätigkeit und Laufzeit der Vereinbarung,
  - Art und Weise der Bestellung der Mitglieder des Leitungsorgans der gemeinsamen Vereinbarung,
  - die Entscheidungsprozesse,
  - die von den Parteien aufzubringenden Kapitaleinlagen sowie
  - die Art und Weise der Aufteilung der Vermögenswerte, Schulden, Erträge und Aufwendungen sowie Gewinne oder Verluste.
- In der vertraglichen Vereinbarung wird den beteiligten Parteien die gemeinschaftliche Führung zugewiesen,[491] d.h. keine Partei kann ihren Willen gegen den Willen der anderen Partei(en) durchsetzen.
- Es wird die Einstimmigkeit bei Entscheidungen über die relevanten Aktivitäten zwischen den beteiligten Joint Arrangement-Partnern vereinbart[492].

Merke

IFRS 11.6 unterscheidet zwei Arten von gemeinsamen Vereinbarungen[493]:

---

[488] Vgl. IFRS 11.4.

[489] Vgl. IFRS 11.5.

[490] Vgl. IFRS 11.B.4.

[491] Vgl. IFRS 11.5.

[492] Vgl. IFRS 11.7.

[493] Vgl. IFRS 11.14-19.

- Gemeinschaftliche Tätigkeiten (joint operations) und
- Gemeinschaftsunternehmen (joint ventures).

Die Unterscheidung orientiert sich an den Rechten und Pflichten der Parteien im normalen Geschäftsverlauf[494].

Eine **gemeinschaftliche Tätigkeit** liegt vor, wenn bei einer gemeinsamen Vereinbarung die Parteien, die gemeinschaftlich die Führung ausüben (gemeinschaftlich Tätige, joint operators), Rechte an den der Vereinbarung zuzurechnenden Vermögenswerten und Verpflichtungen für deren Schulden haben. Diese können beruhen auf[495]

- der Rechtsform,
- den vertraglichen Vereinbarungen oder
- anderen Faktoren (Umständen oder Sachverhalten).

Sofern die gemeinsame Vereinbarung nicht auf einem eigenständigen Vehikel aufgebaut ist, kommt nur eine gemeinschaftliche Tätigkeit in Betracht.

Bei einer **gemeinschaftlichen Tätigkeit** bilanziert jeder gemeinschaftlich Tätige in Bezug auf seinen Anteil

- seine Vermögenswerte und seinen Anteil an gemeinschaftlich gehaltenen Vermögenswerten,
- seine Schulden und seinen Anteil an den gemeinschaftlich eingegangenen Schulden,
- seine Erträge aus dem Verkauf seines Anteils am Ergebnis der gemeinschaftlichen Tätigkeit,
- seinen Anteil an den Erlösen aus dem Verkauf des Produktionsergebnisses und
- seine Aufwendungen einschließlich seines Anteils an den gemeinschaftlich eingegangenen Aufwendungen[496].

Die aus gemeinschaftlichen Tätigkeiten (joint operations) resultierenden (anteiligen) Erträge und Aufwendungen sind dem operativen Ergebnis der gemeinschaftlich Tätigen in deren Konzernabschluss zuzurechnen.

---

494 Vgl. IFRS 11.B.14.

495 Vgl. IFRS 11.B.21.

496 Vgl. IFRS 11.20.

Merke

Die von IFRS 11.20 geforderte anteilige Einbeziehung ist nicht identisch mit der Quotenkonsolidierung nach § 310 HGB.

Ein **Gemeinschaftsunternehmen** liegt vor, wenn bei einer gemeinsamen Vereinbarung die Parteien, die gemeinschaftlich die Führung ausüben (Partnerunternehmen, joint venturers), Rechte am Nettovermögen besitzen[497]. Für ein Gemeinschaftsunternehmen ist immer ein eigenständiges Vehikel erforderlich[498].

Bei Gemeinschaftsunternehmen setzt jedes Partnerunternehmen seinen Anteil als Beteiligung an und bilanziert diese nach der Equity-Methode entsprechend IAS 28. Aus at Equity bewerteten Beteiligungen erwachsen stets Finanzergebnisse, operative Ergebnisse sind bei dieser Beteiligungsform nicht vorgesehen.

Anhangangabepflichten für gemeinsame Vereinbarungen ergeben sich aus IFRS 12.

18.5 Assoziierte Unternehmen

Hinweis

Assoziierte Unternehmen sind Unternehmen, gegenüber denen das bilanzierende Unternehmen einen maßgeblichen Einfluss ausüben kann[499] und die nicht Tochterunternehmen oder Gemeinschaftsunternehmen sind.

Definition

Maßgeblicher Einfluss wird dabei definiert als die Möglichkeit, an den finanz- und geschäftspolitischen Entscheidungen mitzuwirken, ohne die Entscheidungsprozesse zu beherrschen oder die gemeinsame Beherrschung hierüber ausüben zu können[500].

---

497 Vgl. IFRS 11.16.

498 Vgl. IFRS 11.B.16.

499 Vgl. IAS 28.3.

500 Vgl. IAS 28.3.

Indikatoren dafür, dass maßgeblicher Einfluss vorliegt, sind u.a.[501]:

- Vertretung im Geschäftsführungsgremium,
- Teilnahme am geschäftspolitischen Entscheidungsprozess, einschließlich den Beschlüssen über Dividendenzahlungen und andere Ausschüttungen,
- wesentliche Transaktionen zwischen dem Beteiligten und dem Beteiligungsunternehmen,
- Austausch von Führungspersonal,
- Bereitstellung bedeutender technischer Informationen.

Merke

Assoziierte Unternehmen sind grundsätzlich nach der Equity-Methode im Konzernabschluss abzubilden.

Danach wird die Beteiligung an einem assoziierten Unternehmen im Rahmen der **Zugangsbewertung** zu Anschaffungskosten bewertet.

In der Folgebewertung wird der Beteiligungsbuchwert an dem assoziierte Unternehmen durch anteilige Gewinne erfolgswirksam erhöht und durch anteilige Verluste erfolgswirksam vermindert. Ausschüttungen aus dem assoziierten Unternehmen an den Investor vermindern den Beteiligungsbuchwert erfolgsneutral.

Darüber hinaus ist nach den Impairmentregeln des IFRS 9 zu prüfen, ob ein Abwertungsbedarf bezogen auf die Beteiligung an dem assoziierten Unternehmen besteht. Der Impairment Aufwand wird erfolgswirksam auf die Beteiligung bezogen, auch wenn die Ursache der außerplanmäßigen Abschreibung in der Wertentwicklung einzelner Vermögenswerte in dem assoziierten Unternehmen begründet ist. Da diese nicht im Betriebsvermögen des Investors erfasst sind, kommt auch eine Abschreibung auf diese Vermögenswerte beim Investor nicht in Betracht. Dies gilt auch für einen beim Erwerb der Beteiligung ggf. berücksichtigten Geschäfts- oder Firmenwert.

Angabepflichten für assoziierte Unternehmen ergeben sich aus IFRS 12.

---

[501] Vgl. IAS 28.6.

18.6 Anwendungsbeispiele

Aufgabe 1: Unternehmenserwerb und Goodwill-Bilanzierung

Full- und Partial-Goodwill

Die A-GmbH hat zum 30.06.2018 folgende vereinfachte Bilanz

Aktiva	8.000 GE	Eigenkapital	3.000 GE
		Fremdkapital	5.000 GE

Zum 30.06.2018 erwirbt die A-GmbH 80% der Anteile an der B-AG zu Anschaffungskosten von 1.500 GE. Die von B erworbenen Vermögenswerte, bewertet zu Zeitwerten betragen 3000 GE, die übernommenen Schulden von B betragen 1.750 GE. Der Zeitwert der nicht-beherrschenden Anteile beträgt 300 GE.

Aufgabe

Berechnen Sie den Goodwill nach der Full- und Partial-Goodwill-Methode und stellen Sie jeweils den Buchungssatz für den Unternehmenserwerb dar.

Stellen Sie die (Konzern-)Eröffnungsbilanz nach der Full- und Partial-Goodwill-Methode dar.

Lösung

Berechnung des Goodwills nach der Full-Goodwill-Methode[502]

	übertragene Gegenleistung	1.500
+	Zeitwert der nicht beherrschenden Anteile	300
./.	Nettovermögen zu Zeitwerten 3.000 - 1.750	1.250
=	Full Goodwill	550

Berechnung des Goodwills nach der Partial-Goodwill-Methode[503]

	übertragene Gegenleistung	1.500
./.	anteiliges Nettovermögen zu Zeitwerten 0,8 × 1.250	1.000
=	Auf den beherrschenden Anteil entfallender Goodwill	500

[502] Vgl. Berechnungsschema nach IFRS 3.32.

[503] Vgl. Berechnungsschema nach IFRS 3.32.

Buchungssatz für den Unternehmenserwerb bei Anwendung der Full-Goodwill-Methode

erworbene Vermögenswerte	3.000			
Goodwill	550	an	übernommene Verpflichtungen	1.750
			nicht-beherrschende Anteile	300
			Zahlungsmittel	1.500

Buchungssatz für den Unternehmenserwerb bei Anwendung der Partial-Goodwill-Methode

erworbene Vermögenswerte	3.000			
Goodwill	500	an	übernommene Verpflichtungen	1.750
			nicht-beherrschende Anteile	250
			Zahlungsmittel	1.500

Aufgabe 2: Sukzessiver Unternehmenserwerb

Die A-GmbH hält 15% an der B-AG. Diesen Anteil hat die A-GmbH vor 5 Jahren zu 1.000 GE erworben und bilanziert diesen Anteil seither als Eigenkapitalanteil „at Fair Value through OCI".

Im aktuellen Geschäftsjahr erwirbt die A-GmbH weitere 45% der B-AG für 15.000 GE. Der beizulegende Zeitwert der bisherigen Tranche von 15% an der B-AG beträgt inzwischen 5.400 GE. Die nicht beherrschenden Anteile betragen 40% des Nettovermögens bzw. des Unternehmenswertes.

Das Nettovermögen von B bewertet zu Zeitwerten beträgt 25.000 GE. Der Unternehmenswert der B-AG beträgt 30.000 GE (Da die B-AG börsennotiert ist, ermittelt sich dieser als Produkt aus der Anzahl der Aktien × dem Aktienkurs).

Aufgabe

Berechnen Sie den Goodwill nach der Full- und Partial-Goodwill-Methode.

Lösung

		Full Goodwill	Partial Goodwill
	Zeitwert der übertragenen Gegenleistung am Erwerbsstichtag	15.000	15.000
+	Wert der nicht beherrschenden Anteile	12.000 40% von 30.000	10.000 40% von 25.000
+	Zeitwert der Beteiligung der bisher schon gehaltenen Tranche	5.400	5.400
./.	erworbenes Nettovermögen zu Zeitwerten	25.000	25.000
=	Goodwill	7.400	5.400

Aufgabe zur Equity-Bewertung

Die A AG erwirbt Anteile an der B AG im Umfang von 40% und bezahlt dafür 2.240.000 €. Das Eigenkapital der B AG zu Buchwerten beträgt 3.200.000 €. Eine Fair Value-Bewertung der Aktiva und Schulden der B AG führt zu einem Saldo von 4.800.000 €.

Frage 1

Berechnen Sie die auf die Beteiligung entfallenden anteiligen stillen Reserven und den mit dem Erwerb vergüteten Goodwill.

Die anteiligen aufgedeckten stillen Reserven betreffen einen Maschinenpark mit einer Restnutzungsdauer von fünf Jahren, auf den Goodwill ist im Jahr 01 ein Impairment von 160.000 € vorzunehmen, im Jahr 02 ergibt sich kein Anlass für eine außerplanmäßige Goodwillabschreibung.

Die B AG erzielt im Jahr 01 einen Jahresüberschuss von 1.120.000 € im Jahr 02 von 800.000 €, im Mai 02 wird eine Ausschüttung von insgesamt 400.000 € an alle Aktionäre vorgenommen.

Frage 2

Stellen Sie die Entwicklung des Beteiligungsbuchwertes und des Beteiligungsergebnisses der A AG für die Jahre 01 und 02 dar.

Lösung zu Frage 1:

Beim Erwerb von 40% des Eigenkapitals ist ein maßgeblicher Einfluss zu unterstellen. Die Beteiligung ist nach IAS 28.5 at Equity zu bewerten.

Anschaffungskosten der Beteiligung	2.240.000
Anteiliges Eigenkapital (Buchwerte)	1.280.000
Aktiver Unterschiedsbetrag	960.000

Eigenkapital des Beteiligungsunternehmens

Buchwerte	3.200.000
Fair Values	4.800.000
Stille Reserven	1.600.000
davon 40%	640.000

Aktiver Unterschiedsbetrag	960.000
Anteilige stille Reserven	640.000
Goodwill	320.000

Lösung zu Frage 2:

Buchwertfortführung der at Equity zu bewertenden Beteiligung

Jahr 01

Anschaffungskosten der Beteiligung Beginn 01	2.240.000
Anteiliger Jahresüberschuss	
Beteiligung an Ertrag 0,4 × 1.120.000	448.000
Impairment auf den Goodwill	
Aufwand an Beteiligung	160.000
Planmäßige Abschreibungen auf anteilige	
Stille Reserven 640.000 : 5	128.000
Buchwert der Beteiligung Ende 01	2.400.000
Beteiligungsertrag in 01	160.000

Jahr 02

Buchwert der Beteiligung Ende 01/Beginn 02	2.400.000
Ausschüttung 0,4 × 400.000	
Zahlungsmittel an Beteiligung	- 160.000
Anteiliger Jahresüberschuss	
Beteiligung an Ertrag 0,4 × 800.000	+ 320.000
Planmäßige Abschreibungen auf anteilige	
Stille Reserven 640.000 : 5	- 128.000
Buchwert der Beteiligung Ende 02	2.432.000
Beteiligungsertrag in 02	192.000

18.7 Auswirkungen der Akquisitionsbilanzierung auf Bilanzpolitik und Bilanzanalyse

Mit IFRS 10 wurde eine einheitliche Definition des Begriffs „Control“ bzw. „Beherrschung“ zur Abgrenzung des Konsolidierungskreises in der internationalen Rechnungslegung geschaffen, um u.a. die bilanzpolitisch motivierte Auslagerung von Risiken aus Konzernen in Zweckgesellschaften zu vermeiden. Bilanzpolitische Maßnahmen wurden damit wesentlich erschwert und setzen nunmehr an bei

- der Definition des Erwerbers,
- der Bestimmung des Erwerbszeitpunkts,
- der Fair Value-Bewertung der erworbenen Vermögenswerte, Schulden und nicht beherrschenden Anteile (Kaufpreisallokation), sowie
- der Bewertung des Geschäfts- oder Firmenwertes nach der Full- bzw. Partial-Goodwill-Methode.

Besonders herausfordernd gestalten sich

- die Abbildung von umgekehrten Unternehmenserwerben (reverse acquisitions),
- von schrittweisen Unternehmenserwerben (step acquisitions),
- die Behandlung von zur Weiterveräußerung gehaltenen Tochterunternehmen sowie
- die Bestimmung der Einbeziehungsform von Unternehmen bei Veränderung der Beteiligungsquote mit Änderung des Control-Status und damit der Konsolidierungspflicht (Tochterunternehmen, Gemeinsame Vereinbarungen, assoziierte Unternehmen etc.).

Im Rahmen der Folgebilanzierung des aus einer Akquisition resultierenden Goodwills nach dem Impairment-Only-Approach bestehen sehr weitgehende Möglichkeiten der Bilanzpolitik im Rahmen von Ermessensspielräumen. Diese umfassen u.a. die

- Cashflow-Planung,
- Ableitung des Diskontierungssatzes,
- Höhe des Risikoaufschlags,
- etc.

Es wird insoweit auch auf die Ausführungen in Kapitel 10 verwiesen.

Befreiungsmöglichkeiten für die Konzernrechnungslegung sehen die IFRS grundsätzlich nicht vor, so dass den Bilanzanalysten ein nahezu vollständiger Blick auf sämtliche Konzerngesellschaften gewährt wird. Besonderheiten finden sich jedoch bei Investmentgesellschaften, die ihre Tochtergesellschaften nicht zur Vollkonsolidierung in den Konzernabschluss aufnehmen müssen, sondern erfolgswirksam zum beizulegenden Zeitwert bewerten. Bilanzanalytische Fragestellung resultieren darüber hinaus insbesondere in den Feldern der formellen und materiellen Darstellung der einzelnen Posten des Konzernabschlusses und deren Bewertung im Rahmen der Kaufpreisallokation.

18.8 Kontrollfragen

[1] Was versteht man nach IFRS 3 unter einem „Unternehmenszusammenschluss"?

[2] Wann entsteht nach IFRS ein Mutter-/Tochterverhältnis?

[3] Wann liegt „Beherrschung" („control") vor?

[4] Welche Prüfschritte sind zu durchlaufen, um beurteilen zu können, ob „control" vorliegt?

[5] Was versteht man unter „potenziellen Stimmrechten"?

[6] Nach welcher Methode sind Unternehmenszusammenschlüsse nach IFRS bilanziell abzubilden? Welche Schritte umfasst diese Bilanzierungsmethode?

[7] Wie ist der „Akquisitionszeitpunkt" nach IFRS definiert?

[8] Was versteht man unter einem „sukzessiven Anteilserwerb"?

[9] Wie bestimmt sich die durch den Erwerber für einen Unternehmenszusammenschluss entrichtete Gegenleistung?

[10] Was versteht man unter „bedingten Gegenleistungen" („contingent consideration")? Wie sind diese bei der Abbildung von Unternehmenszusammenschlüssen bilanziell zu behandeln (sowohl zum als auch nach dem Akquisitionszeitpunkt)?

[11] Wie sind Anschaffungsnebenkosten im Rahmen der Unternehmenszusammenschlussbilanzierung zu behandeln?

[12] Welcher Bewertungsgrundsatz gilt zum Akquisitionszeitpunkt für die Vermögenswerte und Schulden des erworbenen Unterneh-

mens in der Konzernbilanz des erwerbenden Unternehmens? Welche Ausnahmen gelten bezüglich dieses Grundsatzes?

[13] Wie sind „nicht-beherrschende Anteile" („non-controlling interests", „Minderheitenanteile") zum Akquisitionszeitpunkt zu bewerten?

[14] Wie lautet die Staffelrechnung zur Ermittlung eines Goodwill aus der Erstkonsolidierung?

[15] Unter welchen Umständen entsteht ein passiver Unterschiedsbetrag („Unterschiedsbetrag aus einem günstigen Kauf") und wie ist er bilanziell zu behandeln?

19 Währungsumrechnung im IFRS-Abschluss nach IAS 21

19.1 Vorbemerkungen

IAS 21 regelt die Währungsumrechnung für IFRS-Abschlüsse. Der Standard enthält gem. IAS 21.3 Vorschriften für die Umrechnung

- von Fremdwährungstransaktionen und -beständen (ohne Transaktionen mit und Beständen an Derivaten, die in den Anwendungsbereich von IFRS 9 fallen),
- von Erträgen, Aufwendungen, Vermögenswerten und Schulden ausländischer Geschäftsbetriebe, die vom bilanzierenden Unternehmen im Rahmen der Vollkonsolidierung bzw. im Rahmen der at-equity Bewertung berücksichtigt werden,
- von Erträgen, Aufwendungen, Vermögenswerten und Schulden des bilanzierenden Unternehmens in eine Darstellungswährung.

Der funktionalen Währung kommt hierbei eine zentrale Rolle zu, da sie bestimmt, welche Transaktionen und Bestände als Fremdwährungstransaktionen und -bestände gelten.

19.2 Konzeptionelle Grundlagen der Währungsumrechnung

Es existieren verschiedene Vorgehensweisen bei der Währungsumrechnung.

- Nach der **Zeitbezugsmethode** werden monetäre Posten zum Stichtagskurs-, nicht-monetäre Posten zum historischen Kurs und GuV-Posten aus Vereinfachungsgründen zum Durchschnittskurs während der Berichtsperiode umgerechnet. Lediglich GuV-Posten, die in unmittelbarem Zusammenhang mit einem Bilanzposten stehen (z.B. Abschreibungen und Anlagevermögen) sind zum selben Kurs umzurechnen wie der zugehörige Bilanzposten.
- Nach der **Stichtagskursmethode** erfolgt eine Umrechnung aller Posten zum Kurs am Bilanzstichtag, die Währungsumrechnung entspricht also einer Lineartransformation.[504]

---

504 Die reine Stichtagskursmethode ist nach IAS 21 nicht vorgesehen. Ihre Darstellung dient nur der Transparenz.

- Der **modifizierten Stichtagskursmethode** folgend werden alle Posten mit Ausnahme des Eigenkapitals zum Kurs am Bilanzstichtag umgerechnet. Zur Umrechnung des Eigenkapitals wird der historische Kurs herangezogen. GuV-Posten werden grundsätzlich zum historischen Kurs am Transaktionstag, vereinfachend zum Durchschnittskurs umgerechnet. Auf GuV-Posten, die unmittelbar mit einem Bilanzposten zusammenhängen, ist derselbe Umrechnungskurs anzuwenden, wie auf die Umrechnung der entsprechenden Bilanzposition.

Eine Umrechnung aller Posten zu einem einheitlichen Kurs hat auch eine Summengleichheit von Aktiva und Passiva im umgerechneten Jahresabschluss zur Folge. Werden Bilanzposten hingegen zu unterschiedlichen Kursen umgerechnet, so ist die Herstellung der Summengleichheit von Aktiva und Passiva mittels eines Ausgleichspostens in Höhe der sich ergebenden Umrechnungsdifferenz notwendig.

Aktivische Umrechnungsdifferenzen stellen einen unrealisierten Währungsverlust, **passivische Umrechnungsdifferenzen** einen unrealisierten Währungsgewinn dar.

Beispiel

Währungsumrechnung nach der Zeitbezugsmethode

	HB I	historischer Kurs	Stichtagskurs	HB II
Maschinen	400 GE LW	1,3		520 GE KW
Liquide Mittel	200 GE LW		1,5	300 GE KW
Aktiver Ausgleichsposten				60 GE KW
Summe Aktiva	**600 GE LW**			**880 GE KW**
Eigenkapital	200 GE LW	1,4		280 GE KW
Bankverbindlk.	400 GE LW		1,5	600 GE KW
Summe Passiva	**600 GE LW**			**880 GE KW**

GE LW: Geldeinheiten in Landeswährung des Domizilstaates der Tochtergesellschaft

GE KW: Geldeinheiten in Konzernwährung, d.h. der funktionalen Währung des Konzerns

Währungsumrechnung nach der Stichtagskursmethode

	HB I	Stichtagskurs	HB II
Maschinen	400 GE LW	1,5	600 GE KW
Liquide Mittel	200 GE LW	1,5	300 GE KW
Summe Aktiva	**600 GE LW**		**900 GE KW**
Eigenkapital	200 GE LW	1,5	300 GE KW
Bankverbindlk.	400 GE LW	1,5	600 GE KW
Summe Passiva	**600 GE LW**		**900 GE KW**

Währungsumrechnung nach der modifizierten Stichtagskursmethode

	HB I	historischer Kurs	Stichtagskurs	HB II
Maschinen	400 GE LW		1,5	600 GE KW
Liquide Mittel	200 GE LW		1,5	300 GE KW
Summe Aktiva	**600 GE LW**			**900 GE KW**
Eigenkapital	200 GE LW	1,4		280 GE KW
Bankverbindlk.	400 GE LW		1,5	600 GE KW
pass. Währungsausgleichsposten				20 GE KW
Summe Passiva	**600 GE LW**			**900 GE KW**

Werden historische Kurse herangezogen, führt dies bei Kurssteigerungen zur Bildung stiller Reserven, bei rückläufigen Kursen zu stillen Fremdwährungsverpflichtungen. Dies steht im Einklang mit dem Anschaffungskostenprinzip. Bei Anwendung der Stichtagskursmethode entsteht aufgrund der Lineartransformation der Fremdwährungsbeträge kein Ausgleichsposten für die Fremdwährungsumrechnung. Das berichtende Unternehmen kann allerdings bei Anwendung dieser Methode die Einhaltung des Anschaffungskostenprinzips nicht gewährleisten.

Durch den Ausgleichsposten wird die betragsmäßige Übereinstimmung von Aktiva und Passiva wiederhergestellt und gleichzeitig ein unrealisierter Währungserfolg zum Ausdruck gebracht. Die Frage, ob der Ausgleichsposten GuV-wirksam oder GuV-neutral zu verbuchen ist, entscheidet sich danach, ob der Erfolg aus der Währungsumrechnung der Muttergesellschaft oder dem ausländischen Tochterunternehmen zugeordnet wird. Bei der Zurechnung des Währungserfolges auf das Mutterunternehmen ist er im Konzernabschluss erfolgswirksam zu erfassen. Erfolgt die Zurechnung auf die Tochtergesellschaft, ist der Währungseffekt auf Konzernebene erfolgsneutral zu verbuchen.

Der Währungserfolg ist dann der Muttergesellschaft zuzuordnen, wenn die Tochtergesellschaft zwar rechtlich selbständig ist, bei wirtschaftlicher Betrachtungsweise aber eine unselbständige, in die Aktivitäten der Muttergesellschaft integrierte Einheit darstellt. Man spricht von sog. „Foreign Operations" als dem „verlängerten Arm der Muttergesellschaft". Beispiele sind u.a. Vertriebsgesellschaften, unselbständige Produktionsgesellschaften, ausgelagerte Forschungs- und Entwicklungsabteilungen.

Der Währungserfolg ist hingegen der Tochtergesellschaft als sog. „Foreign Entity" zuzuordnen, wenn diese rechtlich und weitgehend auch wirtschaftlich selbständig ist.

Beispiel

Die ausländische Tochtergesellschaft eines in Deutschland ansässigen Konzerns weist zum 31.12.01 folgende Bilanz und GuV-Rechnung auf (Beträge in Geldeinheiten in Landeswährung des Domizilstaates der Tochtergesellschaft FW):

Bilanz

Anlagevermögen	600 FW	gezeichnetes Kapital	300 FW
Vorräte	200 FW	Kapitalrücklagen	100 FW
Kasse	200 FW	Jahresüberschuss	200 FW
		Fremdkapital	400 FW
	1000 FW		1000 FW

GuV-Rechnung 1.1.-31.12.01	
Umsatz	1400 FW
Herstellungskosten des Umsatzes	900 FW
Verwaltungskosten	200 FW
Vertriebskosten	100 FW
Jahresüberschuss	200 FW

Der Stichtagskurs der Fremdwährung zum € beträgt 10:1, der (aus Vereinfachungsgründen einheitliche) historische Kurs beträgt 5:1 und der Durchschnittskurs während des Jahres beträgt 8:1.

Aufgabe

Führen Sie die Währungsumrechnung jeweils durch,

- bei Anwendung der Zeitbezugsmethode und erfolgswirksamer Erfassung der Fremdwährungsdifferenz im Konzernabschluss
- bei Anwendung der modifizierten Stichtagskursmethode und erfolgsneutraler Erfassung der Fremdwährungsdifferenz im Konzernabschluss

Lösung a): Zeitbezugsmethode und erfolgswirksame Erfassung der Fremdwährungsdifferenz

Bilanz

Sachanlagen	5:1	120	gezeichnetes Kapital	5:1	60
Vorräte	5:1	40	Kapitalrücklagen	5:1	20
Kasse	10:1	20	Jahresüberschuss		60
			Fremdkapital	10:1	40

GuV-Rechnung		
Umsatz	8:1	175,0
Herstellungskosten des Umsatzes	8:1	112,5
Verwaltungskosten	8:1	25,0
Vertriebskosten	8:1	12,5
vorläufiger Saldo	8:1	25,0
Umrechnungsdifferenz		35,0
Jahresüberschuss		60,0

Lösung b): modifizierte Stichtagskursmethode und erfolgsneutrale Erfassung der Fremdwährungsdifferenz

Bilanz

Anlagevermögen	60 €	gezeichnetes Kapital	60 €
Vorräte	20 €	Kapitalrücklagen	20 €
Kasse	20 €	Jahresüberschuss	25 €
		Umrechnungsdifferenz	-45 €
		Fremdkapital	40 €
	100 €		100 €

GuV-Rechnung	
Umsatz	175,0 €
Herstellungskosten des Umsatzes	112,5 €
Verwaltungskosten	25,0 €
Vertriebskosten	12,5 €
Jahresüberschuss	25,0 €

19.3 Währungsumrechnung nach IAS 21

Die IFRS-Rechnungslegung nimmt die Währungsumrechnung nach dem Konzept der funktionalen Währung vor.

Definition

Die **funktionale Währung** ist nach IAS 21.8 die Währung des primären ökonomischen Umfelds, in der die Transaktionen des Konzerns überwiegend abgewickelt werden. Dieses ökonomische Umfeld ist normalerweise das, in dem das berichtende Unternehmen Zahlungsmittel erwirtschaftet und ausgibt.

Aus Sicht des Unternehmens werden alle anderen Währungen, die nicht der funktionalen Währung des Konzerns entsprechen, als Fremdwährung bezeichnet (IAS 21.8).

Bei der funktionalen Währung kann es sich um die Heimatwährung der Konzernmuttergesellschaft, einer bzw. mehrerer Tochtergesellschaften oder auch um die Währung eines Drittlandes handeln. Dabei gelten folgende Umrechnungsgrundsätze:

- Ist die Darstellungswährung des Konzerns gleich der funktionalen Währung des einzubeziehenden Unternehmens anzusehen, erfolgt die Umrechnung nach der Zeitbezugsmethode.
- Ist die Berichtswährung des einzubeziehenden Unternehmens zugleich auch dessen funktionale Währung, erfolgt die Umrechnung in die Darstellungswährung des Konzerns nach der modifizierten Stichtagskursmethode.
- Ist eine Drittwährung als funktionale Währung des einzubeziehenden Unternehmens anzusehen, so hat zunächst eine Umrechnung nach der Zeitbezugsmethode in die funktionale Währung der Kon-

zerngesellschaft zu erfolgen, die die Transaktion in einem Währungs-„Drittland" verantwortet. Anschließend wird die modifizierte Stichtagskursmethode zur Umrechnung von der funktionalen Währung in die Darstellungswährung des Konzerns angewandt:

Umrechnungsvorgang	Umrechnungsmethoden
Von der Transaktionswährung in die funktionale Währung	Zeitbezugsmethode → erfolgswirksame Erfassung des Umrechnungseffektes
Von der funktionalen Währung in die Darstellungswährung	Modifizierte Stichtagskursmethode → erfolgsneutrale Erfassung des Umrechnungseffektes

Beispiel

Eine US-amerikanische Tochtergesellschaft, deren funktionale Währung der US-Dollar ist, wickelt ein einzelnes Geschäft in Schweizer Franken ab. Die Darstellungswährung des Gesamtkonzerns (Sitz der Konzernzentrale ist Düsseldorf) ist der Euro.

Lösung: die Umrechnung des Geschäfts aus dem Schweizer Franken in US-Dollar erfolgt nach der Zeitbezugsmethode; die dabei entstehende Währungsumrechnungsdifferenz wird erfolgswirksam behandelt. Die Umrechnung des Einzelabschlusses (HB II) der US-amerikanischen Gesellschaft in die Darstellungswährung des Konzerns Euro erfolgt nach der modifizierten Stichtagskursmethode; eine dabei entstehende Währungsumrechnungsdifferenz wird erfolgsneutral behandelt.

Die Festlegung der funktionalen Währung erfolgt nach der Würdigung der Gesamtumstände. Folgende Faktoren spielen dabei eine Rolle: Die Währung,

- in der die Verkaufspreise für Güter und Dienstleistungen im Wesentlichen bestimmt werden
- die für den Wirtschaftsraum gilt, dessen Marktverhältnisse, Wettbewerbskräfte und rechtliche Rahmenbedingen die Verkaufspreise des Unternehmens im Wesentlichen bestimmen,
- in der die Produktionsfaktoren bezahlt werden, d.h. in der Personal-, Material- und sonstige Kosten anfallen.

Zusätzliche Indizien können sein, die Währung,

- in der sich das Unternehmen hauptsächlich finanziert,
- in der die Cashflows aus operativer Tätigkeit zufließen.

Kriterien, ob die funktionale Währung des einzubeziehenden Unternehmens mit der funktionalen Währung des Mutterunternehmens übereinstimmt, können sein, ob:

- die Geschäfte des einzubeziehenden Unternehmens in die Aktivitäten des Mutterunternehmens weitgehend integriert sind oder das Unternehmen weitgehend selbständig agiert,
- konzerninterne Transaktionen mit dem Mutterunternehmen einen großen oder eher kleinen Anteil haben im Hinblick auf das gesamte Geschäftsvolumen des einzubeziehenden Unternehmens,
- die Cashflows des einzubeziehenden Unternehmens die des Mutterunternehmens unmittelbar beeinflussen und ob sie jederzeit an das Mutterunternehmen weitergeleitet werden können,
- die Cashflows des einzubeziehenden Unternehmens nachhaltig nicht zur Deckung der eigenen Zahlungsverpflichtungen ausreichen und das Mutterunternehmen deshalb zum Ausgleich von Fehlbeträgen dauerhaft zur Verfügung stehen muss.

19.4 Währungsumrechnung von Fremdwährungstransaktionen und Fremdwährungsbeständen

Fremdwährungstransaktionen sind bei erstmaliger Erfassung in der funktionalen Währung des berichtenden Unternehmens abzubilden. Der Umrechnung der Fremdwährung in die funktionale Währung wird nach IAS 21.21 der Stichtagskurs zum Transaktionszeitpunkt zwischen den jeweiligen Währungen zugrunde gelegt. Der Transaktionszeitpunkt ist der Tag der erstmaligen Erfassung der Transaktion im Abschluss des berichtenden Unternehmens. Aus Vereinfachungsgründen können nach IAS 21.22 auch Näherungslösungen (z.B. Durchschnittskurse für eine Woche/einen Monat) für die Ermittlung des Transaktionsstichtagskurses herangezogen werden.

Auf fremde Währung lautende Bilanzpositionen sind am Abschlussstichtag nach IAS 21.23 wie folgt zu behandeln.

- Monetäre Posten werden mit dem Wechselkurs am Abschlussstichtag umgerechnet.
- Nicht-monetäre Posten, die zu historischen Anschaffungs- oder Herstellungskosten bewertet werden, werden mit dem Wechselkurs zum Transaktionszeitpunkt umgerechnet.

- Nicht-monetäre Posten, die zum beizulegenden Zeitwert bewertet werden, werden mit dem Wechselkurs zu dem Zeitpunkt umgerechnet, zu dem die Ermittlung des beizulegenden Zeitwerts stattfand.

Aufgrund dieser Umrechnungsvorschriften kann es zu fremdwährungsbedingten Differenzen zwischen dem Wert für einen Bilanzposten, der bei erstmaliger Erfassung (oder zum letzten Abschlussstichtag) ermittelt wurde, und dem aktuellen Wert kommen. Bei monetären Posten sind derartige Fremdwährungsdifferenzen grundsätzlich in der Periode erfolgswirksam im Gewinn oder Verlust der Periode zu erfassen, in der die entsprechende Differenz auftritt.

Handelt es sich bei den nicht-monetären Posten um Vermögenswerte oder Schulden, bei denen Gewinne oder Verluste erfolgsneutral direkt im Eigenkapital erfasst werden, sind auch die fremdwährungsbedingten Bestandteile dieses Gewinns oder Verlusts im Eigenkapital zu erfassen. Werden diese Vermögenswerte oder Schulden hingegen erfolgswirksam bewertet, sind auch die fremdwährungsbedingten Bestandteile dieses Gewinns oder Verlusts im Periodenergebnis zu erfassen (IAS 21.30).

Ausnahmeregelungen bestehen wiederrum für monetäre Posten, die Bestandteil eines Net Investments in a Foreign Operation sind.

19.5 Währungsumrechnung zu Darstellungszwecken

Ein Unternehmen kann selbst entscheiden, in welcher Währung es seinen IFRS-Abschluss darstellen und veröffentlichen möchte. Wenn ein Unternehmen für Darstellungszwecke seinen Abschluss in einer Währung präsentiert, die von der funktionalen Währung abweicht, so muss eine Währungsumrechnung von der funktionalen Währung des Unternehmens in die Darstellungswährung erfolgen. Diese Währungsumrechnung erfolgt nach den gleichen Grundsätzen wie bei der Währungsumrechnung ausländischer Teileinheiten.

Kapitalmarktorientierte Unternehmen mit Sitz in der Bundesrepublik Deutschland, haben nach § 315e Abs. 1 HGB ihre IFRS-Abschlüsse nach § 244 HGB hingegen stets in Euro zu erstellen.

19.6 Auswirkungen der Währungsumrechnung auf Bilanzpolitik und Bilanzanalyse

Bilanzpolitische Gestaltungsfreiräume ergeben sich in der Festlegung der funktionalen Währung, der Bestimmung von Kursen zu den jeweiligen Zeitpunkten und der Behandlung der Währungsumrechnung von Gesellschaften in Hyperinflationsländern.

Bilanzanalysten haben aktive und passive Währungsumrechnungsposten in der Bilanz sachgerecht als Bestandteil des Eigenkapitals zu interpretieren und die mit der Wechselkursentwicklung zusammenhängenden Risiken angemessen zu beurteilen.

19.7 Kontrollfragen

[1] Nach welchen Methoden kann die Fremdwährungsumrechnung erfolgen?

[2] Was versteht man unter der funktionalen Währung?

[3] Anhand welcher Merkmale kann die funktionale Währung bestimmt werden?

[4] Welche Vermögenswerte und Schulden sind für die Währungsumrechnung nach IFRS zu unterscheiden?

[5] Wie werden Währungsumrechnungsdifferenzen bei monetären Bilanzposten erfasst?

[6] Wie werden Währungsumrechnungsdifferenzen bei nicht-monetären Bilanzposten erfasst?

[7] In welcher Währung ist ein IFRS-Abschluss zu veröffentlichen? Was gilt hierbei für kapital-marktorientierte Unternehmen, die ihren Sitz in Deutschland haben?

20 Erstmalige Anwendung der IFRS nach IFRS 1

20.1 Vorbemerkungen

Für die erstmalige Anwendung der IFRS haben Unternehmen die Vorschriften des IFRS 1 zu beachten.

Definition

Nach IFRS 1.3 ist ein Unternehmen Erstanwender, wenn es erstmalig ausdrücklich und vorbehaltslos (uneingeschränkt) erklärt, dass der Abschluss vollumfänglich im Einklang mit den IFRS aufgestellt wurde.[505]

Ein Unternehmen ist auch dann als Erstanwender anzusehen, wenn es in den Vorjahren

- lediglich einzelne IFRS angewendet hat,
- einen IFRS-Abschluss lediglich für interne Zwecke erstellt hat oder
- lediglich einzelne Reporting-Packages nach IFRS für Konsolidierungszwecke erstellt hat.

Merke

Zur erstmaligen Aufstellung eines IFRS-Abschlusses ist die Erstellung einer IFRS-Eröffnungsbilanz erforderlich. Diese ist zum Übergangszeitpunkt (transition date) aufzustellen. Dies ist der Beginn der frühesten Periode, für die ein Unternehmen in seinem ersten IFRS-Abschluss vollständige Vergleichsinformationen nach IFRS veröffentlicht.[506] Dies ist regelmäßig der Beginn der Vergleichsperiode, also die Eröffnungsbilanz des der erstmaligen Berichtsperiode vorangehenden Geschäftsjahres[507].

---

[505] Vgl. IFRS 1 App. A.

[506] Vgl. IFRS 1 App. A.

[507] Vgl. IFRS 1.21.

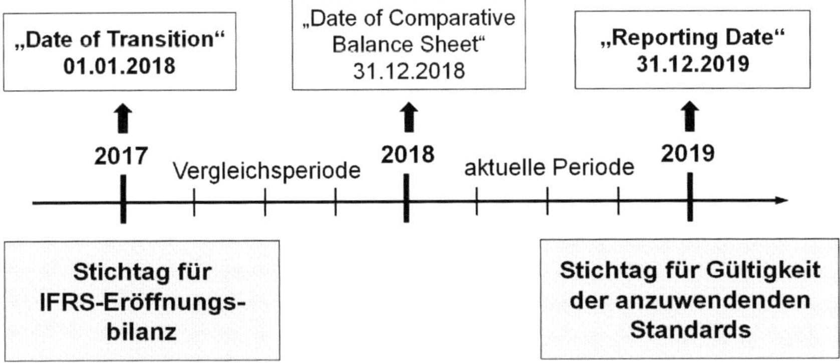

20.2 Vorgehensweise bei der erstmaligen Anwendung der IFRS

IFRS 1 enthält Vorschriften zur Gestaltung der erstmalig aufzustellenden IFRS-Bilanz. Fernen finden sich in IFRS 1 Anforderungen an die die erstmalige Anwendung begleitenden Anhangangaben und Überleitungsrechnungen, z.B. vom Eigenkapital nach nationalen Vorschriften ermittelt auf das nach IFRS ermittelte Eigenkapital zu Beginn und zum Ende der Vergleichsperiode, sowie die Überleitung vom Periodenergebnis der Vergleichsperiode berechnet nach nationalen Vorschriften auf das Periodenergebnis der Vergleichsperiode nach IFRS.

Merke

Für den Übergangsprozess zur erstmaligen Anwendung der IFRS im Jahres- oder Konzernabschluss gilt folgender Grundsatz: Die Erstanwendung der IFRS hat rückwirkend und erfolgsneutral zu erfolgen:

- rückwirkend heißt, es ist jeder Bilanzsachverhalt so darzustellen, als ob seit seinem Zugang die schon immer IFRSs angewandt worden wären,
- erfolgsneutral heiß, dass die Buchwertdifferenz zwischen dem Bilanzwert in der Schlussbilanz nach nationalen Rechnungslegungsnormen und dem retrospektiv ermittelten IFRS-Buchwert in der Eröffnungsbilanz außerhalb der GuV-Rechnung direkt im Eigenkapital darzustellen ist.

Bei der Erstellung der IFRS-Eröffnungsbilanz zum Umstellungszeitpunkt (transition date) ist das Set von Standards zugrunde zu legen, der zum Zeitpunkt der erstmaligen Veröffentlichung eines IFRS-Abschlusses (Reporting Date) Gültigkeit haben wird.[508]

Für die Erstellung der erstmaligen IFRS-Eröffnungsbilanz sind folgende Arbeitsschritte erforderlich:[509]

- Alle zum Eröffnungsbilanzstichtag nach IFRS zu bilanzierenden Vermögenswerten und Schulden sind anzusetzen,

  Beispiel: Selbst erstellte immaterielle Vermögenswerte sind, wenn die Voraussetzungen nach IAS 38 erfüllt sind, zu aktivieren, selbst wenn nach § 248 Abs. 2 Satz 1 HGB im HGB-Abschluss auf eine Aktivierung verzichtet wurde. Analoges gilt für aktive latente Steuern, die nach § 274 Abs. 1 Satz 2 HGB im HGB-Abschluss nicht angesetzt waren. Ferner sind Leasingverträge nach dem Right of Use-Ansatz nach IFRS 16 zu bilanzieren, auch wenn sie nach den deutschen Leasingerlassen als Operate Leases klassifiziert wurden und als schwebende Geschäfte off-balance geführt wurden. Auch Derivate gelten nach IFRS 9 als financial assets bzw. financial liabilities und sind im Gegensatz zur HGB-Rechnungslegung nicht als schwebende Geschäfte, sondern als Bilanzposten zu behandeln.

- Alle nach nationalem Recht ansatzfähigen Vermögenswerte und Schulden, deren Ansatz nach IFRS nicht zulässig ist, sind zu eliminieren,

  Beispiel: Aufwandsrückstellungen, die nach § 249 Abs. 1 Satz 2 Ziff. 1 HGB angesetzt waren, sind zu eliminieren.

- Alle Posten sind umzugliedern, sodass sie in der IFRS-Eröffnungsbilanz unter den gemäß IFRS geltenden Posten ausgewiesen werden.

  Beispiel: Alle Finanzinstrumente sind von den nach HGB vorgesehenen Kategorien der Wertpapiere des Anlage- bzw. Umlaufvermögens in die nach IFRS 9 vorgesehenen Posten einzufügen. Außerdem sind die Abgrenzungskriterien für Eigen- bzw. Fremdkapital nach IAS 32 unabhängig von der entsprechenden Abgrenzung nach nationalem Recht anzuwenden.

---

[508] Vgl. IFRS 1.7.

[509] Vgl. IFRS 1.10.

- Alle Posten in der IFRS-Eröffnungsbilanz sind nach den Bewertungsvorschriften gemäß den IFRS zu bewerten.

  Finanzinstrumente, die nach IFRS 9 mit dem beizulegenden Zeitwert anzusetzen sind, müssen von den Anschaffungskosten gemäß § 253 Abs. 1 HGB erfolgsneutral auf den Fair Value umbewertet werden. Analoges gilt, wenn Sachanlagen nach HGB auf die betriebsgewöhnliche Nutzungsdauer abgeschrieben wurden, nach IFRS aber die bestmöglich geschätzte Nutzungsdauer der Bewertung zugrunde zu legen ist.

Der Kenntnisstand für die Erstellung der IFRS-Eröffnungsbilanz zum Transition Date einschließlich der hierfür vorzunehmenden Anpassungsmaßnahmen ist derselbe wie er bei der Erstellung der Schlussbilanz nach nationalen Vorschriften war[510], es sei denn, es liegen objektive Hinweise vor, dass diese Schätzungen fehlerhaft waren.[511]

20.3 Grundsatz und Ausnahmen bei der erstmaligen Anwendung der IFRS

Merke

Die Auswirkungen der bei der Erstellung der IFRS-Eröffnungsbilanz im Umstellungszeitpunkt erforderlichen Anpassungsmaßnahmen gegenüber der Schlussbilanz nach nationalen Vorschriften sind erfolgsneutral im Eigenkapital (Gewinnrücklagen) der IFRS-Eröffnungsbilanz zu erfassen[512], eine erfolgswirksame Anpassung im Erstanwendungszeitpunkt der IFRS ist nicht zulässig.[513]

---

[510] Z.B. Einschätzung der Einbringlichkeit von Forderungen, Inanspruchnahmen von Rückstellungen, Nutzungsdauern von Sachanlagen.

[511] Vgl. IFRS 1.14-17.

[512] Vgl. IFRS 1.11.

[513] Auch wenn eine Umbewertung von Wertpapieren, die nach § 253 Abs. 4 HGB dem Umlaufvermögen zugeordnet und mit Anschaffungskosten bewertet waren, nach IFRS 9 in die Kategorie at Fair Value through profit or loss erfolgt, ist die Differenz zwischen dem letzten Buchwert nach HGB (Anschaffungskosten) und dem beizulegenden Zeitwert nach IFRS 9 er-

Von dem Grundsatz der retrospektiven und erfolgsneutralen Umstellung von nationalen Rechnungslegungsnormen auf IFRS gibt es zwei Kategorien von Ausnahmen:

- Exceptions: hierbei handelt es sich um Sachverhalte, die verpflichtender Weise nicht retrospektiv, sondern prospektiv umgestellt werden müssen[514], z.B.
  - die Ausbuchung finanzieller Vermögenswerte und finanzieller Verbindlichkeiten,[515]
  - die Bilanzierung von Sicherungsgeschäften,[516]
  - die bilanzielle Behandlung nicht beherrschender Anteile,[517]
  - die Klassifizierung und Bewertung von finanziellen Vermögenswerten,[518]
  - die bilanzielle Behandlung von Wertminderungen bei finanziellen Vermögenswerten,[519]
  - die bilanzielle Behandlung eingebetteter Derivate,[520]
  - die bilanzielle Behandlung von Darlehen der öffentlichen Hand.[521]

  Bei diesen Sachverhalten geht der Standardsetter davon aus, dass eine rückwirkende Erstanwendung datenorganisatorisch nicht umsetzbar wäre und verlangt eine prospektive Erstanwendung ab dem Umstellungszeitpunkt (transition date).

Daneben lässt IFRS 1 für eine Reihe von Sachverhalten wahlweise zu, für die Erstanwendung der IFRS Sondervorschriften in Anspruch zu nehmen. Man spricht von Exemptions.

---

folgsneutral zu buchen. Spätere Wertänderungen von Wertpapieren dieser Kategorie sind erfolgswirksam in der GuV-Rechnung auszuweisen.

514 Vgl. IFRS 1, App. B.

515 Vgl. IFRS 1, App. B.2.-B.3.

516 Vgl. IFRS 1, App. B.4-B.6.

517 Vgl. IFRS 1, App. B.7.

518 Vgl. IFRS 1. App. B.8-B.8C.

519 Vgl. IFRS 1. App. B.8D-B.8G.

520 Vgl. IFRS 1. App. B.9.

521 Vgl. IFRS 1. App. B.10-B.12.

- Exemptions stellen Vereinfachungen dar und können regelmäßig einzeln und unabhängig voneinander gewählt und angewandt werden. Es handelt sich dabei um
  - Unternehmenszusammenschlüsse,[522]
  - anteilsbasierte Vergütungen,[523]
  - Versicherungsverträge,[524]
  - Ersatz für Anschaffungs- oder Herstellungskosten,[525]
  - Leasingverträge,[526]
  - kumulierte Umrechnungsdifferenzen,[527]
  - Anteile an Tochterunternehmen, Gemeinschaftsunternehmen und assoziierten Unternehmen,[528]
  - Vermögenswerte und Schulden von Tochterunternehmen, assoziierten Unternehmen und Gemeinschaftsunternehmen,[529]
  - zusammengesetzte Finanzinstrumente,[530]
  - Designation zuvor erfasster Finanzinstrumente,[531]
  - Bewertung von finanziellen Vermögenswerten und finanziellen Verbindlichkeiten beim erstmaligen Ansatz mit dem beizulegenden Zeitwert,[532]
  - in den Sachanlagen enthaltene Kosten für die Entsorgung,[533]
  - finanzielle Vermögenswerte oder immaterielle Vermögenswerte, die gemäß IFRIC 12 Dienstleistungskonzessionsvereinbarungen bilanziert werden,[534]

---

522 Vgl. IFRS 1. App. C.

523 Vgl. IFRS 1. App. D.2-D.3.

524 Vgl. IFRS 1. App. D.4.

525 Vgl. IFRS 1. App. D.5-D.8B.

526 Vgl. IFRS 1. App. D.9 und D.9E.

527 Vgl. IFRS 1. App. D.12-D.13.

528 Vgl. IFRS 1. App. D.14-D.15.

529 Vgl. IFRS 1. App. D.16-D.17.

530 Vgl. IFRS 1. App. D.18.

531 Vgl. IFRS 1. App. D.19-D.19C.

532 Vgl. IFRS 1. App. D.20.

533 Vgl. IFRS 1. App. D.21-D.21A.

534 Vgl. IFRS 1. App. D.22.

- Fremdkapitalkosten[535]
- Übertragung von Vermögenswerten durch einen Kunden,[536]
- Tilgung finanzieller Verbindlichkeiten durch Eigenkapitalinstrumente,[537]
- starke Hochinflation,[538]
- gemeinsame Vereinbarungen,[539]
- Abraumkosten in der Produktionsphase eines Tagebaubergwerks,[540]
- Designation von Verträgen über den Kauf oder Verkauf eines nicht finanziellen Postens.[541]

Merke

Bei der wahlweisen Anwendung der Exemptions sind neben der Vereinfachung der Abschlussprozesse auch die Auswirkungen auf die Kennzahlen in der Außendarstellung der Finanzberichterstattung zu beachten.

Dies soll an zwei Beispielen erläutert werden.

- Unternehmenszusammenschlüsse. Nach IFRS 1. App.C ist es zulässig,
  - alle Unternehmenszusammenschlüsse, die in der Vergangenheit stattgefunden haben, rückwirkend nach IFRS 3 abzubilden und bis zum Umstellungszeitpunkt (transition date) fortzuführen, oder
  - alle Unternehmenszusammenschlüsse, die vor dem Umstellungszeitpunkt stattgefunden haben, nach nationalem Recht abgebildet zu belassen und alle Unternehmenszusammenschlüsse, die am oder nach dem Umstellungszeitpunkt stattfinden, nach IFRS 3 abzubilden, oder

535 Vgl. IFRS 1. App. D.23.

536 Vgl. IFRS 1. App. D.24.

537 Vgl. IFRS 1. App. D.25.

538 Vgl. IFRS 1. App. D.26-D.30.

539 Vgl. IFRS 1. App. D.31.

540 Vgl. IFRS 1. App. D.32.

541 Vgl. IFRS 1. App. D.33.

- einen bestimmten Zeitpunkt in der Vergangenheit zu definieren, bis zu dem zurück alle Unternehmenszusammenschlüsse nach IFRS 3 rückwirkend abgebildet werden und alle vor diesem definierten Zeitpunkt stattgefundenen Unternehmenszusammenschlüsse nach nationalem Recht abgebildet zu belassen.

- Das bedeutet, dass ein Cherry-Picking derart nicht möglich ist, dass einzelne Unternehmenszusammenschlüsse, die zwischen dem definierten Zeitpunkt in der Vergangenheit und dem Erstanwendungszeitpunkt für die IFRS-Rechnungslegung stattgefunden haben, nach nationalem Recht abgebildet werden. Wird also IFRS 3 retrospektiv auf einen Unternehmenszusammenschluss in der Vergangenheit angewendet, so sind alle nachfolgenden Akquisitionen ebenfalls nach IFRS 3 retrospektiv abzubilden.

Die diesbezüglichen Überlegungen betreffen insbesondere die Frage, ob durch die rückwirkende Anwendung des Impairment Only Approachs für den Goodwill die Eigenkapitalquote verbessert wird, vor allem wenn die Alternative eine planmäßige Goodwillabschreibung nach nationalem Recht wäre.

Da eine rückwirkende Anwendung von IFRS 3 bei allen Unternehmenszusammenschlüssen in der Vergangenheit datenorganisatorisch sehr aufwendig und ggf. nicht durchführbar wäre, steht als dritte Alternative die Möglichkeit offen, bis zu einem definierten Zeitpunkt in der Vergangenheit die Unternehmenszusammenschlüsse nach IFRS 3 abzubilden, um ggf. aus diesen Akquisitionen Goodwills rückwirkend zu heben, ihre Werthaltigkeit bis zum Umstellungszeitpunkt mittels Impairmenttests nachzuweisen[542] und damit die Eigenkapitalquote zu erhöhen ohne dabei die rückwirkende Anwendung von IFRS 3 auf alle, also auch auf weit zurückliegende Unternehmenszusammenschlüsse anwenden zu müssen, deren retrospektive Datenerfassung und Folgebilanzierung u.U. sehr schwierig wäre.

---

542 Bei den rückwirkenden Impairmenttests ist allerdings der jeweilige Kenntnisstand in den vergangenen Stichtagen zugrunde zu legen und wertaufhellende Tatsachen, die bis zum Umstellungszeitpunkt als Erstanwendungszeitpunkt der IFRS-Rechnungslegung bekannt werden, dürfen nicht berücksichtigt werden, es sei denn, es handelt sich um fehlerhafte Schätzungen. Vgl. IFRS 1.14-17.

- Ersatz für Anschaffungs- oder Herstellungskosten.[543]
  Hier besteht die Möglichkeit, bei
  - Sachanlagen,
  - als Finanzinvestition gehaltenen Immobilien,
  - Nutzungsrechten nach IFRS 16 oder
  - immateriellen Vermögenswerten, welche die Ansatzkriterien nach IAS 38 (verlässliche Bewertung der historischen Anschaffungs- oder Herstellungskosten) sowie die Existenz eines aktiven Marktes zur Bestimmung des beizulegenden Zeitwertes vorliegen,

  entweder die historischen Anschaffungs- oder Herstellungskosten retrospektiv zu ermitteln und die Folgebilanzierung zwischen dem Anschaffungs- oder Herstellungszeitpunkt und dem Erstanwendungszeitpunkt der IFRS-Rechnungslegung entsprechend den jeweiligen Standards vorzunehmen oder im Erstanwendungszeitpunkt eine Fair Value-Bewertung dieser Vermögenswerte durchzuführen[544].

Wählt man die Alternative, dass der Fair Value dieser Vermögenswerte am Erstanwendungszeitpunkt die Funktion von Anschaffungs- oder Herstellungskosten (deemed cost) erhält und die Bemessungsgrundlage für die planmäßigen Abschreibungen über die Restnutzungsdauer darstellt, so werden die in den Vermögenswerten enthaltenen stillen Reserven vollständig aufgedeckt. Dies führt zu einem höheren Eröffnungsbilanzwert als bei Ermittlung der rückwirkend nachvollzogenen fortgeführten Anschaffungs- oder Herstellungskosten.

Mit der Aufdeckung stiller Reserven auf der Aktivseite ist eine Erhöhung des buchmäßigen Eigenkapitals auf der Passivseite und damit einer Verbesserung der Eigenkapitalquote verbunden. Gleichzeitig erhöht sich damit jedoch die jährliche planmäßige Abschreibung über die Restnutzungsdauer. Dadurch wird der Gewinn nachfolgender Jahre geschmälert, was zusammen mit dem durch die Aufdeckung stiller Reserven erhöhten Eigenkapital zu einer Reduzierung der Eigenkapitalrentabilität führt[545].

---

[543] Vgl. IFRS 1.30, IFRS 1. App. D.5-D.8B.

[544] IFRS 1. App. D.7. weist ausdrücklich darauf hin, dass diese Wahlrechte nicht auf andere Vermögenswerte oder Schulden übertragen werden dürfen.

[545] Sowohl eine Reduzierung des Zählers als auch eine Erhöhung des Nenners wirken sich auf dem Bruch reduzierend aus.

Sowohl ein durch höhere planmäßige Abschreibungen reduzierter Zähler als auch ein durch stille Reservenaufdeckung erhöhtes Eigenkapital im Nenner führen zu einer Verminderung der Kennzahl der

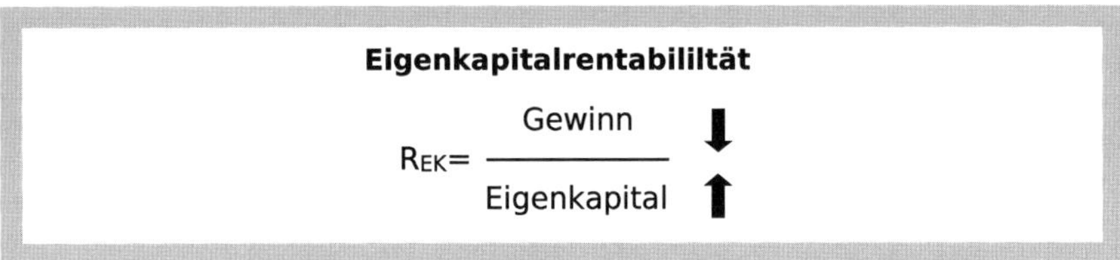

20.4 Präsentation und Anhangangaben zur erstmaligen Anwendung der IFRS

Merke

Jeder IFRS-Abschluss, also auch der erste Abschluss nach IFRS, muss mindestens eine Vorjahresperiode mit Vergleichswerten enthalten einschließlich einer Eröffnungsbilanz nach IFRS für die Vergleichsperiode.

Demzufolge enthält der erste IFRS-Abschluss

- drei Bilanzen,
- zwei Gesamtergebnisrechnungen einschließlich zwei GuV-Rechnungen, falls diese gesondert erstellt werden[546],
- zwei Kapitalflussrechnungen und
- zwei Eigenkapitalveränderungsrechnungen sowie
- die zugehörigen Anhangangaben einschließlich Vergleichsinformationen.[547]

Insbesondere sind im ersten veröffentlichten IFRS-Abschluss folgende Angaben zu machen:

- eine Überleitung des nach nationalen Rechnungslegungsvorschriften ausgewiesenen Eigenkapitals auf das Eigenkapital nach IFRS
  - auf den Zeitpunkt des Übergangs auf IFRS (Eröffnungsbilanz im transition date) und

546 Two statement approach der Gesamtergebnisrechnung.

547 Vgl. IFRS 1.21.

- der letzte veröffentlichte Abschluss nach nationalen Vorschriften,
- eine Überleitung des Gesamtergebnisses im letzten veröffentlichten Abschluss nach nationalen Vorschriften HGB-Jahresergebnisses auf IFRS,
- Angaben zu erforderlichen Impairment-Abschreibungen oder Wertaufholungen zum Umstellungszeitpunkt,
- Angaben über die Anwendung der Erleichterungen und Ausnahmen nach IFRS 1. App. B, App. C und App. D.

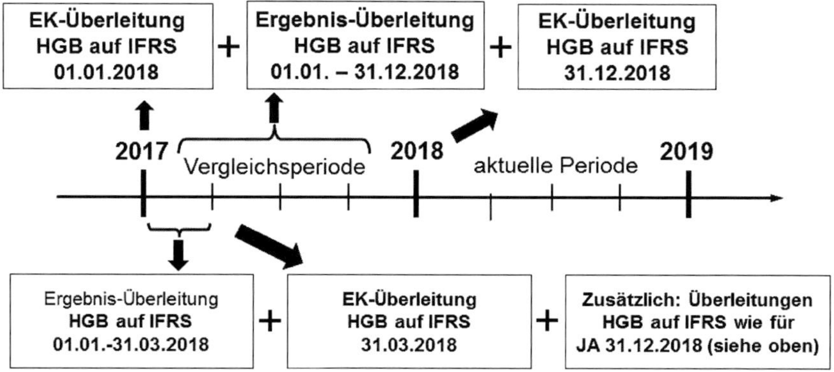

Beispiel

Ein Unternehmen hat zum 01.01.2011 eine Kühlhalle erworben. Die Anschaffungskosten betrugen 2 Mio. €. Die Kühlhalle soll linear abgeschrieben werden bis zum Restwert am Ende der Nutzungsdauer von 0 €. Die Nutzungsdauer wird nach HGB mit 20 Jahren angesetzt, nach IAS 16 mit 25 Jahre bemessen. Daraus folgt eine jährliche planmäßige Abschreibung pro Jahr von 2 Mio. € : 20 = 100.000 € pro Jahr nach HGB, nach IFRS beträgt die jährliche planmäßige Abschreibung 2 Mio. € : 25 = 80.000 € pro Jahr.

Das Unternehmen möchte zum 31.12.2019 erstmals einen IFRS-Abschluss erstellen, d.h. die IFRS-Eröffnungsbilanz (transition date) ist per 01.01.2018 auf Basis des HGB-Abschlusses zu erstellen.

Am 01.01.2018 ist die Kühlhalle sieben Jahre alt, d.h. der Buchwert nach HGB beträgt zum 01.01.2018

2.000.000 € – 7 × 100.000 € = 1.300.000 €

Der retrospektiv ermittelte IFRS-Buchwert zum 01.01.2018 beträgt

2.000.000 € – 7 × 80.000 = 1.440.000 €.

Die Differenz von 140.000 € ist zum transition date erfolgsneutral gegen das Eigenkapital zu buchen:

Anlagevermögen an Eigenkapital 140.000

Im Jahr 2018, der Vergleichsperiode des ersten veröffentlichten IFRS-Abschlusses, sind zwei Rechnungswesen zu führen:

- Das HGB-Buchwerk, das am Ende des Jahres 2018 zum (letzten) veröffentlichten HGB-Abschluss führt,
- Das IFRS-Buchwerk, das am Ende des Jahres 2018 nicht veröffentlicht wird, das aber die Vorjahreszahlen zum ersten veröffentlichten IFRS-Abschluss generiert.

Im Jahr 2018 beträgt der Unterschiedsbetrag der planmäßigen Abschreibungen zwischen der HGB-und der IFRS-Rechnungslegung 100.000 € – 80.000 € = 20.000 €. Diese sind in der GuV-Rechnung des Jahres 2018 erfolgswirksam auszuweisen.

Für die Buchungstechnik kommt es darauf an, welches Rechnungswesen das führende und welches das abgeleitete Rechnungswesen ist:

Ist das HGB-Rechnungswesen das führende System, so ist im HGB-Ledger eine planmäßige Abschreibung von 100.000 € zu buchen und bei der Überleitung nach IFRS eine teilweise Neutralisierung von 20.000 €, um im IFRS-Rechnungswesen eine planmäßige Abschreibung von 80.000 € anzusetzen

Buchungssätze

HGB: Abschreibung an Anlagevermögen 100.000
Überleitung Anlagevermögen an Ertrag 20.000
→ Abschreibung im IFRS-Rechnungswesen 80.000

Ist das IFRS-Rechnungswesen das führende System, so ist im IFRS-Ledger eine planmäßige Abschreibung von 80.000 € zu buchen und bei der Überleitung nach HGB eine zusätzliche planmäßige Abschreibung von 20.000 € zu erfassen.

IFRS: Abschreibung an Anlagevermögen 80.000
Überleitung Abschreibung an Anlagevermögen 20.000
→ Abschreibung im HGB-Rechnungswesen 100.000.

in T€	Buchwert 1.1.2018	Buchwert 31.12.2018	Abschreibung im Jahr 2018
HGB	1.300	1.200	100
IFRS	1.440	1.360	80
Differenz (-buchung)	140	160	20
	erfolgs**neutral** 140	erfolgs**wirksam** 160-140=	20

20.5 Auswirkungen der Erstmaligen Anwendung der IFRS auf Bilanzpolitik und Bilanzanalyse

Neben den Anforderungen des Kapitalmarktrechts für ein Listing an der Börse, ist die Umstellung des Konzernabschlusses auf IFRS die Kernfrage der Bilanzpolitik. Keine der zuvor genannten bilanzpolitischen Maßnahmen hat eine entsprechende Tragweite. So eröffnet die Umstellung der Bilanzierung auf die IFRS-Rechnungslegung zum einen neue Möglichkeiten der Bilanzpolitik, zum anderen ist sie sowohl notwendige als auch hinreichende Bedingung für die Bilanzpolitik selbst.

Ist die Umstellung auf die IFRS-Rechnungslegung vollzogen, so ist es im Rahmen der Bilanzanalyse nicht möglich, nationale mit internationalen Konzernabschlüssen zu vergleichen (aus diesem Grund müssen im Umstellungsjahr auch zwei Vorjahre angegeben werden).

20.6 Kontrollfragen

[1] Welcher ist der zentrale Standard bei der Umstellung der Rechnungslegung auf IFRS?

[2] Welche wesentlichen Erleichterungen sieht IFRS 1 für die erstmalige Anwendung der IFRS vor?

[3] Wenn der erste vollständige IFRS-Abschluss zum 31.12.2019 erstellt werden soll, welcher Zeitpunkt ist dann der sog. „Umstellungszeitpunkt"?

[4] In welchem Abschluss muss IFRS 1 angewendet werden?

[5] Welche Standards müssen bei der Erstellung des ersten IFRS-Abschlusses beachtet werden (Standards zum Zeitpunkt der Ge-

schäftsvorfälle oder Standards zum Zeitpunkt des Bilanzstichtages der Berichtsperiode)?

[6] Was versteht man unter der Aussage, dass „retrospektiv umgestellt werden muss“?

[7] Welche Überleitungsrechnungen müssen gemäß IFRS 1 im ersten IFRS-Abschluss enthalten sein?

[8] Was versteht man unter einem „Erstanwender“ und der sog. „uneingeschränkten Übereinstimmungserklärung“ im Sinne von IFRS 1?

[9] Unterscheiden Sie bitte die folgenden Begriffe im Sinne von IFRS 1 und nennen Sie jeweils Beispiele:
- exemptions
- exceptions

[10] Bitte beurteilen Sie, ob bei den folgenden Konstellationen es sich bei dem IFRS-Abschluss 2019 um einen erstmaligen Jahresabschluss nach IFRS handelt und somit IFRS 1 angewendet werden muss:
- Bisher wurde immer ein internes Konsolidierungspackage nach IFRS erstellt und an die Mutter in Frankreich reported. In 2019 wird erstmals ein eigenständiger IFRS-Jahresabschluss erstellt und auch geprüft.
- Bisher bestand keine Pflicht zur Erstellung eines Konzernabschlusses. Es wurde somit bisher nur ein IFRS-Einzelabschluss erstellt und auch geprüft. Im Anhang zum Einzelabschluss ist die Übereinstimmungserklärung mit sämtlichen IFRSs enthalten. In 2019 wird erstmals ein IFRS-Konzernabschluss erstellt und geprüft.
- Unternehmen X ist ein in Deutschland börsennotiertes Mutterunternehmen. X ist gleichzeitig selbst Tochterunternehmen und wurde bisher in einen befreienden IFRS-Konzernabschluss einbezogen und hat daher nur für interne Zwecke einen IAS-Abschluss erstellt. In 2019 ist die Befreiung von X der Erstellung eines Konzernabschlusses entfallen.
- In den Notes des IFRS-Abschlusses 2018 ist eine vollständige und uneingeschränkte Übereinstimmungserklärung enthalten. Der Bestätigungsvermerk des Abschlussprüfers für den IFRS-Abschluss 2018 wurde jedoch eingeschränkt, da nach Ansicht

des Abschlussprüfers IFRS 8 (Segmentberichterstattung) hätte angewandt werden müssen.

- In den Notes des IFRS-Abschlusses 2018 ist eine vollständige und uneingeschränkte Übereinstimmungserklärung enthalten. Das Management ging bisher fälschlicherweise davon aus, dass IFRS 8 (Segmentberichterstattung) nicht anzuwenden ist.
- Es wurde auch bereits in den Vorjahren ein IFRS-Konzernabschluss erstellt. Im Anhang 2018 ist angegeben, dass diverse Standards nicht angewandt wurden (bspw. IAS 33 zur Berechnung des Ergebnisses je Aktie oder IFRS 8). Der Abschlussprüfer hat dennoch jeweils einen uneingeschränkten Bestätigungsvermerk erteilt.
- Es wurde auch bereits in den Vorjahren ein IFRS-Konzernabschluss erstellt. Alle geltenden IAS / IFRS wurden beachtet. In den Anhängen wurde jedoch nie explizit erwähnt, dass alle IAS / IFRS beachtet wurden (somit wurde bisher seitens des Unternehmens keine uneingeschränkte Übereinstimmungserklärung abgegeben).

[11] Bitte grenzen Sie die folgenden Daten im Sinne von IFRS 1 gegeneinander ab. Teilweise handelt es sich bei den Begriffen um Synonyme. Verwenden Sie hierzu am besten einen Zeitstrahl (Erstanwendung der IFRSs im Abschluss per 31.12.2019).

- Reporting date
- Erstanwendungszeitpunkt
- Berichtszeitpunkt
- Date of transition to IFRSs / Transition date
- first IFRS financial statements
- first IFRS reporting period / Berichtsperiode
- Vergleichsperiode / comparative period
- Vergleichszahlen / comparative informations

[12] Unternehmen X erwarb vor der Umstellung auf IFRS das Unternehmen Y. Aus dem Erwerb resultierte ein Goodwill i. H. v. 1.000. Der Goodwill wurde nach nationalem Bilanzrecht vom Eigenkapital abgesetzt. In dem Goodwill sind immaterielle Vermögenswerte i. H. v. 200 enthalten, welche nach IAS 38 aktivierungspflichtig sind. Entsprechend dem Wahlrecht in IFRS 1 wendet Unterneh-

men X im Rahmen der Umstellung auf IFRS den Standard IFRS 3 nicht rückwirkend an. Was ist zu beachten?

[13] Per 01.01.2018 ist in der IFRS-Eröffnungsbilanz ein Goodwill in Höhe von 1.000 enthalten. Mitte 2019 stellte sich heraus, dass dieser Goodwill nicht mehr werthaltig ist. Die Wertminderung beträgt 500. Der IFRS-Abschluss 2019 wird Anfang 2020 erstellt. Wann und wie (erfolgsneutral oder erfolgswirksam) erfolgt die bilanzielle Abwertung des Goodwills?

[14] Bitte definieren Sie die folgenden Begriffe im Sinne von IFRS 1:

- deemed costs
- contingent consideration
- compound financial instruments
- first-time adopter.

Index